U0315970

内蒙古额济纳旗
及周边地质矿产研究

密文天　张善明　商　艳　冯　罡　张　建　武景龙
康建飞　刘洪卫　叶翔飞　罗玉祥　武　斌　著

扫一扫查看
全书数字资源

北　京
冶　金　工　业　出　版　社
2024

内容提要

本书主要介绍了内蒙古额济纳旗及周边地质矿产研究情况，全书共分7章，内容包括内蒙古额济纳旗白梁东金多金属矿区地球物理及地球化学特征、内蒙古额济纳旗黑大山一带综合方法找矿、内蒙古额济纳旗清河沟金多金属矿调查与研究、内蒙古额济纳旗卡路山一带综合方法找矿、内蒙古额济纳旗小红山东铅锌银多金属矿、内蒙古额济纳旗苦泉山南铜金多金属矿成矿规律及找矿方向、内蒙古额济纳旗黄砬子银多金属矿找矿标志与前景。

本书可供从事关键矿产勘查、科学研究、开发利用与保护的地质科研工作者阅读，也可供高等院校地质学及相关专业的师生学习参考。

图书在版编目(CIP)数据

内蒙古额济纳旗及周边地质矿产研究/密文天等著.—北京：冶金工业出版社，2024.1

ISBN 978-7-5024-9712-5

Ⅰ.①内…　Ⅱ.①密…　Ⅲ.①区域地质—研究—额济纳旗　②矿产资源—研究—额济纳旗　Ⅳ.①P562.264　②P617.226.4

中国国家版本馆CIP数据核字(2024)第003911号

内蒙古额济纳旗及周边地质矿产研究

出版发行　冶金工业出版社　**电　话**　(010)64027926
地　址　北京市东城区嵩祝院北巷39号　**邮　编**　100009
网　址　www.mip1953.com　**电子信箱**　service@mip1953.com

责任编辑　王　颖　美术编辑　彭子赫　版式设计　郑小利
责任校对　郑　娟　责任印制　禹　蕊
北京建宏印刷有限公司印刷
2024年1月第1版，2024年1月第1次印刷
787mm×1092mm　1/16；13.5印张；323千字；203页
定价99.90元

投稿电话　(010)64027932　投稿信箱　tougao@cnmip.com.cn
营销中心电话　(010)64044283
冶金工业出版社天猫旗舰店　yjgycbs.tmall.com

前　言

内蒙古自治区（以下简称内蒙古）具有丰富的矿产资源，多种矿产资源的保有资源储量居全国之首。在国家关键矿产供应链的完善、尖端科技工业基地的建设中，内蒙古起到了不可或缺的重要作用。发展稳定的国内供应链，建设完备的矿产工业基地，评估国际产业链各阶段的供应链风险，提高供应链生产、技术开发投入和科技创新水平，内蒙古的地位也是十分重要的。

随着国家资源政策的转型和市场需求的增加，内蒙古额济纳旗及周边地区的重要矿产日益受到关注。额济纳旗的各类固体矿产在内蒙古地区属于优势、特色资源，且具有极大的勘探前景与储量，但勘探与开发程度亟待提高，这与内蒙古西部丰富的战略性矿产基地的地位不相称，迫切需要对相关矿种进行地质调查，以便更好地服务地方社会经济发展。

内蒙古额济纳旗及周边地区重要矿产资源的开发利用已经取得了一定的成就，本书旨在基于此成就，对开发潜力较大的关键战略性矿床，尤其是典型固体金属矿床，提供更多的理论资料，重点探讨额济纳旗及周边地区具有优势的矿产资源，如铁、铜、金、银、铅、锌等，以及它们的开发利用现状和前景。同时，结合实际案例，详细阐述额济纳旗及周边地区重要矿产资源的勘探、开发以及利用情况。从大地构造背景、岩浆活动与成矿作用、构造演化史及板块理论等方面探讨内蒙古额济纳旗地质历史时期的关键矿产成矿事件与成矿规律，总结了额济纳旗地区的主要矿床，并逐一分析了相关矿床的成因与岩浆、构造活动的关系。

本书结合最新研究进展及最新矿产调查的成果，在学术上具有一定的前瞻性与先进性，聚焦额济纳旗关键战略性矿产，内容上突出了固体金属矿产的勘查，与内蒙古作为我国战略性关键矿产资源的后方战略基地和开发的主阵地之区域特色相结合。基于内蒙古额济纳旗及周边矿产的勘查实践，介绍和分析了额济纳旗及周边多个成矿区的构造活动、岩浆作用、成矿作用、矿田构造、地球化学及年代学等基础地质研究成果，是新一轮找矿突破战略行动背景下的内蒙古矿产开发的阶段性研究成果，这些成果对推动内蒙古区域地质矿产研究、带动地质基础学科的发展及人才培养具有积极作用，对推动内蒙古战略性矿产资源研发也有着重要的科学价值和意义。

本书共分为7章。第1章主要阐述了内蒙古额济纳旗白梁东金多金属矿区地球物理及地球化学特征，第2章对内蒙古额济纳旗黑大山一带综合方法找矿成果进行了总结，第3章对内蒙古额济纳旗清河沟金多金属矿调查与研究展开了论述，第4章对内蒙古额济纳旗卡路山一带综合方法找矿进行了分析和研究，第5章对内蒙古额济纳旗小红山东铅锌银多金属矿开展了调查与研究，第6章分析了内蒙古额济纳旗苦泉山南铜金多金属矿成矿规律及找矿方向，第7章对内蒙古额济纳旗黄砬子银多金属矿找矿标志与前景进行了研究。

本书编写分工为：前言由密文天撰写，第1章由密文天、张善明、商艳撰写，第2章由冯罡、张善明、密文天撰写，第3章由康建飞、罗玉祥、密文天撰写，第4章由张建、张善明、密文天、叶翔飞撰写，第5章由刘洪卫、张善明、密文天、武景龙撰写，第6章由武斌、张善明、密文天、商艳撰写，第7章由张善明、罗玉祥、密文天、商艳、武景龙撰写。书中插图由密文天、冯罡、张建、刘洪卫、武斌、罗玉祥、张善明等绘制；叶翔飞参与了插图及参考文献整理等工作。全书由密文天统稿和定稿。

本书内容依据内蒙古自然科学基金项目（2021MS04010，2021LHBS04002，2022MS04008）、内蒙古科研项目基本业务费项目（JY20220243）、内蒙古研究生教育教学改革项目（JGCG2022080）、内蒙古自然资源厅本级地质调查专项项目（内蒙古矿产地质志成果转化应用，财政编号150000235053210000128）、内蒙古自然资源厅本级地质调查专项项目（内蒙古得尔布干成矿带西南缘铟成矿规律及找矿方向研究，财政编号150000235053210000201）、内蒙古科技厅

2022年度中央引导地方科技发展资金项目（2022ZY0083，2022ZY0084）、内蒙古额济纳旗呼鲁古其古特等四幅1：50000区域矿产地质调查项目（NMKD2014-10）、内蒙古额济纳旗平台山等两幅1：50000区域矿产地质调查项目（NMKD2016-06）、内蒙古额济纳旗白梁东金多金属矿普查项目（11-2-KC65）、内蒙古额济纳旗沙坡泉铜多金属矿预查项目（11-1-KC07）、内蒙古额济纳旗白云山东金多金属矿预查项目（09-1-KC022）等编写。本书的编写与出版得到了内蒙古自治区研究生精品课程建设项目（JP20231034）、内蒙古青年科技英才计划项目（NJYT24011）等的支持，在此一并表示感谢。

本书作者所在单位为沙旱区地质灾害与岩土工程防御内蒙古自治区高等学校重点实验室（内蒙古工业大学）、内蒙古工业大学地质技术与岩土工程内蒙古自治区工程研究中心及内蒙古自治区矿山地质与环境院士专家工作站（鄂尔多斯应用技术学院）。

本书在撰写过程中参考了有关文献资料，在此向文献资料的作者表示感谢。

由于作者水平所限，书中不妥和疏漏之处，敬请广大读者批评指正。

作　者

2024年1月

目　　录

1 内蒙古额济纳旗白梁东金多金属矿区地球物理及地球化学特征

白梁东金多金属矿位于内蒙古自治区西部，东距额济纳旗政府所在地达来呼布镇约350km，南距嘉峪关市约300km，研究区属内蒙古高原西缘，整体为低山丘陵及戈壁荒漠区，地表风蚀作用强烈，山体走向略显东西向。水系不发育，地形切割较浅而凌乱，均为干沟。海拔一般为1450~1550m，高差一般为20~50m，最高点为区内南部1586.4m高地。

该区区域一带以往地质研究程度较差，新中国成立前未开展任何研究。新中国成立后，随着国家建设事业的发展及矿产资源的需求不断加大，才陆续有地勘单位开展不同内容的地质研究。

20世纪90年代以来进行的基础地质专题研究较多，这些研究较为系统地厘定了全区岩石地层单位，并对侵入岩、变质岩、火山岩、地质构造、矿产等进行了分析总结，对提高本区基础地质研究水平起到了重要作用，同时，找矿方法试验研究也有所涉及。

1.1 区域地质背景

按槽台理论，研究区所在区域一级构造单元属天山地槽褶皱系（Ⅳ），二级构造单元属北山晚华力西地槽褶皱带（Ⅳ_1），三级构造单元属六驼山复北斜（Ⅳ_1^1）；按板块构造理论，研究区位于哈萨克斯坦板块（Ⅰ）之哈萨克斯坦板块东南陆缘增生带（Ⅰ_1）。

1.1.1 地层

区域地层划分一览表见表1-1。区域前中生代地层区划属塔里木-南疆地层大区（Ⅳ），觉罗塔格-黑鹰山地层分区（Ⅳ_1^1）；中、新生代地层区划属天山地层大区（Ⅰ），北山地层分区（Ⅰ_1），区域出露的地层有石炭系（C）、侏罗系（J）、新近系（N）、第四系（Q）。

石炭系分别为下石炭统绿条山组一段、下石炭统绿条山组二段、下石炭统白山组。绿条山组一段（C_1l^1）为灰色、土黄色砂岩、细砂岩、岩屑长石砂岩夹大理岩；绿条山组二段（C_1l^2）为灰黑色夹黄色、粉色，千枚状细砂、粉砂岩，长石石英砂岩夹灰岩及流纹岩；白山组（C_1b）为灰黑色安山岩、暗红色流纹岩、流纹质熔结凝灰岩夹砂岩。

侏罗系呈带状出露于区域的南部，分布面积较小，为上侏罗统的赤金堡组（J_3ch），岩性为灰黄色砂岩、杂砂岩、含砾粗砂岩、粉砂岩、泥岩。

新近系零星出露于区域的南部，范围较小，为上新统的苦泉组（N_2k），岩性为砖红色粉砂岩、细砂岩、含砾粗砂岩。

第四系在区域上出露广泛，由冲洪积砾石、砂砾石、砂、粉砂组成。

表 1-1　区域地层划分一览表

界	系	统	群	组	段	代号	岩性	含矿性
新生界	第四系	全新统	—	—	—	Q_h^{al}	冲积砂、粉砂、淤泥	—
			—	—	—	Q_h^{apl}	冲洪积砾石、砂砾石、砂、粉砂	—
		上更新统	—	—	—	$Qp_3{}^{pl}$	洪积砾石、棱角状砂砾石	—
	新近系	上新统	—	苦泉组	—	N_2k	砖红色粉砂岩、细砂岩、含砾粗砂岩	—
中生界	侏罗系	上统	—	赤金堡组	—	J_3ch	灰黄色砂岩、杂砂岩、含砾粗砂岩、粉砂岩、泥岩	石膏
前中生界	石炭系	下统	—	白山组	—	C_1b	灰黑色安山岩、暗红色流纹岩、流纹质熔结凝灰岩夹砂岩	铁
				绿条山组	二段	C_1l^2	灰黑色夹黄色、粉色，千枚状细砂、粉砂岩，长石石英砂岩夹灰岩及流纹岩	—
					一段	C_1l^1	灰色、土黄色砂岩、细砂岩、岩屑长石砂岩夹大理岩	—

1.1.2　岩浆岩

1.1.2.1　侵入岩

区域内岩浆活动强烈，主要为华力西中期及印支早期岩浆活动，总体上分三期侵入。

第一期为伴随加里东晚期运动发生的侵入活动，强度较弱，仅有少数小规模中粒二长花岗岩、中粒斑状花岗闪长岩侵位于上新统苦泉组和全新统中。

第二期为伴随华力西中期运动发生的侵入活动，是最广泛、最剧烈的一次侵入活动，有大小不等的辉长岩、花岗闪长岩、二长花岗岩岩体侵位于石炭系下统中。从分布上看，受区域构造控制，多呈不规则状，少数为岩株状，岩体的长轴方向与主要构造线方向大体一致。岩性为细粒辉长岩、中粒斑状花岗闪长岩、细粒花岗闪长岩和粗中粒斑状黑云二长花岗岩，岩石蚀变表现为黑云母绿泥石化、角闪石阳起石化、长石泥化等。

第三期为伴随印支早期运动发生的侵入活动，有数个较大规模的石英闪长岩、二长花岗岩侵位于石炭系中，从分布上看，受构造控制明显，且大致侵位于晚石炭世岩体两侧。

多期次的岩浆侵入活动为内生矿产的形成提供了成矿物质和热动力条件。

1.1.2.2　脉岩

区域岩脉较发育，走向多为北西向，主要类型有闪长玢岩脉（δμ）、正长斑岩脉（ξπ）、辉长岩脉（υ）、辉绿玢岩脉（βυ）、细粒花岗岩脉（xγ）、中细粒花岗闪长岩脉（zxγδ）和石英脉（q）等。

1.1.2.3 火山岩

区域内火山岩总体不发育，主要发育在白山组中，绿条山组中也有夹层火山岩产出。下石炭统白山组内的火山岩以斜长流纹岩、英安质熔凝灰岩、英安岩为主，少量英安质或流纹质凝灰熔岩、斜长流纹质熔角砾凝灰岩，色调以暗紫色、暗红色、黑绿色为主，地貌上形成陡峻的高山。下石炭统绿条山组内的火山岩仅见于一段地层中，且夹层较少，主要岩性为片理化（变质）流纹岩。

1.1.3 构造

区域构造运动强烈，形成大量不同序次的褶皱和断裂构造，总体构造线方向以北西向为主，具体的构造类型有褶皱、断裂和韧性剪切带，如图 1-1 所示。

1.1.3.1 褶皱

区域上褶皱构造较发育，主要为向斜构造、背斜构造及推测向斜构造，褶皱轴走向有北西向和近东西向两组。构成褶皱的岩层主要为下石炭统白山组、绿条山组及古元古界北山群。部分褶皱构造被华力西期岩浆活动和后期构造运动破坏改造呈零星状出露。

1.1.3.2 断裂

区域上断裂构造发育，根据断层走向及截切关系可分为两组，分别为北西向断层和北东向断层。

北西向断层发育于石炭系、石炭纪花岗闪长岩、二叠纪二长花岗岩中，在地形地貌上表现为平直的沟谷（断层通过之处），或山脉被错断，高山体则多呈鞍部。岩性上表现为断层泥、糜棱岩、破碎带及线带状蚀变带，倾向为280°~300°，倾角为55°~70°，该组断裂形成时代较早，被后期北东向断层所切割。

北东向断层主要分布于石炭系及二叠纪二长花岗岩中，具有右行对冲断层组合的特点，错断北西和近东西向断层，与该组断裂相伴形成的裂隙中局部可见石英脉充填，破碎带内硅化、褐铁矿化、绿帘石化较强，在该组断裂中发现了金矿（化）点。

1.1.3.3 韧性剪切带

区域上韧性剪切带呈北西向，以左行推覆型韧性剪切为主。发育于石炭系绿条山组、白山组地层中，宽3~5km，向西延展。构造岩类型主要为长英质糜棱岩类岩石，包括糜棱岩化岩石—初糜棱岩—千糜岩等，宏观上变形不均匀，表现为强变形带和弱变形带的相间出现，常见透镜体、眼球体、石香肠构造等。

1.1.4 变质作用与变质岩

区域上变质作用类型可分为区域变质作用、接触变质作用、动力变质作用三种。

1.1.4.1 区域变质作用

区内出露的石炭系均经历了以低绿片岩相为主的区域变质作用，形成了变质砂岩、板岩、变质凝灰岩、结晶灰岩、变质流纹岩、变质英安岩等。这些变质岩石的原岩结构、构造等保存较好，但普遍形成了线理、片理构造，矿物具定向排列，新生变质矿物组合为绢云母+绿帘石+石英。

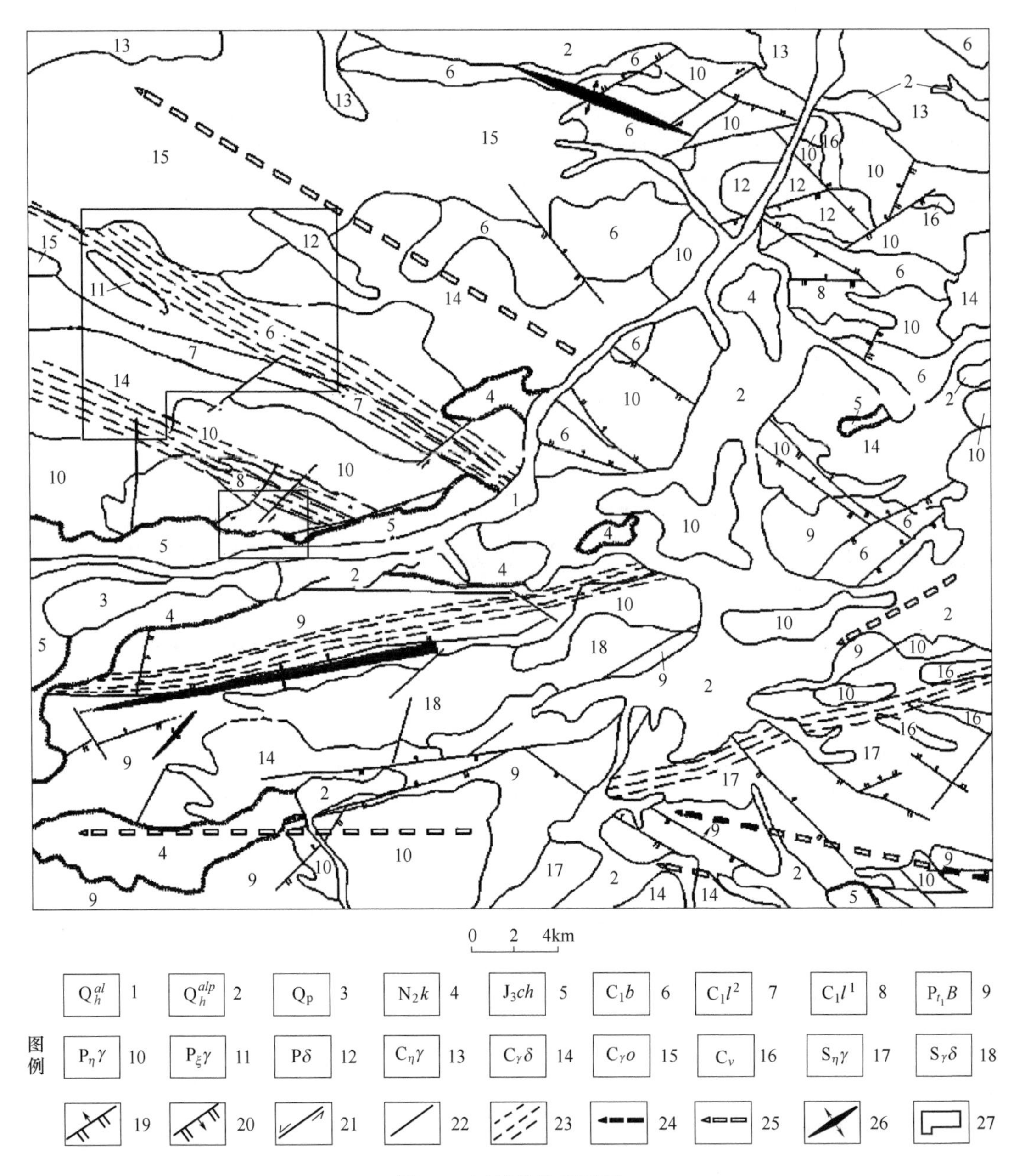

图 1-1 区域构造纲要图

1—全新统冲积物；2—全新统冲洪积物；3—晚更新统堆积物；4—上新统苦泉组；5—上侏罗统赤金堡群；6—下石炭统白梁组；7—下石炭统绿条山组二段；8—下石炭统绿条山组一段；9—古元古界北山群；10—二叠纪二长花岗岩；11—二叠纪长花岗岩；12—二叠纪闪长岩；13—石炭纪二长花岗岩；14—石炭纪花岗闪长岩；15—石炭纪斜长花岗岩；16—石炭纪辉长岩；17—志留纪二长花岗岩；18—志留纪花岗闪长岩；19—逆断层；20—正断层；21—平移断层；22—性质不明断层；23—构造变形带；24—向斜构造；25—推测向斜构造；26—背斜构造；27—研究区位置

扫一扫 查看彩图

1.1.4.2 接触变质作用

区内岩浆岩发育，各岩体与石炭系的接触带间形成了规模不一的窄条带状变质晕及混染带、接触蚀变带。在接触部位形成的蚀变类型有矽卡岩化、角岩化、大理岩化、硅化、绿泥石化、云英岩化、混合岩化等。主要变质岩石类型为大理岩、矽卡岩等。接触变质作用与接触交代型矿化关系密切，是该类矿化的主控因素。

1.1.4.3 动力变质作用

区内动力变质作用发育，主要分布在苦泉井（Ⅱ区）、白梁东（Ⅰ区）韧性剪切带及遍布全区的脆性断层中，变质变形岩石类型主要有糜棱岩、构造角砾岩、碎裂岩等。动力变质作用与构造热液型矿化关系密切，是该类矿化的主控因素。

1.2 地球物理特征

1.2.1 物性特征

1.2.1.1 磁性特征

（1）据收集到的相关区域岩（矿）石磁参数统计，从表1-2中可以归纳出如下特征。

1）磁铁矿的磁性特征。无论是火山喷流沉积叠加后期改造型，还是矽卡岩型铁矿，磁铁矿均表现出强磁性，一般较其他岩石磁强度高出1~2个数量级。因此，磁铁矿能引起强度大的面带状异常。

2）侵入岩的磁性特征。总的来看，侵入岩的磁性表现为由酸性→基性→超基性而逐渐增强的趋势，即随着岩石基性程度增高而增强，随酸性程度增加而降低的规律。从表中可以看出：超基性岩具强磁性，属富磁性岩石，而且变化范围大。其磁化率强度为0~$70000\times10^{-6}\times4\pi SI$，剩余磁化强度变化则更大。同时，蚀变对超基性岩有明显的影响，这可能是由于铁磁性矿物的析出，使蚀变岩磁性有显著增强。以超基性岩磁性而言，能引起与铁矿相似的强磁异常。

基性—中性侵入岩具中等磁性，与超基性岩相比，一个明显的特点是剩磁一般均低于感磁。但剩余磁化强度也体现了随着岩石基性程度增高而增高的规律，因而基性岩在区域上一般表现为较强的磁异常。

酸性岩的磁性相对于基性岩磁性要低，范围变化小，而且比较稳定。但由于岩浆原始成分不同，同类岩性之间的磁性差异较大。如同期的华力西中期花岗岩，有的无磁性，航磁表现为平稳的负磁场；有的具弱磁性乃至中强度磁性，表现为强度达300nT以上的宽缓正磁场。

3）火山岩的磁性特征。火山岩一般具有磁性，其磁性也有从酸性向基性逐渐增强的趋势，但磁性变化范围大。其中喷出基性熔岩磁性最强，个别引起强度高达3000nT以上的异常，显然它是寻找铁矿的严重干扰因素。

中性火山岩具中等强度的磁性，其几何平均值，磁化率为$1100\times10^{-6}\times4\pi SI$，剩磁变化也较小，一般能引起明显的局部异常，而酸性火山岩则呈无磁或弱磁出现，表现为较平稳的负磁场。

4）中新生代覆盖物。白垩系赤金堡组、上新统苦泉组沉积岩因其主要造岩矿物（诸如石英、长石、方解石等）属非磁性，所以一般沉积岩也无磁性。但当该岩类含有某种磁性矿物时，也显示弱磁性。

表 1-2 岩（矿）石磁参数统计表

岩石名称	磁化率 $K/4\pi SI$			剩余磁化强度 $Jr/A \cdot m^{-1}$		
	有磁	无磁	平均值	有磁	无磁	平均值
磁铁矿	701000×10^{-6}	1000×10^{-6}	122900×10^{-6}	1407000×10^{-3}	1000×10^{-3}	23800×10^{-3}
辉长岩	10350×10^{-6}	0	1573×10^{-6}	18830×10^{-3}	0	1109×10^{-3}
辉长辉绿岩	1370×10^{-6}	450×10^{-6}	836×10^{-6}	19000×10^{-3}	3970×10^{-3}	9928×10^{-3}
闪长岩	6630×10^{-6}	150×10^{-6}	2100×10^{-6}	8490×10^{-3}	140×10^{-3}	549×10^{-3}
花岗闪长岩	3600×10^{-6}	0	96×10^{-6}	2450	0	37×10^{-3}
石英闪长岩	0	0	0	0	0	0
石英斑岩	300×10^{-6}	90×10^{-6}	102×10^{-6}	140×10^{-3}	0	32×10^{-3}
安山岩	17500×10^{-6}	0	1103×10^{-6}	7800×10^{-3}	0	694×10^{-3}
大理岩	0	0	0	0	0	0
砂岩	0	0	0	0	0	0
硅质岩	90×10^{-6}	0		100×10^{-3}	0	

资料来源：1：200000 红石山、黑鹰山幅航磁报告。

（2）《内蒙古自治区额济纳旗白梁等四幅 1：50000 区域矿产地质调查》项目中的 1：10000 高精度磁法测量研究中，共采集物性标本 220 块，实测 220 块，有磁 117 块，检查 15 块，K 为 7.83%，Jr 为 9.49%，并分别按岩性分类进行了磁参数统计，结果见表 1-3。

表 1-3 白梁一带岩（矿）石磁参数统计成果表

序号	岩性	块数	有磁	无磁	磁化率 $K/4\pi SI$	剩余磁化强度 $Jr/A \cdot m^{-1}$	备注
1	流纹岩	29	26	3	$(0\sim3222)\times10^{-6}$	$(0\sim509)\times10^{-3}$	几何平均
2	变质砂岩	28	10	18	$(0\sim2594)\times10^{-6}$	$(0\sim391)\times10^{-3}$	
3	二长花岗岩	26	23	3	$(0\sim682)\times10^{-6}$	$(0\sim190)\times10^{-3}$	
4	花岗闪长岩	28	28	0	1939×10^{-6}	408×10^{-3}	
5	变质安山岩	25	25	0	4036×10^{-6}	254×10^{-3}	
6	石英正长斑岩	24	5	19	$(0\sim483)\times10^{-6}$	0	
7	石英岩	30	0	30	0	0	
8	石灰岩	30	0	30	0	0	

注：磁化率、剩余磁化强度为 0 是由磁性较弱值少，仪器所能读出的数值较小所致。

由表可以看出：

1）石炭系白山组变质安山岩为磁性最强的岩石，磁化率（K）几何平均值为 $4036\times10^{-6}\times4\pi SI$；花岗闪长岩的磁化率（$K$）几何平均值为 $1939\times10^{-6}\times4\pi SI$，属强磁性。

2）石炭系白山组流纹岩磁化率（K）几何平均值为 $3222\times10^{-6}\times4\pi SI$，属强磁性。

3）北山（岩）群石英岩、大理岩、变质砂岩及石英正长斑岩脉属弱磁性或无磁性。

综上所述，区内具有寻找磁性矿产的地球物理前提，但由于安山岩、花岗闪长岩等磁性较强，对磁异常的推断解释可能存在一定的干扰。

1.2.1.2 电性特征

《内蒙古自治区额济纳旗白梁等四幅 1：50000 区域矿产地质调查》项目中的 1：10000 激电中梯测量研究中，共采集了不同的岩石物性标本 140 块。用微机激电仪对物性标本进行了电性测定，测量参数为 ηs 及 I、Δv，计算得出电阻率 ρs 值，电性参数特征见表 1-4。

表 1-4 电性参数特征统计表

岩（矿）石名称	标本数	ηs/%			ρs/Ω·m		
		最大值	最小值	平均值	最大值	最小值	平均值
砂岩、粉砂岩	44	1.48	0.11	0.62	2065	25.1	575
石英岩	40	0.83	0.09	0.45	2046.8	14.8	441
灰岩、大理岩	23	0.88	0.17	0.45	530.1	47.9	277
花岗岩	11	0.71	0.12	0.37	1453.6	56.8	325
构造蚀变岩	14	1.39	0.40	0.60	868.7	47.6	408
安山岩	8	1.13	0.46	0.69	1767.7	216.5	715

由表可见，各类岩石标本极化率值差别不大，但电阻率值差别略大一些，如石英岩、灰岩、大理岩、花岗岩等，ηs 值较低，一般为 0.37%~0.45%，并且电阻率值也较低，但变化幅度稍大一些，为 277~441Ω·m，该类岩石一般表现为低阻低极化之异常特征；而砂岩、粉砂岩、构造蚀变带、安山岩极化率值则略高一些，一般为 0.6%~0.69%，电阻率值也相对高一些，为 408~715Ω·m，该类岩石一般表现为高阻高极化之异常特征。

1.2.2 异常特征

1.2.2.1 重力异常

据 1∶1000000 布格重力异常图，如图 1-2 所示，研究区所在区域一带重力场总体呈北东东-南西西向展布，由北东东→南西西重力场呈下降趋势。区域布格重力异常等值线显示研究区处于疏缓重力梯度带上，低重力场带应关注与中生代断陷盆地有关的外生矿产的找矿问题。区内局部低重力地段须重点关注与构造破碎带有关矿产的找矿问题。

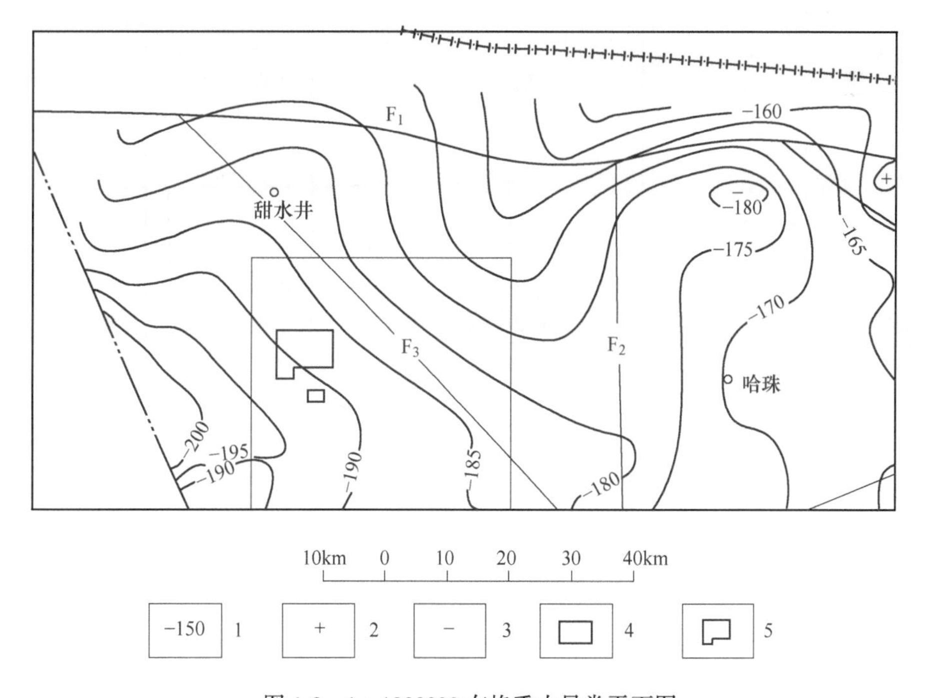

图 1-2 1∶1000000 布格重力异常平面图

1—异常等值线注记（10^{-5}m·s^2）；2—高重力异常；3—低重力异常；4—1∶50000 矿调范围；5—研究区范围

1.2.2.2　1∶50000 航磁异常

航磁异常分布在测区白梁幅、红柳峡幅内，异常带宽 15km，向东、向西均延伸出幅外，呈北西西-南东东向带状展布，如图 1-3 所示。

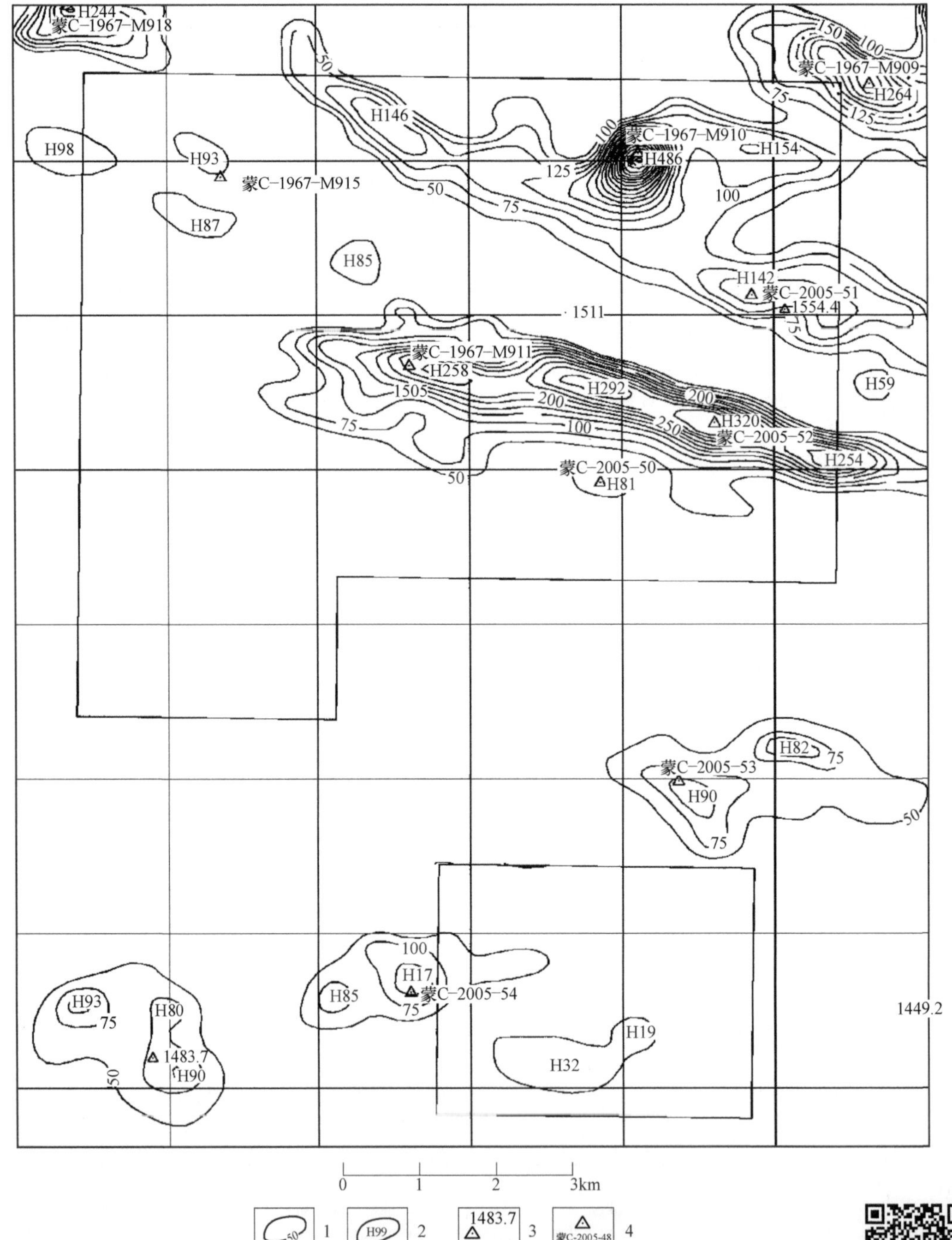

图 1-3　1∶50000 航磁异常平面图

1—磁正等值线及注记；2— 相对磁力高及注记；3—高程；4—磁异常位置及编号

扫一扫

查看彩图

区域上看，异常带位于近东西向红柳峡-哈珠南山挤压带内。出露的地层为下石炭统绿条山组及白山组，地层走向北西西-南东东向，被华力西中晚期辉长岩、花岗闪长岩、石英闪长岩、二长花岗岩等侵入。

该带内共见48处异常，包括：蒙C-1967-M905、M906、M907、M908、M909、M910、M911、M912、M915、M918、M1368、M1369、M1370、M644、M203、M605；蒙C-1979-47、49、50、51、54、56；蒙C-2005-13、14、15、16、17、18、19、20、21、22、38、39、40、41、42、43、44、45、46、47、48、49、50、51、52、53。其中蒙C-1967-M1369、M644、M203、蒙C-1979-47、49、蒙C-2005-16、19、50、51、52为磁铁矿引起，该9处磁铁矿引起的异常主要存在于下石炭统白山组火山岩段，矿体多赋存在安山岩、英安岩、流纹岩中，较大矿体多分布在酸性凝灰岩中，在火山喷发过程中沉积的铁矿层，由于受后期岩浆热液或构造热液的改造，使矿层在局部同化富集形成富矿，使围岩发生矿化，形成贫矿体。

1.2.2.3 1∶10000高精度磁测特征

A 1∶10000航磁异常特征

测区圈定的正磁异常带呈北西向带状展布，与区域构造、地质体展布方向基本一致，长约4500m，宽70~400m，进一步圈定4个局部正磁异常，编号分别为C1、C2、C3、C4。各异常特征见表1-5，如图1-4所示。

B 物性特征

白梁等四幅1∶50000矿调之1∶10000激电中梯测量共采集了不同的岩石物性标本140块，研究范围如图1-5所示，并用微机激电仪对物性标本进行了电性测定，测量参数为ηs及I、Δv，计算得出电阻率ρs值，电性参数特征见表1-5。

表1-5 电性参数特征统计表

岩（矿）石名称	标本数	ηs/%			ρs/Ω·m		
		最大值	最小值	平均值	最大值	最小值	平均值
砂岩、粉砂岩	44	1.48	0.11	0.62	2065	25.1	575
石英岩	40	0.83	0.09	0.45	2046.8	14.8	441
灰岩、大理岩	23	0.88	0.17	0.45	530.1	47.9	277
花岗岩	11	0.71	0.12	0.37	1453.6	56.8	325
构造蚀变岩	14	1.39	0.40	0.60	868.7	47.6	408
安山岩	8	1.13	0.46	0.69	1767.7	216.5	715

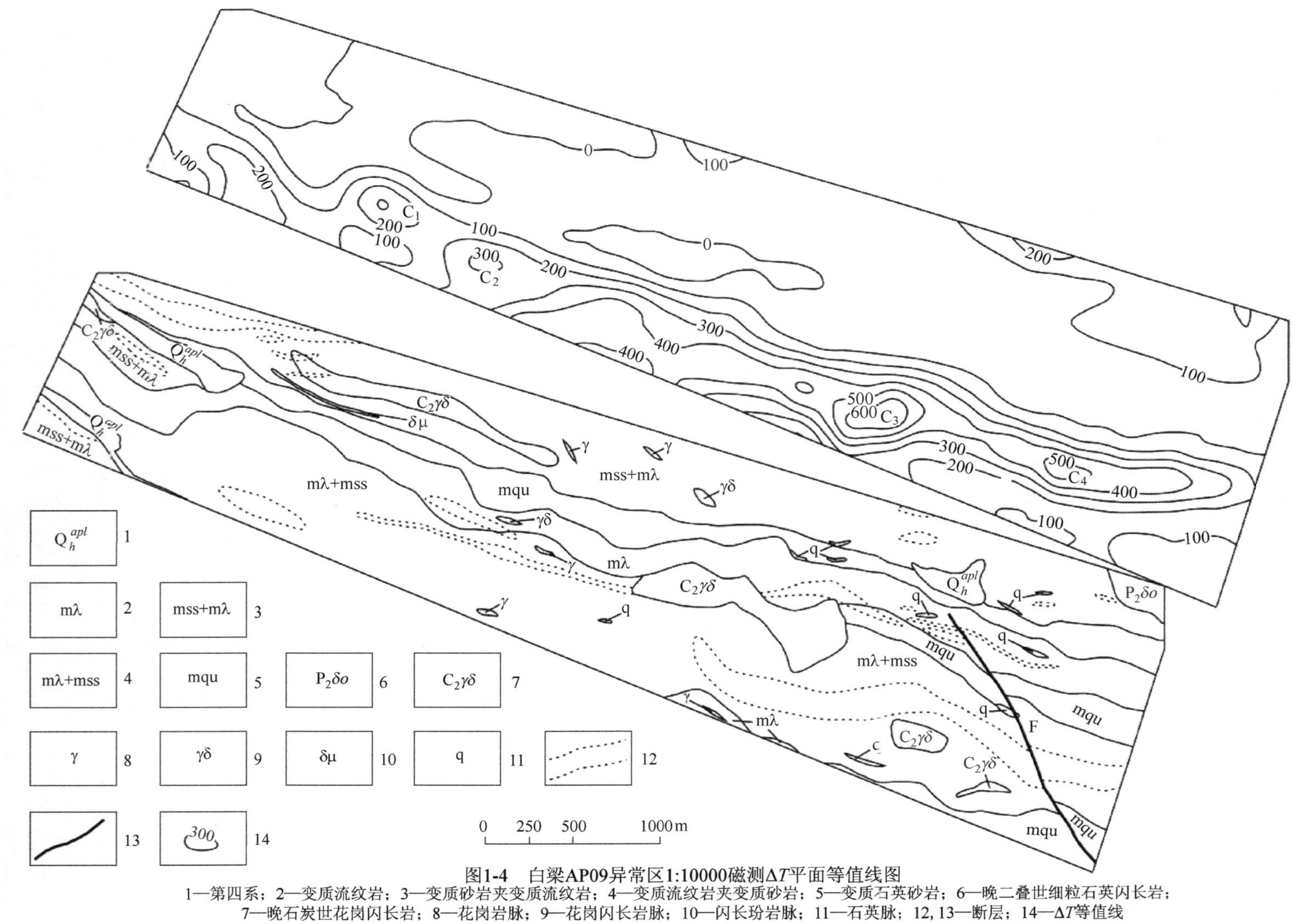

图1-4　白梁AP09异常区1:10000磁测ΔT平面等值线图

1—第四系；2—变质流纹岩；3—变质砂岩夹变质流纹岩；4—变质流纹岩夹变质砂岩；5—变质石英砂岩；6—晚二叠世细粒石英闪长岩；7—晚石炭世花岗闪长岩；8—花岗岩脉；9—花岗闪长岩脉；10—闪长玢岩脉；11—石英脉；12，13—断层；14—ΔT等值线

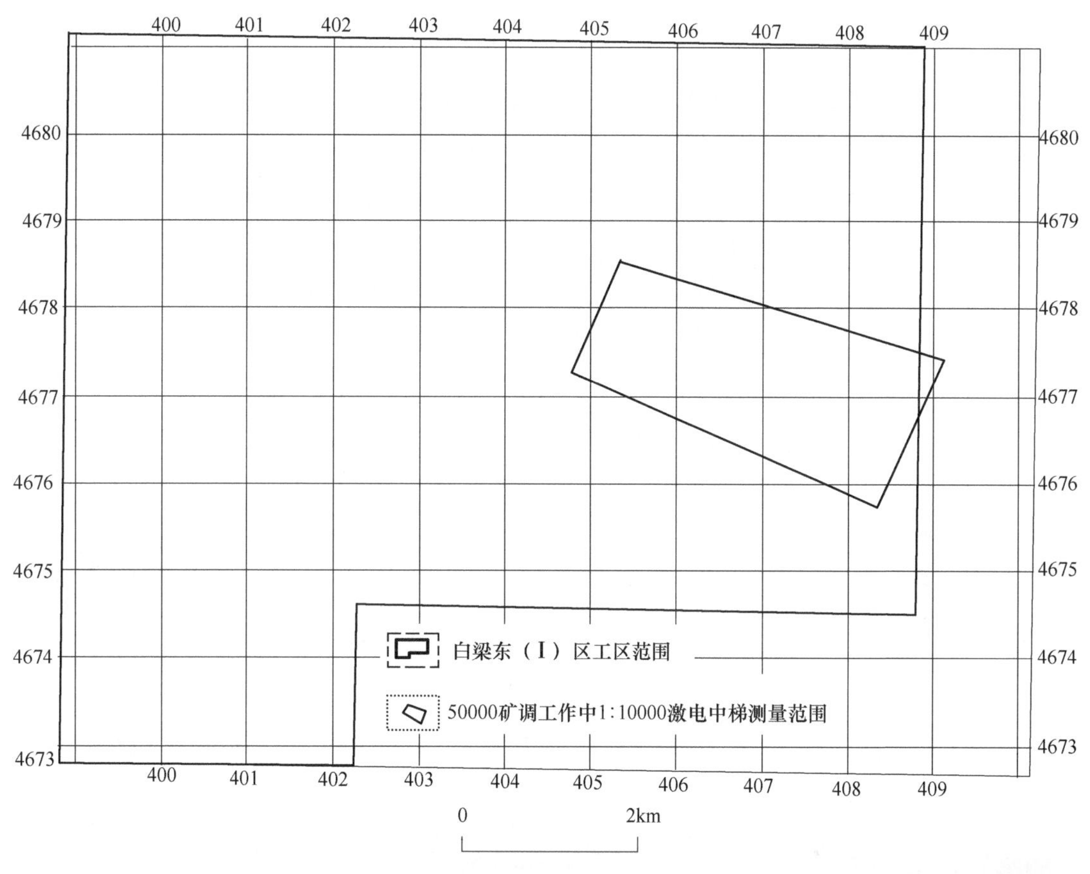

图 1-5 1：50000 矿调之 1：10000 激电
中梯测量范围示意图

由表 1-5 可见，各类标本极化率值差别不大，但电阻率值差别略大一些，如石英岩、灰岩、大理岩、花岗岩等极化率值较低，在 0.5%左右，并且电阻率值也较低，在 300Ω · M 左右。而构造蚀变带、安山岩极化率值略高一些，在 0.8%左右，电阻率值也相对要高一些，一般在 800Ω · M 左右。该类岩石的特点：电阻率变化较大，极化率也较高，一般表现为高阻高极化特征。

C 激电异常特征

如图 1-6 所示，由 1：10000 激电中梯视极化率等值线平面图可见，区内视极化率 ηs 幅值最小在 0.8%左右，最大可达 3.17%。以 ηs 等于 2%等值线圈定的异常呈北西西向展布，形态规则，可分解为 2 处局部异常，异常强度较弱，规模小，面积均不足 0.1km^2。与极化率异常对应的电阻率变化较大，ρs 值为 250~800Ω · m，如图 1-7 所示。

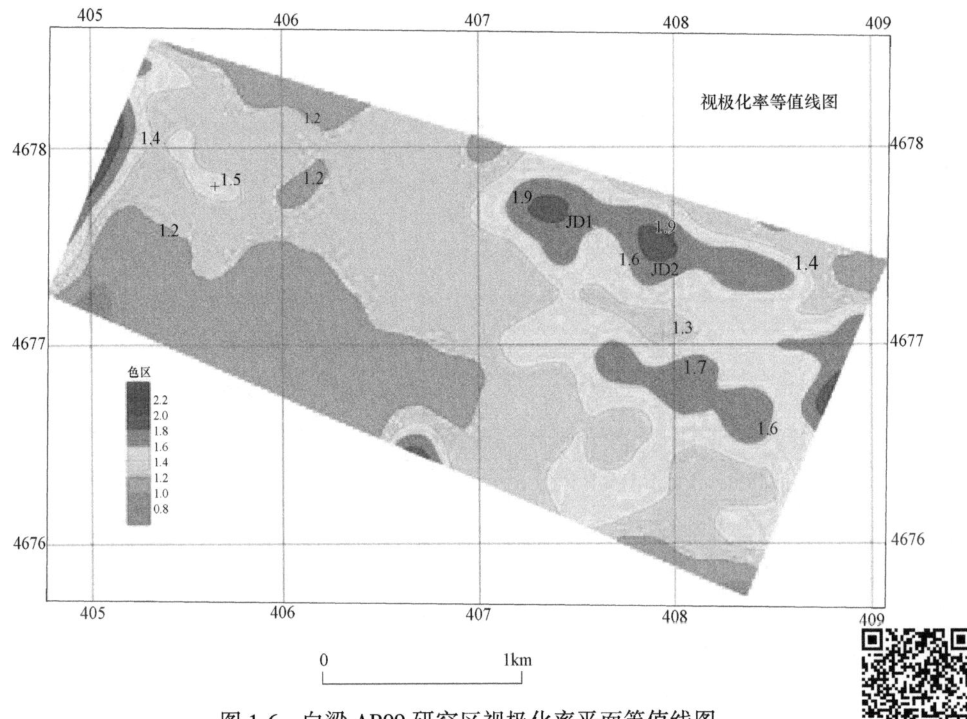

图 1-6 白梁 AP09 研究区视极化率平面等值线图

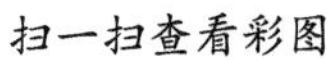
扫一扫查看彩图

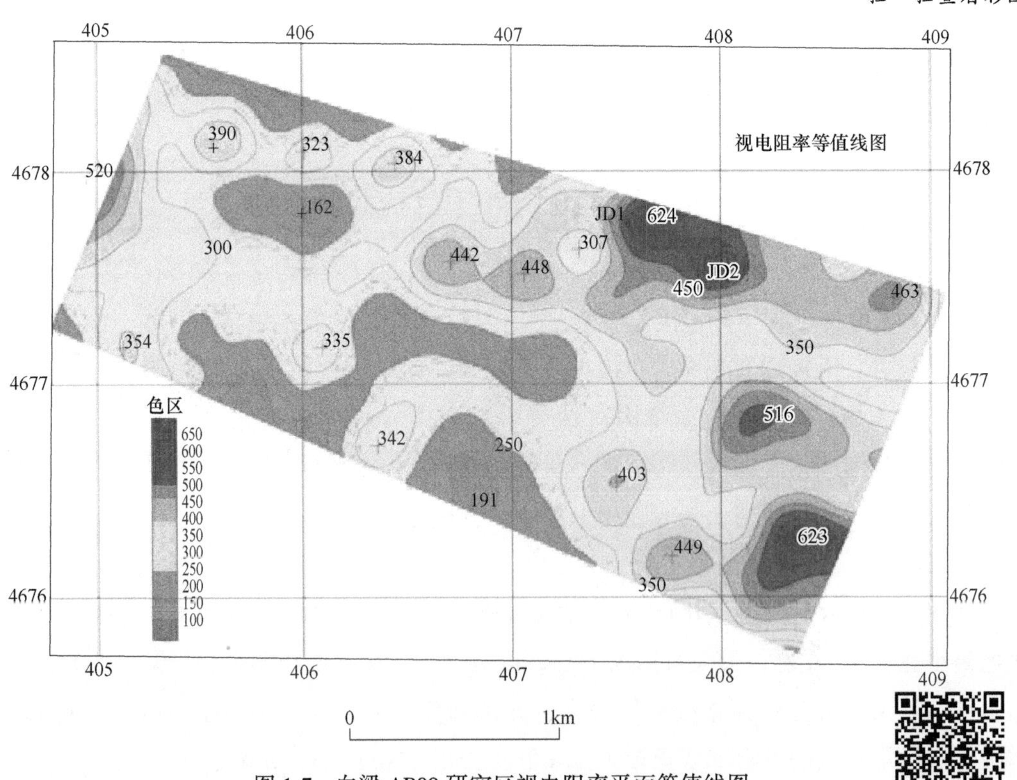

图 1-7 白梁 AP09 研究区视电阻率平面等值线图

扫一扫查看彩图

1.3 地球化学特征

1.3.1 地球化学背景

1.3.1.1 区域元素地球化学分布特征

区域浓度克拉克值（*K*1）描述的是元素含量的富集程度，叠加强度（*D*）反映了地质体遭受后期各种地质作用叠加的影响强度。变异系数是标准差与其平均值的比值，它反映了元素的离散特征，按该区的元素变异系数（*Cv*）大小划分。极强分异型 $Cv>1.2$、强分异型 $0.8<Cv<1.2$、弱分异型 $0.5<Cv<0.8$、均匀型 $Cv<0.5$。一般而言，除同生沉积矿床之外，矿床的形成均要经过成矿元素的活化、迁移或后期多种地质作用的叠加，在一定的条件下才能富集成矿。

但是，由于成矿作用过程具有长期性、多阶段性和复杂性，导致部分元素的含量在地质体中呈现富集或贫化。这种富集或贫化是基于元素背景值基础上的高低变化，是地质—地球化学共同作用的结果。同时，“异常点”是高于背景值+2倍标准离差的含量值，“异常点”越多，说明蚀变—矿化越强烈，越有利于成矿。上述关系可以通过“蚀变—矿化强度（*Kq*）”来表述，一般而言，此值越高，表明该种元素成矿潜力越大。

区域上呈强分异型、平均值高的元素有 Mo、Bi、Pb、Ag、W，这些元素异常分布范围大，有利于成矿。强分异型，平均值低的元素有 Cu、Ni、Au、As、Sb，这类元素虽然背景低，但分异性强，在有利的地质背景条件下，也易成矿。

1.3.1.2 主要地质单元地球化学特征

根据该区 1：50000 土壤测量资料，按照 *Cv*、*K*1、*D*、*Kq* 值的大小将元素分布类型划分成若干等级，划分方案见表 1-6。

表 1-6 元素分布类型划分方案

元素分异程度		富集程度		叠加强度		蚀变—矿化强度	
均匀型	$Cv<0.5$	贫乏型或亏损型	$K1<0.5$	同生型	$D<1.5$	弱蚀变—矿化型	$Kq<50$
弱分异型	$0.5<Cv<0.8$	低背景型	$0.5<K1<0.8$	改造型	$1.5<D<3.5$	一般蚀变—矿化类型	$50<Kq<100$
强分异型	$0.8<Cv<1.2$	背景型	$0.8<K1<1.2$	叠加型	$3.5<D<7.0$	较强蚀变—矿化型	$100<Kq<150$
极强分异型	$Cv>1.2$	弱富集型	$1.2<K1<1.5$	强叠加型	$7.0<D<14.0$	强烈蚀变—矿化类型	$Kq>150$
—	—	强富集型	$K1>1.5$	极强叠加型	$D>14.0$	—	—

A 地层元素分布及富集特征

调查区出露地层主要有新生界苦泉组、上侏罗统赤金堡组、下石炭统白山组、下石炭统绿条山组。现对各个地层单元元素分布及富集特征总结如下。

（1）新生界苦泉组 Sb 呈弱富集型，Ag、As、Cu、Pb、Zn、Ni 呈同生型，Au、Sb、W、Sn、Mo 呈改造型，Au、Bi 呈强分异型，12 个元素矿化蚀变强度整体较弱，由此可见，苦泉组 Au、Bi 成矿地球化学条件较好，其余矿种成矿潜力较差。

（2）上侏罗统赤金堡组 Sb 呈弱富集型，Cu、Pb、Sn、Ni 呈同生型，Au、Ag、As、Sb、Zn、W、Bi 呈改造型，Mo 呈强叠加型，As、W、Bi 呈强分异型，Mo 呈极强分异型。12 个元素矿化蚀变强度整体较弱，由此可见，该套地层中 Mo 成矿地球化学条件较好，具有一定的找矿潜力。

（3）下石炭统白山组 As、Zn 呈弱富集型，Sb 呈强富集型，Au、Ag 呈强叠加型，Bi 呈极强叠加型，Ni 呈强分异型，Au、Ag、As、Bi 呈极强分异型。从蚀变—矿化强度看，Pb 呈较强蚀变—矿化型，Au、As、Sb、Bi、Ni 呈强烈蚀变—矿化型，由此可见，该套地层 Au、Ag、Cu、Pb、W、Bi、Mo 具有较好的成矿地球化学条件。

（4）下石炭统绿条山组 As、Cu 呈弱富集型，Au、Ni、W 呈强富集型。Sb 呈强叠加型，Au、As、W、Bi 呈极强叠加型。Ag、Cu、Zn、Ni 呈弱分异型，W、Sn、Mo 呈强分异型，Au、As、Sb、Bi 呈极强分异型。从蚀变—矿化强度来看，各元素整体表现一般，综合分析表明，该套地层中 Au、Ag、W、Bi、Mo 具有一定的成矿地球化学条件。

B　岩浆岩元素分布及富集特征

研究区所在区域一带岩浆岩发育，主要出露二叠纪侵入岩、石炭纪侵入岩、志留纪侵入岩，其元素分布富集特征如下。

（1）二叠纪侵入岩各元素丰度值均较低，As、Mo、Ni 呈叠加型，W、Au、Bi 呈极强叠加型，Sb、Cu、Ni、Mo 呈强分异型，Au、As、W、Bi 呈极强分异型，从蚀变—矿化强度来看，Ag、Zn 呈较强蚀变—矿化型，Au、As、Sb、Cu、W、Sn、Mo、Bi、Ni 呈强烈蚀变—矿化型。

（2）石炭纪侵入岩各元素丰度值均较低，As、Cu、Mo、Ni 呈叠加型，W、Au、Bi 呈极强叠加型，Ag、Sb、Mo、Bi 呈强分异型，Au、As、Cu、W 呈极强分异型。各元素整体呈较强蚀变—矿化型。

（3）志留纪侵入岩各元素丰度值均较低，Mo、Bi、Ni 呈弱富集型，As、W、Ni 呈叠加型，Cu、Bi 呈强叠加型，As、W、Ni 呈强分异型，Cu、Bi 呈极强分异型。各元素蚀变—矿化强度整体较弱。

1.3.1.3　元素共生组合特征

在充分研究区域地球化学特征及区域成矿规律的基础上，参考聚类分析谱系图，如图 1-8 所示，在相关系数 0.3 的水平上可将本区元素划分为两类。

第一类为 Au、Ag、Cu、Pb、Ni、Mo。第二类为 Zn、As、W、Bi、Sb、Sn 组合。

1.3.1.4　主要成矿元素区域展布趋势

Au 元素高背景或高值区主要分布于下石炭统白山组、绿条山组以及晚二叠世二长花岗岩、晚石炭世花岗岩闪长岩、晚志留世二长花岗岩中。1∶50000 土壤测量显示本研究区 Au 含量最大值为 200×10^{-9}，空间分布上与 Ag、As、Sb 元素异常吻合好。

Bi、Mo 是离散程度最大富集能力最强的元素，Bi、Mo 异常区主要出露绿条山组及二叠纪二长花岗岩，说明此两种元素的异常主要受上述地质体控制。

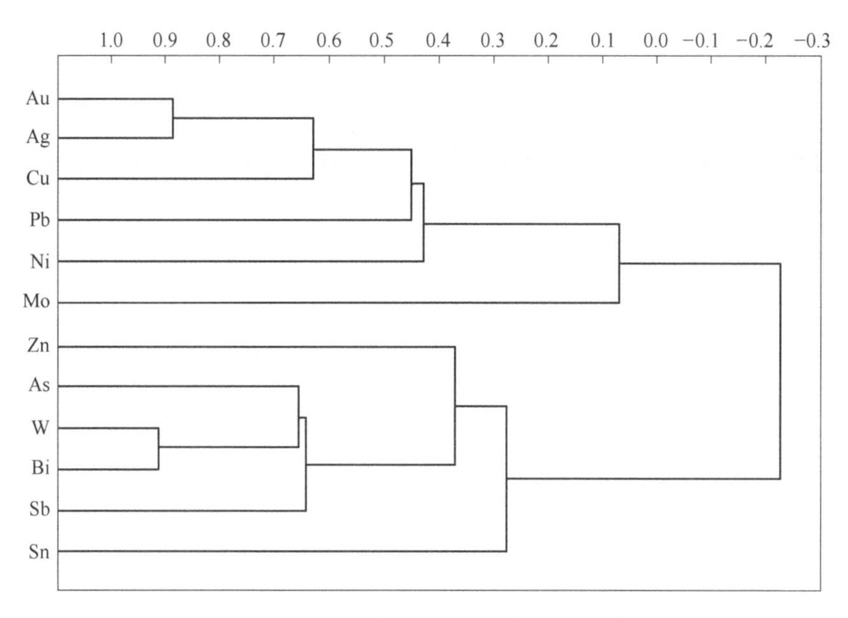

图 1-8 区域 12 种元素 R 型聚类分析谱系图

1.3.2 地球化学异常特征

1.3.2.1 AP9 异常

A 地质概况

异常主要分布在下石炭统白山组及其与晚石炭世侵入体内外接触带部位，其中白山组岩性有变质砂岩、变质粉砂岩、变质流纹岩、变质英安岩、大理岩等。侵入岩主要见花岗闪长岩、英云闪长岩、石英闪长岩等。脉岩主要见石英脉、闪长玢岩脉、花岗岩脉等。区内构造发育，北西向糜棱岩化带横贯异常区，另有北西向、北东向两组断裂构造发育。蚀变普遍，主要见绿帘石化、硅化、褐铁矿化、磁铁矿化，部分石英脉内可见孔雀石化。

B 异常特征

异常由 Au、Ag、Cu、Pb、Mo、Zn、Ni 等元素组成，主要元素组合为 Au、Ag、Cu、Pb、Zn，各元素异常套合较好，异常浓集中心明显，具三级浓度分带，且均形成多个浓集中心。以 Au、Ag、Pb、Zn、Cu 等为主成矿元素的异常代表了白山组海相火山岩夹沉积岩建造的地球化学特征，反映了在本研究区，该组元素具有较好的找矿前景，如图 1-9 所示。

1.3.2.2 AP12 异常

A 地质概况

异常区出露地层主要为绿条山组变质砂岩，多呈捕虏体状零星产出在花岗闪长岩中。出露侵入岩为石炭纪花岗闪长岩、石英脉、钾长花岗岩脉等。区内见一条北东向主干断裂，次级小断裂错综复杂。异常空间分布受控于花岗闪长岩与地层接触带处的褐铁矿化、绿帘石化及褐铁矿化石英脉。

B　异常特征

AP12 异常整体呈不规则状分布于晚石炭世花岗闪长岩体内，如图 1-10 所示，主要元素组合为 Au、Ag、Cu，其中 Au、Cu 异常套合较好，w(Au)、w(Cu) 极大值分别是：200×10^{-9}、179.9×10^{-6}，高值点分布在下石炭统绿条山组与晚石炭世花岗闪长岩内外接触带处；Ag 异常主要分布于晚石炭世花岗闪长岩体内部及绿条山组与晚二叠世石英闪长岩体接触带部位，极大值为 0.09×10^{-6}。

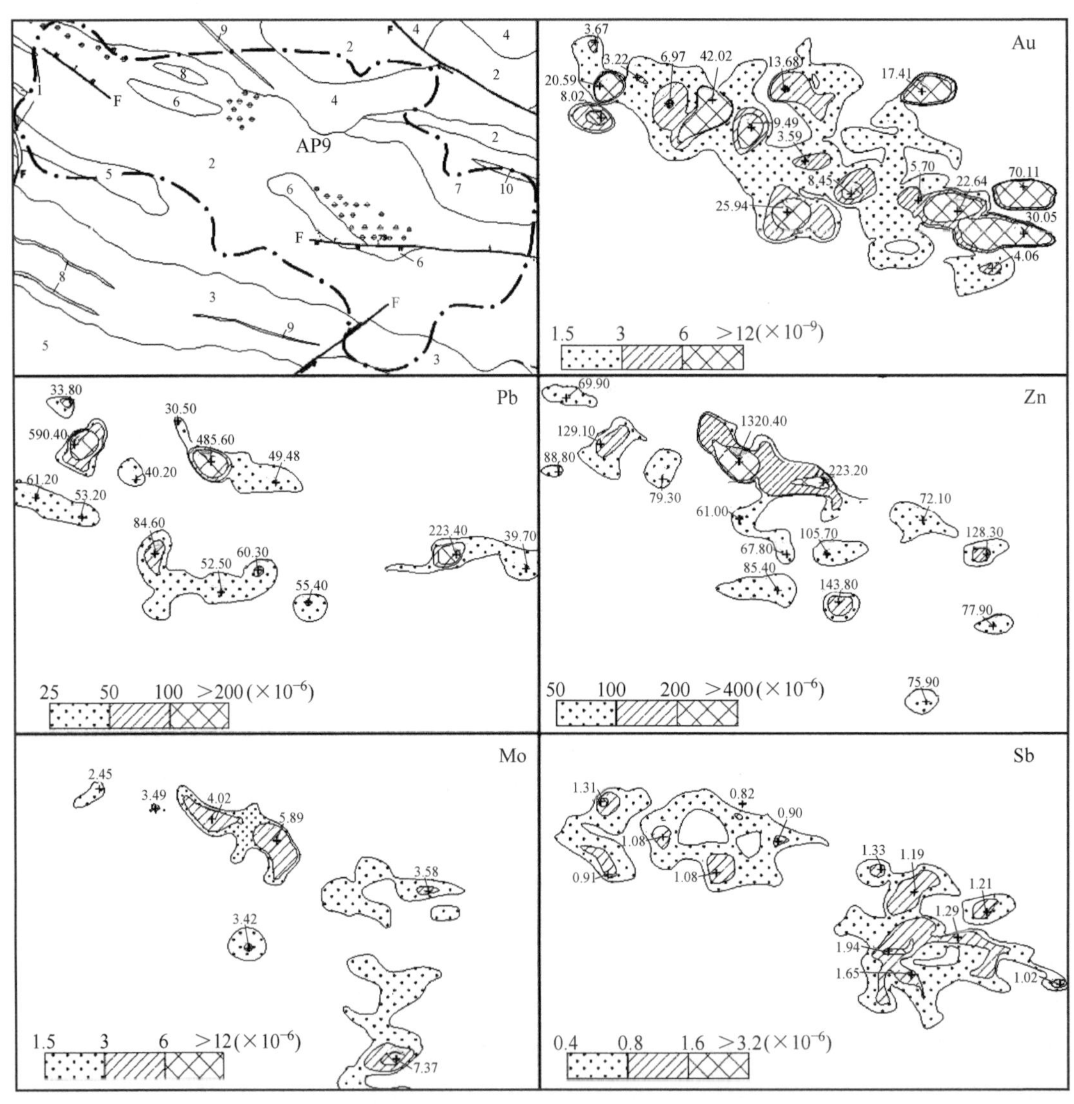

图 1-9　AP9 异常剖析图

1—第四系；2—白山组；3—绿条山组二段；4—中粒花岗闪长岩；5—中粒斑状花岗闪长岩；6—细粒花岗闪长岩；7—细粒石英闪长岩；8—大理岩；9—闪长玢岩脉；10—细粒二长花岗岩脉；11—绿帘石化；12—断层；13—异常范围

扫一扫
查看彩图

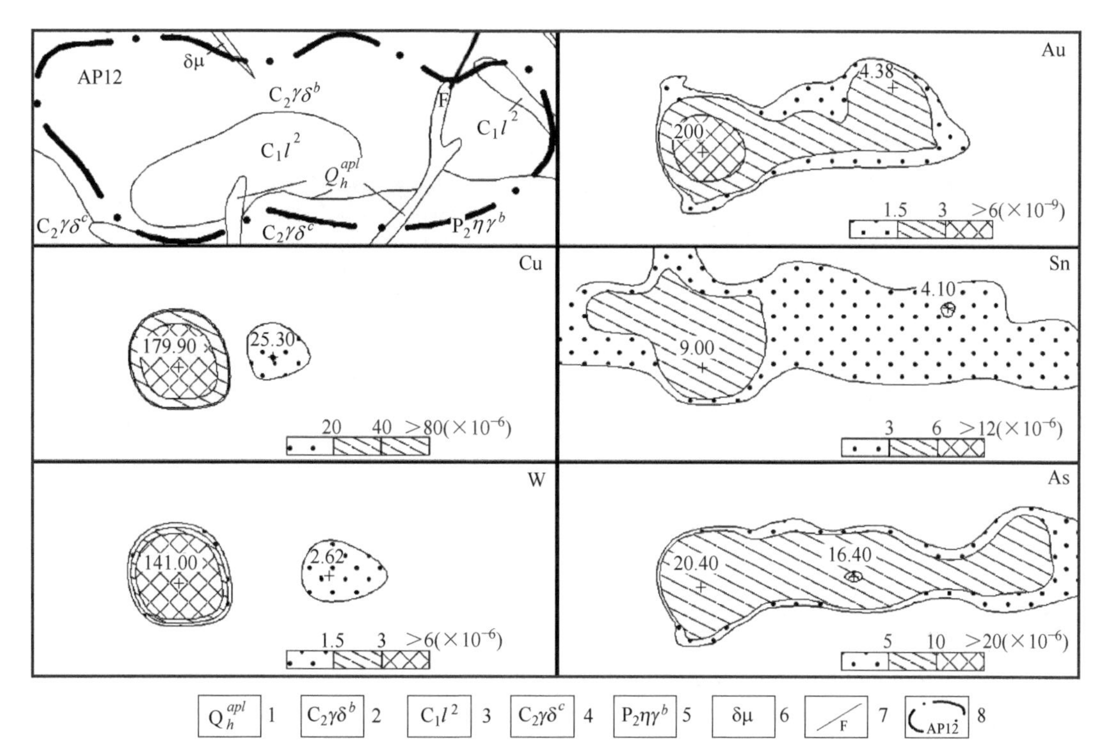

图 1-10 AP12 化探综合异常剖析图

1—第四系；2—中粒斑状花岗闪长岩；3—绿条山组；4—细粒花岗闪长岩；5—中细粒二长花岗岩；6—闪长玢岩脉；7—断层；8—综合异常及编号

扫一扫
查看彩图

1.3.2.3 AP15 异常特征

A 地质概况

异常区出露地层为下石炭统绿条山组变质砂岩，呈捕虏体产出在二长花岗岩中。出露岩浆岩主要见二叠纪二长花岗岩及花岗岩脉，脉体多产于绿条山组，花岗岩内也有沿裂隙充填的石英脉产出，断裂构造以北东向为主，次级羽状小断裂较发育，断裂破碎带中充填有石英脉、钾长花岗岩脉，褐铁矿化发育。异常区内绿帘石化强烈发育，石英脉体及边部褐铁矿化强烈。

B 异常特征

该异常元素组合为 Au、Ag，其中 Au 异常强度高，浓集中心明显，位于北东东向断裂带内，达四级浓度分带，异常点数 6 个，面积 0.635km^2，w(Au) 最大值为 200×10^{-9}，w(Ag) 最大值为 0.18×10^{-6}，如图 1-11 所示。

1.3.2.4 AP1（Ag-Au-Hg-Mo-W）异常

A 地质概况

异常区出露地质体复杂，主要见下石炭统白山组变质流纹岩、变质砂岩夹变质粉砂岩、变质石英砂岩、变质砂岩夹变质流纹岩。异常区西部被晚石炭世花岗闪长岩侵入，西南部河槽被第四系冲洪积物覆盖。区内构造不发育。蚀变常见，类型有绿帘石化、硅化，圈定 2 条绿帘石化、硅化带，北西走向，分布在河槽南北两侧。该综合异常区位于圈定的

Pb-Zn 矿化蚀变带内。

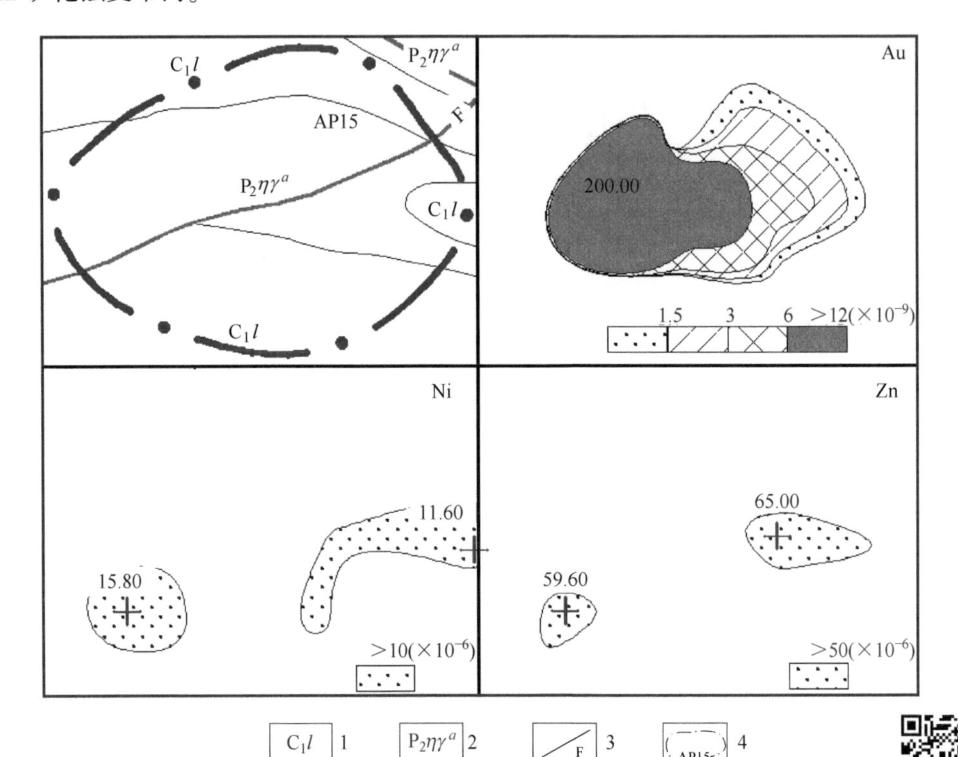

扫一扫
查看彩图

图 1-11 AP15 综合异常剖析图
1—绿条山组；2—中细粒二长花岗岩；3—断层；4—异常范围

B 异常特征

AP1 综合异常由 Cu、Pb、Zn、Au、Ag、Mo、W、Ni 等元素组成，为一套硫化物矿床成矿元素组合，伴生钨钼族元素，高中低温元素均有涉及。其中成矿元素 Pb、Zn、Ag 异常显著，Zn 多达四级浓度分带，极大值$>1000\times10^{-6}$，Pb 多达三级浓度分带，Cu、Au、Ag 等元素均达二级浓度分带，指示元素 As 及钨钼族元素异常也较显著。总体来看，多元素异常主要聚集在三个地段：（1）异常区东北部 Pb-Zn 矿化蚀变带内，分布有 Pb、Zn、Ag、Mo、Ni 等异常；（2）绿帘石化蚀变带内，分布有 Au、As、W、Sn、Mo 等异常；（3）石炭纪花岗闪长岩与白山组变质砂岩、变质流纹岩之接触带部位，发育绿帘石化，分布有 Cu、Pb、Zn 异常，如图 1-12 所示。

1.3.2.5 AP2（Ag-Au-Hg-Mo-W）异常

A 地质概况

区内出露石炭系下统白山组变质砂岩、变质粉砂岩，异常区南部及东北部均被晚石炭世细粒花岗闪长岩大面积侵入，东部白山组内细粒花岗岩脉发育，中部发育闪长玢岩脉，局部地段石英脉发育，个别石英脉具强褐铁矿化，呈蜂窝状。异常区内构造不发育，主要见侵入体与围岩之接触带构造。异常区位于圈定的 Pb-Zn 矿化蚀变带内，其内分布有多条铁矿化体及铅锌矿化体，赋矿围岩绿帘石化、硅化、褐铁矿化常见，各类蚀变构成北西向带状。

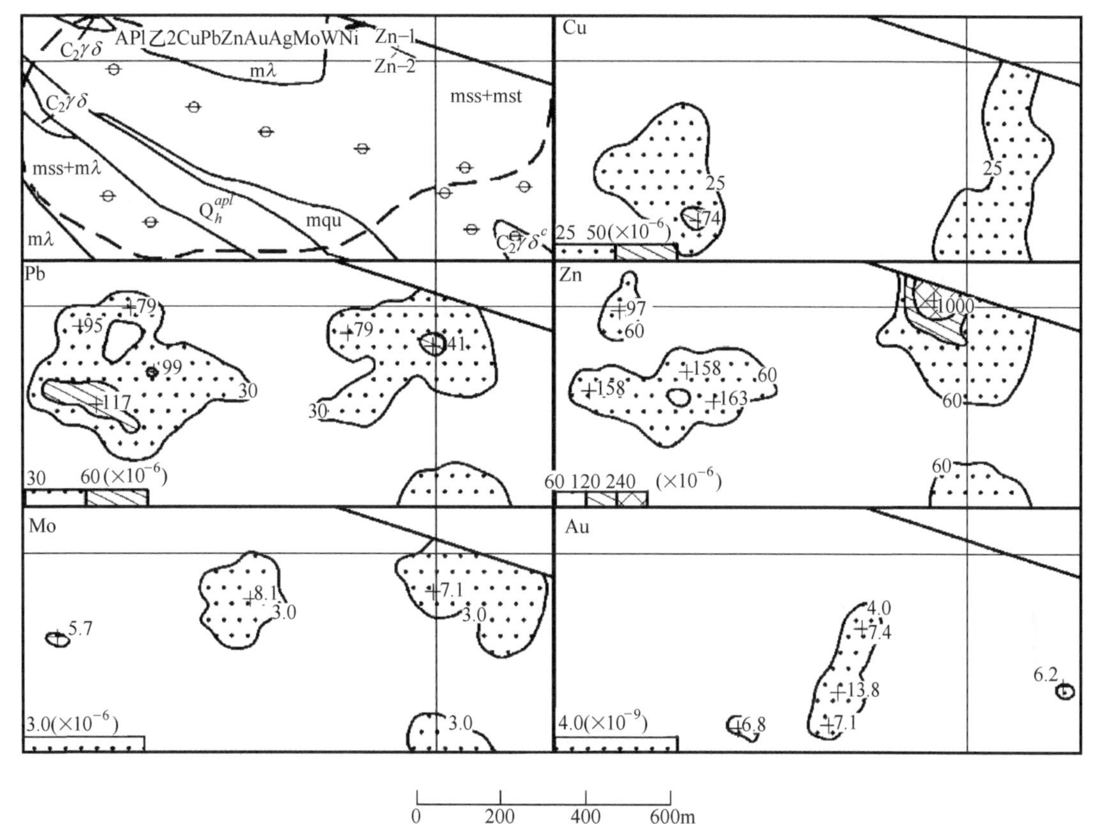

图 1-12 AP1 异常剖析图

1—第四系冲洪积：砾石、砂砾石、砂、粉砂；2—变质砂岩夹变质流纹岩；3—变质砂岩夹变质粉砂岩；4—变质流纹岩；5—变质石英砂岩；6—花岗闪长岩；7—细粒花岗闪长岩；8—矿体；9—矿化体；10—绿帘石化；11—蚀变带；12—1∶10000 土壤测量范围

扫一扫
查看彩图

B 异常特征

综合异常由 Au、Ag、Cu、Pb、Zn、Mo、W、Ni 等元素组合而成，总体为一套硫化物矿床成矿元素组合，伴生钨钼族元素，中高温，中低温元素均有涉及。从成矿元素 Au-Ag-Pb-Zn-Ni 来看，以北西向带状异常为主体，几乎涵盖整个异常区，相关元素涉及 Cu、Mo、W、Sn、As 等，各元素套合好、规模大、具一致的浓集中心，$w(Pb)$、$w(Zn)$ 极大值均$>1000\times10^{-6}$，多元素达四级浓度分带；Au 元素异常孤立出现，套合差，极大值为 19.7×10^{-9}。总体来看，异常北西方向 As、Sb 套合好，其中 As 达四级浓度分带，主异常浓集中心位于中部地区及南东部位，构成自北西→南东的 As→Sb-Cu→Pb→Zn→Ag→W→Mo 的水平分带，如图 1-13 所示。

1.3.2.6 AP3（Au-Ag-Pb-Zn-Mo-W-Ni）异常

A 地质概况

区内大面积出露石炭系下统白山组变质砂岩夹变质粉砂岩，南部出露少量变质石英砂

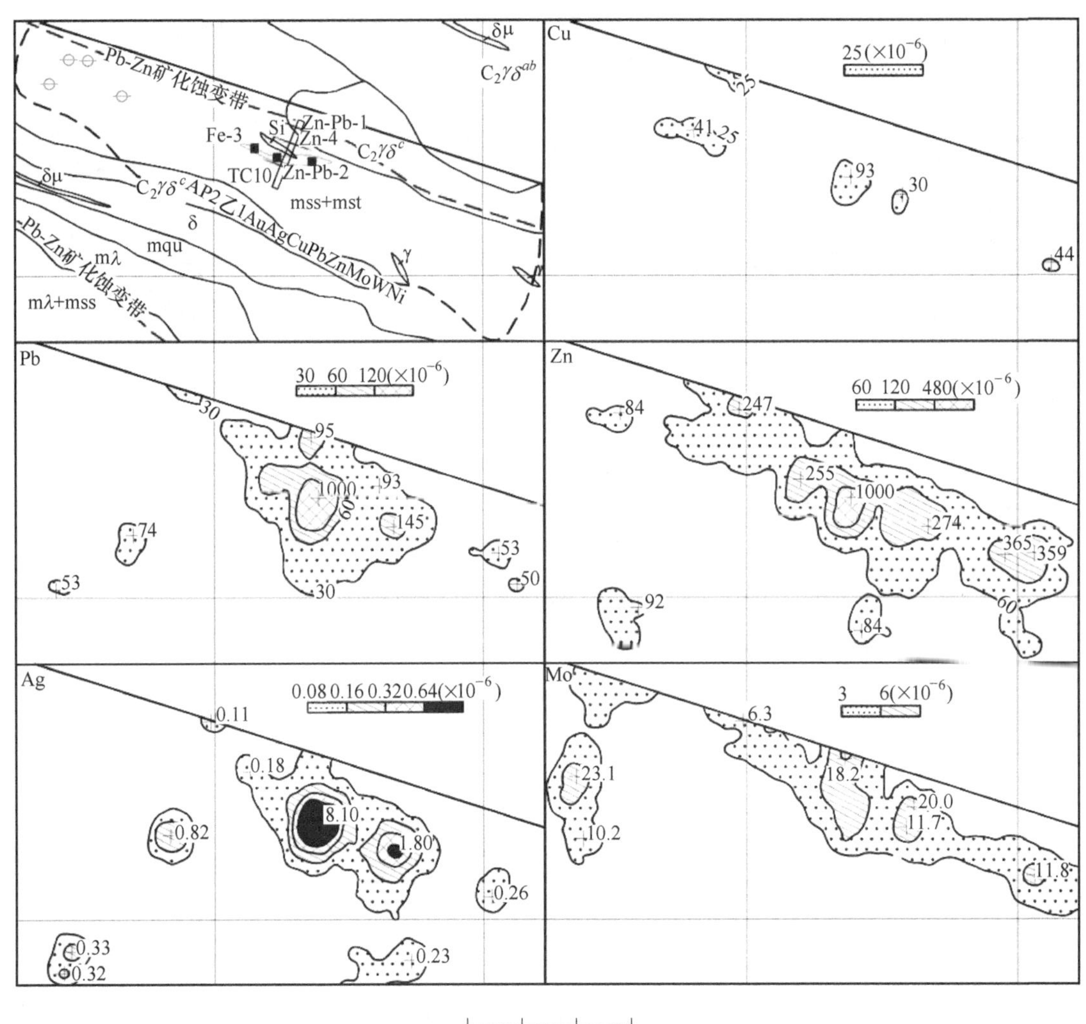

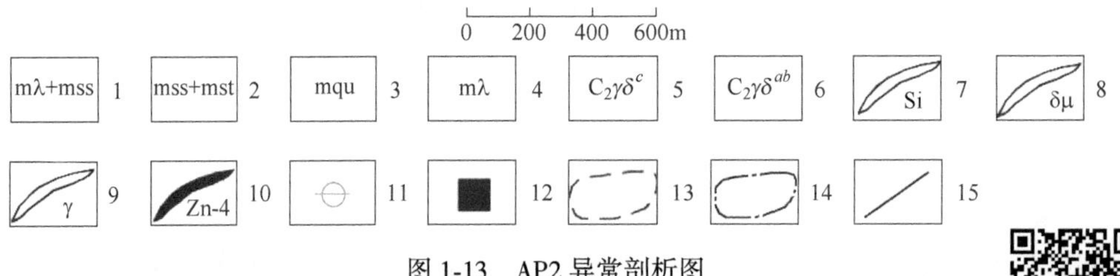

扫一扫
查看彩图

图 1-13 AP2 异常剖析图

1—变质流纹岩夹变质砂岩；2—变质砂岩夹变质粉砂岩；3—变质石英砂岩；4—变质流纹岩；5—细粒花岗闪长岩；6—中粗粒花岗闪长岩；7—硅质脉；8—闪长玢岩脉；9—花岗岩脉；10—矿化体；11—绿帘石化；12—磁铁矿化；13—蚀变带；14—化探综合异常；15—化探边界

岩，北部局部被中二叠世石英闪长岩侵入，区内局部地段有石英脉分布，个别石英脉具褐铁矿化。该异常位于Pb-Zn矿化蚀变带内，其内局部地段绿帘石化、硅化普遍可见，尤其是异常区东段，绿帘石化、硅化广泛分布，局部见褐铁矿化蚀变。

B 异常特征

综合异常由Au-Ag-Pb-Zn-Mo-W等元素组成，主要为一套硫化物矿床成矿元素组合，伴生钨钼族元素。总体来看，区内可分为4个子异常区，分别为：（1）北西方向Pb-Zn-Ag-W-Mo子异常，异常套合较好，浓集中心明显，均达二级、三级浓度分带，空间分布受控于地层与岩体接触带；（2）南西方向Au-Pb-Ag子异常，成矿元素异常强度高，$w(Au)$为33.3×10^{-9}，$w(Pb)$为279×10^{-6}，具一致的浓集中心，分布在白山组变质砂岩夹变质粉砂岩岩层内；（3）中部子异常区，异常形态凌乱，元素相关性差，多为一级、三级浓度分带，但涉及元素种类多，规模较大；（4）东部Pb-Zn-As-Mo-Sn子异常，异常空间分布受控于强绿帘石化带，浓集中心位于蚀变带中心部位，Pb、Zn分别达三级、四级浓度分带，Zn极大值为846×10^{-6}。总体来看，（2）、（3）、（4）号子异常特征显著，成矿地质条件优越，如图1-14所示。

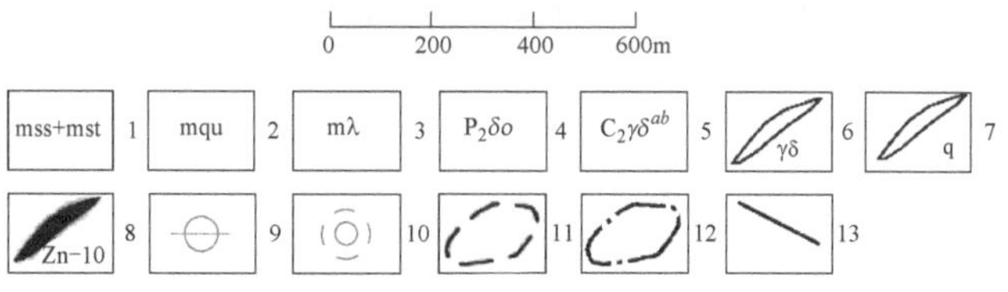

图1-14 AP3异常剖析图

1—变质砂岩夹变质粉砂岩；2—变质石英砂岩；3—变质流纹岩；4—细粒石英闪长岩；5—中粗粒花岗闪长岩；6—花岗闪长岩脉；7—石英脉；8—矿化体；9—绿帘石化；10—硅化；11—蚀变带；12—综合异常；13—化探边界

1.3.2.7 AP4（Cu-Mo-W-Ni-Co）异常

A 地质概况

区内中部出露白山组变质砂岩、变质粉砂岩夹少量变质流纹岩、大理岩及变质英安岩薄夹层，南部为变质石英砂岩，东北部被中二叠世细粒石英闪长岩侵入，西南局部被第四系冲洪积物覆盖。异常区南部发育两条石英大脉，周边山坡、坡脚及平缓冲刷地带多见石英残坡积物堆积。硅化、绿帘石化普遍可见，局部地段见褐铁矿化。

B 异常特征

综合异常主要由钨钼族元素组成，少量Co、Ni、Cu、Zn元素异常凌乱分布，异常强度总体一般，多为二级、三级浓度分带，W达四级浓度分带，$w(\mathrm{W})$、$w(\mathrm{Mo})$ 极大值分别为 43.5×10^{-6}、16.1×10^{-6}，Cu-Co-Ni浓集中心附近发育石英脉体，由多条网脉、细脉构成，发育较强褐铁矿化，如图1-15所示。

1.3.2.8 AP5（Au-Ag-Cu-Pb-Zn-W-Mo-Ni）异常

A 地质概况

区内中部出露下石炭统白山组变质石英砂岩、变质流纹岩，北部为白山组变质砂岩夹变质粉砂岩，局部被晚石炭世细粒花岗闪长岩侵入，东南部被晚石炭世细粒花岗闪长岩侵入。区内发育多条花岗岩脉、花岗闪长岩脉以及一条闪长玢岩大脉。闪长玢岩脉走向北西，长度大于500m。区内构造不发育，主要见侵入体与围岩之复杂接触带构造。该异常区位于圈定的Pb-Zn矿化蚀变带内，异常区西段有Zn-3、Pb(Ag)-1矿(化)体分布，局部地段可见绿帘石化、褐铁矿化蚀变。

B 异常特征

综合异常由Au-Ag-Cu-Pb-Zn等元素组成，主要为一套硫化物矿床成矿元素组合。总体来看，该区化探异常组分复杂，Au异常沿地层走向呈串珠状贯穿全区，但与其他元素相关性差，仅在一定范围内与Ag异常相伴，强度不高；异常东南部Ag异常达四级浓度分带，但同样为孤立异常，意义不大。总体来看，全区可划分为两个子异常区，即西北角Cu-Pb-Zn-Ag-Mo子异常和中东部Au-Ag-As子异常。西北部子异常成矿元素具一致的浓集中心、异常强度高、均达四级浓度分带，其中各元素含量高值 $w(\mathrm{Pb})$ 为 846×10^{-6}，$w(\mathrm{Zn})$ 为 1000×10^{-6}，与周边多条绿帘石化带密切相关；中东部子异常Au、Ag均达二级浓度分带，成矿指示元素As达三级浓度分带，浓集中心较明显，如图1-16所示。

1.3.2.9 AP6（Ag-Cu-Pb-Zn-Mo）异常

A 地质概况

异常区处于晚石炭世花岗闪长岩与下石炭统白山组内外接触带处，异常区南部出露晚石炭世花岗闪长岩，北部出露白山组变质流纹岩，东部出露少量变质石英砂岩及变质砂岩。区内构造主要为侵入体与围岩间的复杂接触带构造，接触带局部地段见强绿帘石化、硅化、褐铁矿化蚀变。该综合异常区位于圈定的Au矿化蚀变带西端，该区未见Au矿化体分布，但变质流纹岩普遍具弱磁铁矿化。

B 异常特征

综合异常由Ag-Cu-Pb-Zn-Mo等元素组成，主要为一套硫化物矿床成矿元素组合。中低温元素组合Ag-Cu-Pb-Zn在异常区中部套合好，均达到四级浓度分带，异常强度高，各元素含量极大值分别是：$w(\mathrm{Cu})$ 为 325×10^{-6}，$w(\mathrm{Pb})$ 为 709×10^{-6}，$w(\mathrm{Zn})$ 为 723×10^{-6}，$w(\mathrm{Ag})$ 为 0.9×10^{-6}，浓集中心绿帘石化强烈；高温元素Mo-Sn在异常区中部和西部套合较好，分别为一级、二级浓度分带，强度不高，如图1-17所示。

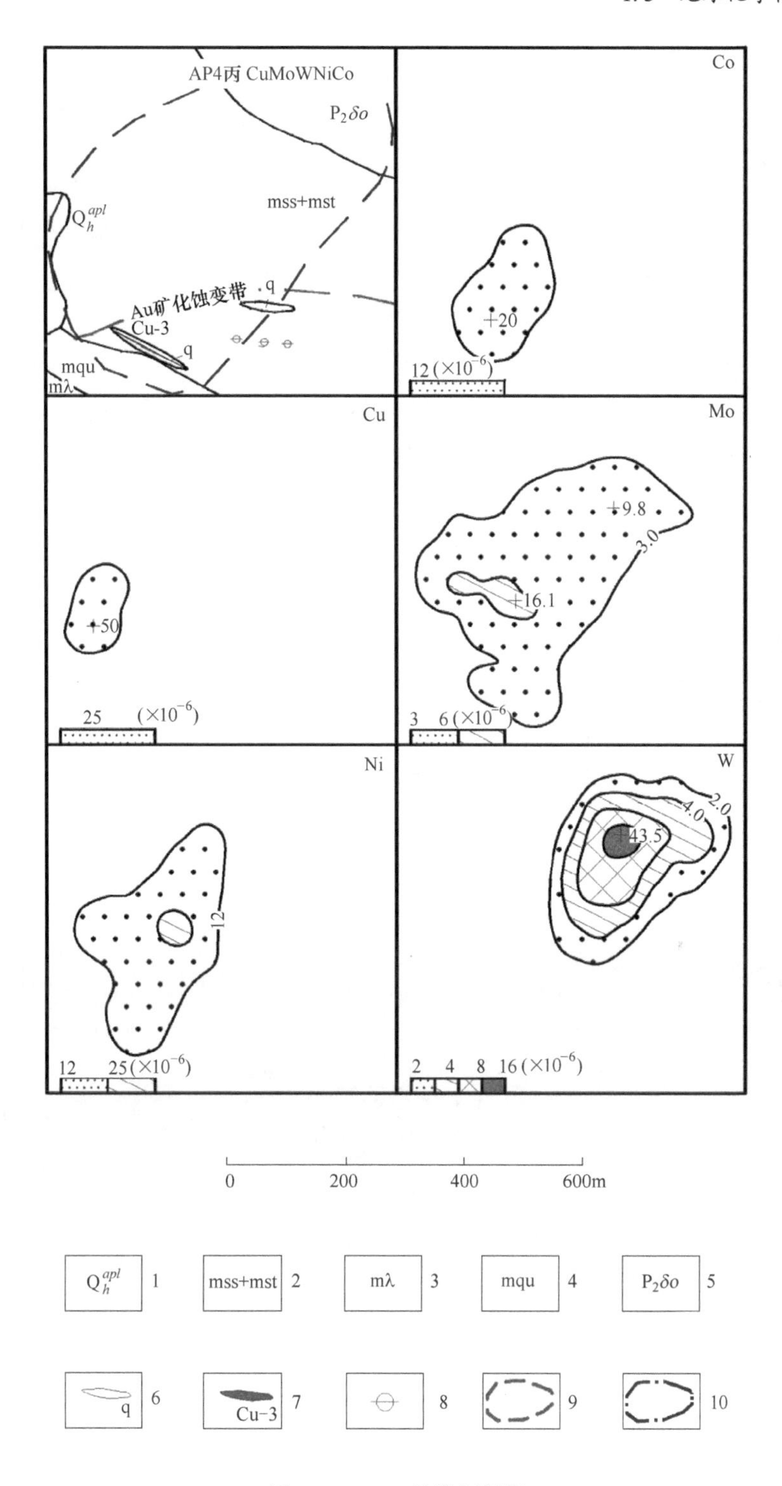

图 1-15 AP4 异常剖析图

1—第四系冲洪积：砾石、砂砾石、砂、粉砂；2—变质砂岩夹变质粉砂岩；3—变质流纹岩；4—变质石英砂岩；5—细粒石英闪长岩；6—石英脉；7—矿化体；8—绿帘石化；9—蚀变带；10—化探综合异常

扫一扫
查看彩图

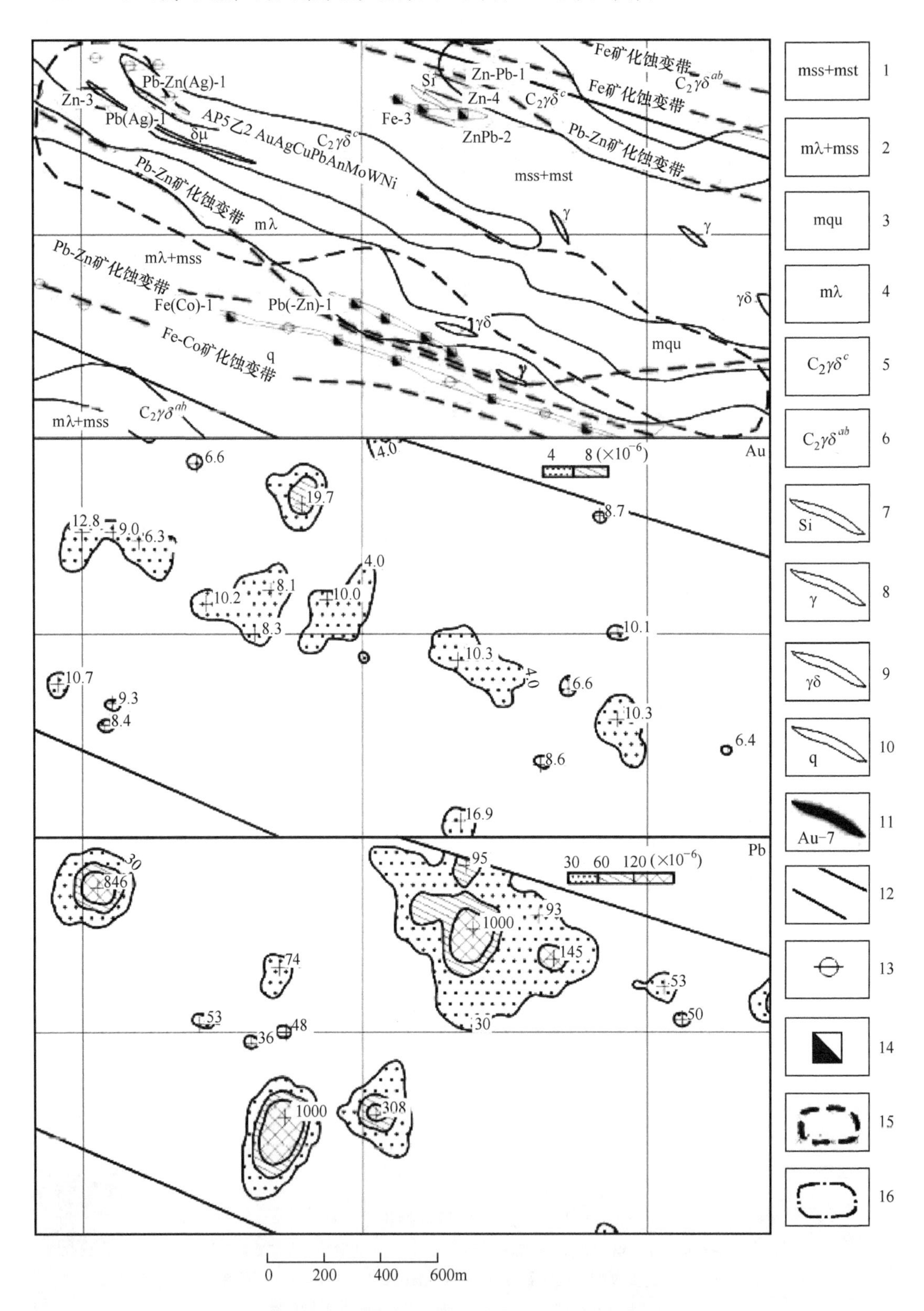

Fe矿化蚀变带
Pb-Zn(Ag)-1
Zn-3
Pb(Ag)-1
δμ
AP5乙2 AuAgCuPbAnMoWNi
Si
Zn-Pb-1
Zn-4
Fe-3
ZnPb-2
Pb-Zn矿化蚀变带
mss+mst
mλ
mλ+mss
Fe(Co)-1
Pb(-Zn)-1
Fe-Co矿化蚀变带
q
mqu
γ
γδ
Au
Pb
0 200 400 600m
1
2
3
4
5
6
7
8
9
10
11
12
13
14
15
16
Au-7

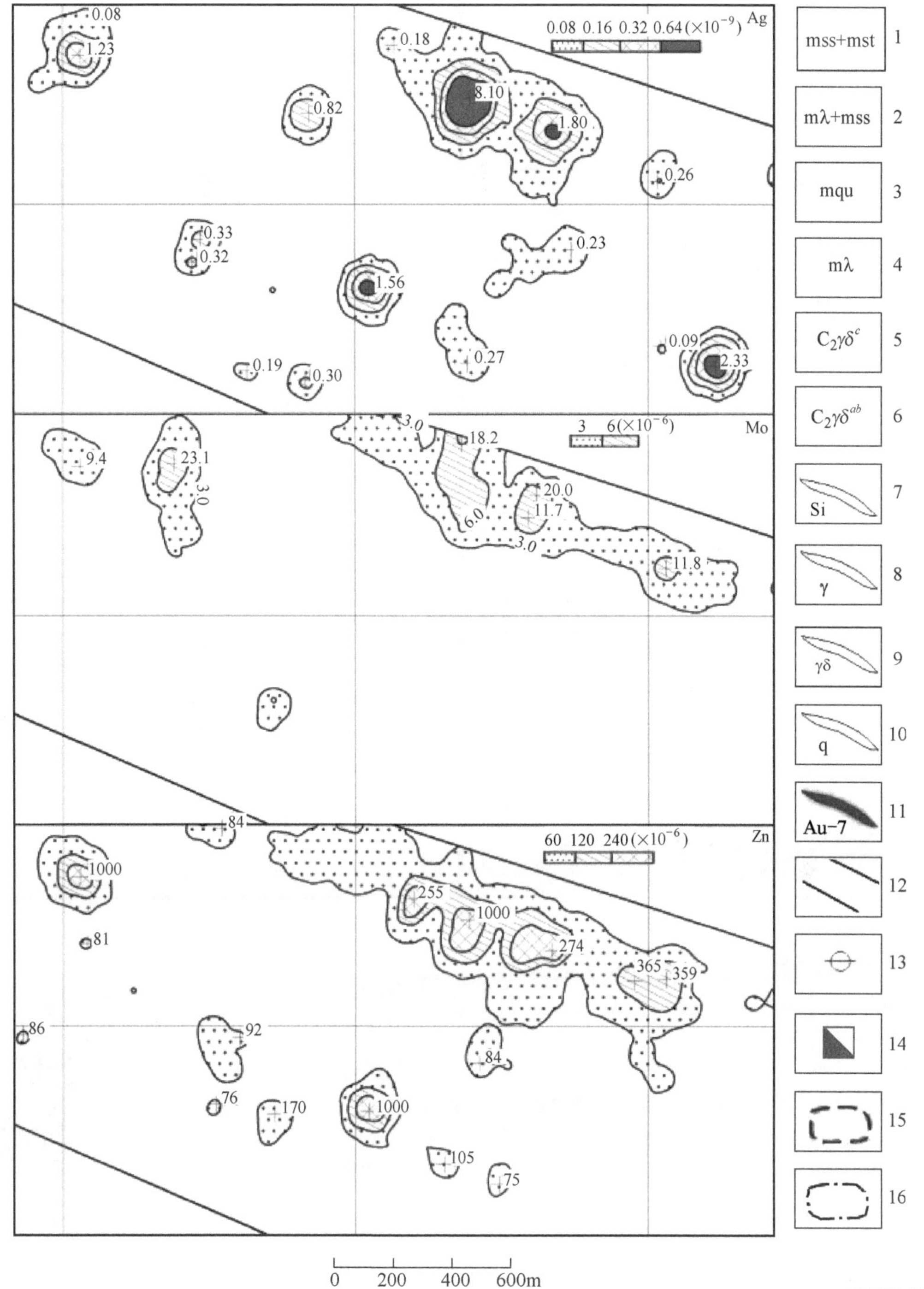

图 1-16 AP5 异常剖析图

1—变质砂岩夹变质粉砂岩；2—变质流纹岩夹变质砂岩；3—变质石英砂岩；4—变质流纹岩；5—细粒花岗闪长岩；6—中粗粒花岗闪长岩；7—硅质脉；8—花岗岩脉；9—花岗闪长岩脉；10—石英脉；11—矿化体；12—化探边界；13—绿帘石化；14—褐铁矿化；15—蚀变带；16—化探综合异常

扫一扫
查看彩图

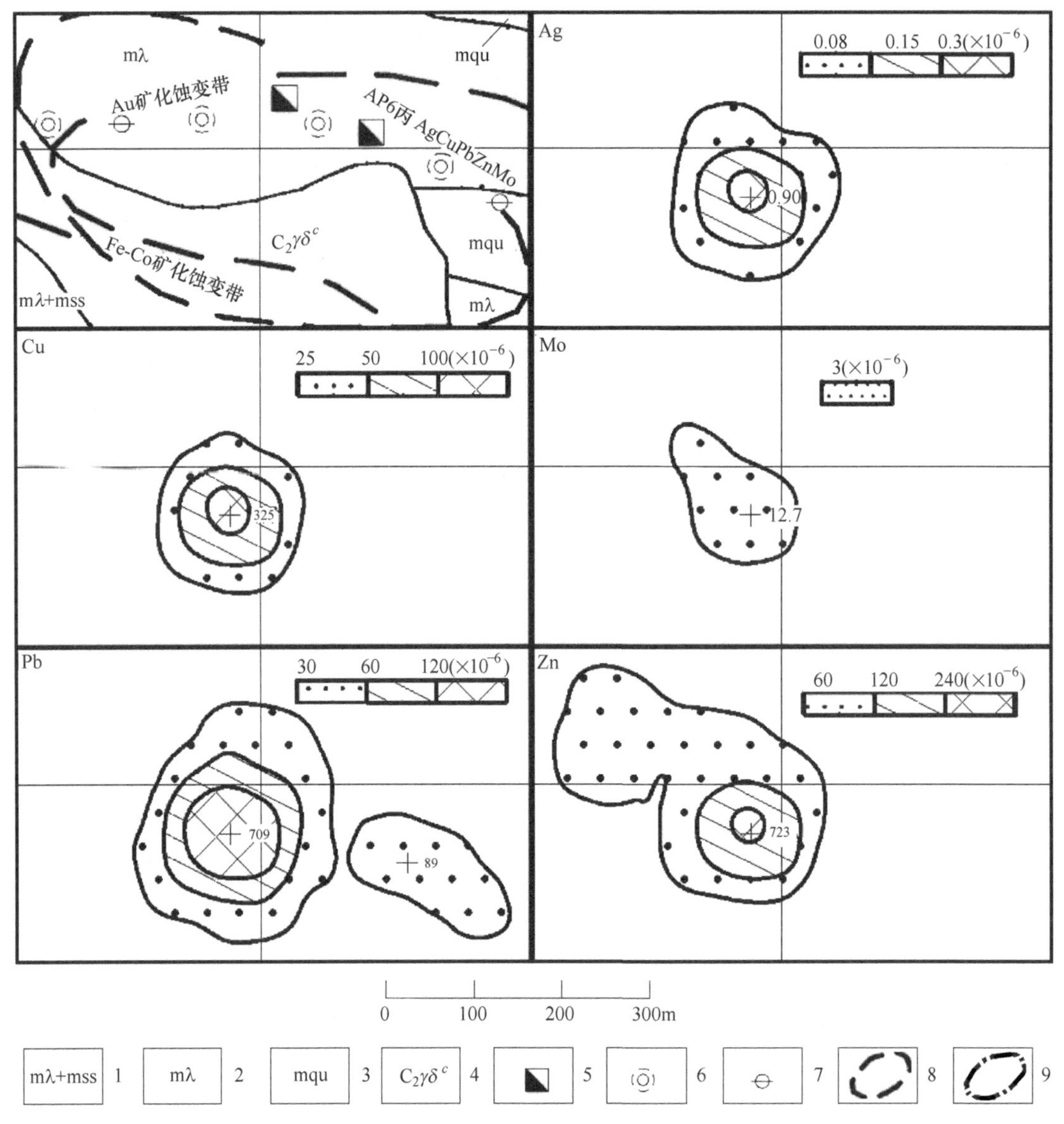

图 1-17　AP6 异常剖析图

1—变质流纹岩夹变质砂岩；2—变质流纹岩；3—变质石英砂岩；
4—细粒花岗闪长岩；5—褐铁矿化；6—硅化；
7—绿帘石化；8—蚀变带；9—综合异常

扫一扫
查看彩图

1.3.2.10　AP7（Au、Sb）异常

A　地质概况

异常区出露主体地质体为下石炭统白山组变质流纹岩，南北两侧均出露变质石英砂岩、变质流纹岩，岩石片理化强烈，形成板岩、千糜岩，新生矿物白云母常见。区内石英脉发育，走向多为北西向，脉宽一般 5～20m，个别脉体具强褐铁矿化或磁铁矿化。北西向推测断层横贯异常区西段，低序次断裂裂隙构造在局部发育。该异常区位于圈定的 Au 矿化蚀变带内，区内分布多条金铁矿化体，金矿化或赋存在褐铁矿化石英脉内，或赋存在

磁铁矿薄层内。局部地段褐铁矿化、黄铁绢英岩化强烈。

B 异常特征

综合异常由 Au-Sb 等元素组成，总体来看，该区化探异常组分简单，Au 异常沿地层走向呈北西向串珠状，可分为 3 个子异常区，仅伴生发育 Sb 异常，与其他元素异常相关性差。西北部 Au 子异常规模大，达二级浓度分带，极大值为 16.6×10^{-9}；中部 Au 子异常与 Sb 异常相关，达四级浓度分带，极大值为 76.2×10^{-9}；东南部 Au 子异常与 As、Sn 异常套合，达三级浓度分带，极大值为 22.5×10^{-9}，如图 1-18 所示。

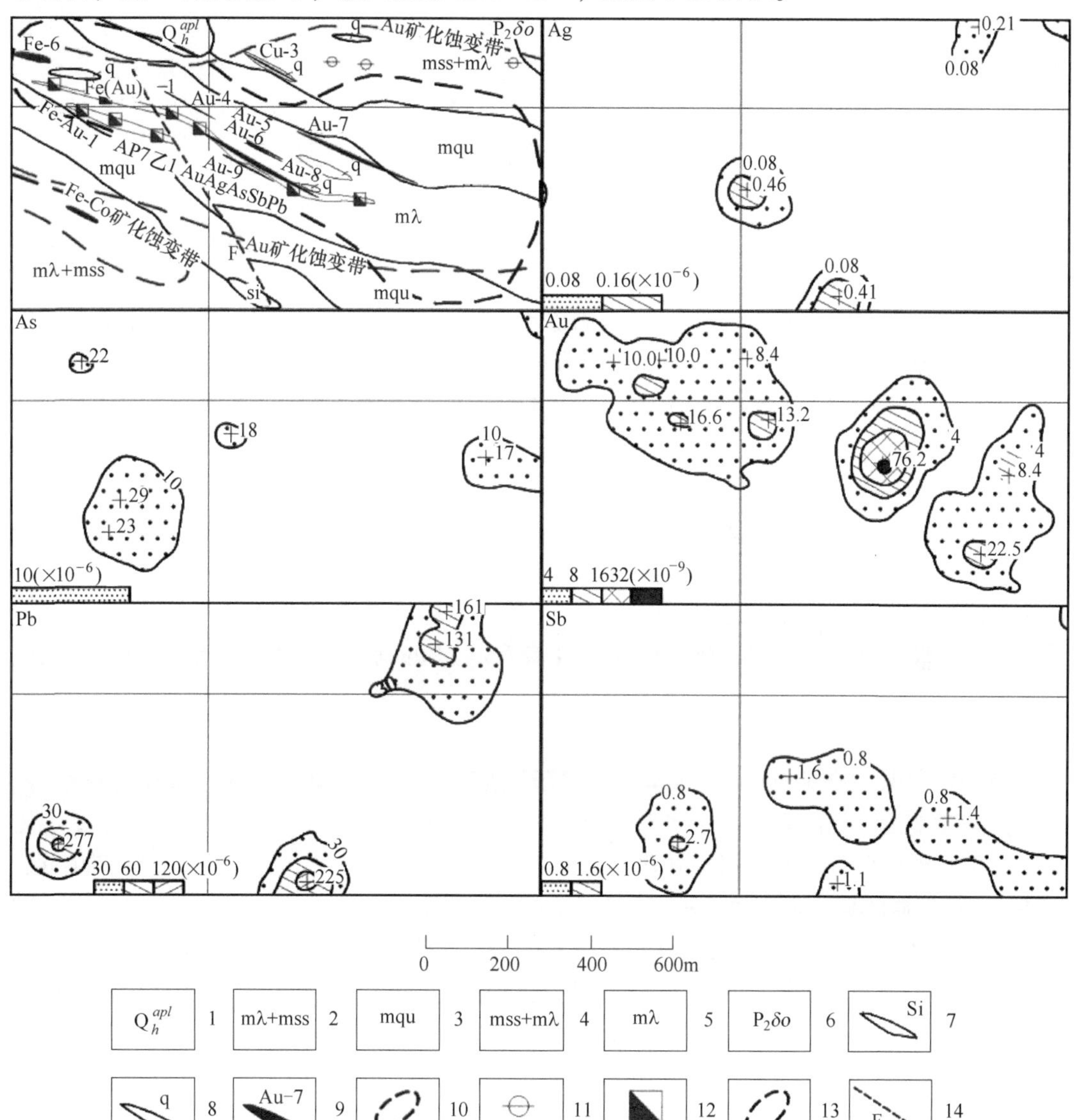

图 1-18 AP7 异常剖析图

1—第四系冲洪积：砾石、砂砾石、砂、粉砂；2—变质流纹岩夹变质砂岩；3—变质石英砂岩；4—变质砂岩夹变质流纹岩；5—变质流纹岩；6—细粒石英闪长岩；7—细粒花岗闪长岩；8—硅质脉；9—石英脉；10—矿化体；11—蚀变带；12—绿帘石化；13—褐铁矿化；14—化探综合异常

1.3.2.11　AP8（Au-Ag-Cu-Pb-Zn-Mo-Ni-Co）异常

A　地质概况

区内出露地质体以下石炭统白山组变质流纹岩夹变质砂岩为主，北部出露变质流纹岩，中部河槽被第四系冲洪积物覆盖，该河槽疑似断裂构造的反映。异常区位于圈定的Fe-Co矿化蚀变带内，变质流纹岩普遍具弱磁铁矿化、褐铁矿化、绿帘石化，尤其是河槽两侧，蚀变强烈且广泛分布。

B　异常特征

综合异常由Au-Ag-Cu-Pb-Zn-Mo-Ni-Co等元素组成，组分较复杂，主要为一套硫化物矿床成矿元素组合，伴生铁族元素及钨钼族元素。可明显划分为3个子异常区，分别为Cu-Pb-Ag-Mo-Ni(西部子异常)、Au-Cu-Co-Ni（中部子异常)、Pb-Zn-Ni子异常（东部子异常)。西部子异常以Pb、Cu、Ag为主，为中低温元素组合，具一致的浓集中心，均达四级浓度分带，极大值分别是：w(Cu) 为 586×10^{-6}、w(Ag) 为 5.21×10^{-6}、w(Pb) 为 1000×10^{-6}，Pb、Cu、Ag共同构成异常外带，中高温元素Mo、Ni分别达四级、二级浓度分带，构成异常最内带；中部子异常以Au、Cu、Co、Ni为主，仅Au元素达四级浓度分带，强度高，极大值为 52.4×10^{-9}，其余为面状一级低缓异常，套合较差；东部子异常以Pb、Zn、Ni为主，Zn达四级浓度分带，极大值为 489×10^{-6}，Pb、Ni达三级浓度分带，浓集中心明显，规模较小。总体来看，中西部异常与绿帘石化带密切相关，如图1-19所示。

1.3.2.12　AP9（Ag-Cu-Pb-Zn-W-Mo-Co-Ni）异常

A　地质概况

区内出露地层简单，主要为白山组变质流纹岩夹变质砂岩，北部出露变质流纹岩，局部见石英脉发育。区内发育两条磁铁矿化带，具磁性强，规模大之特征，但矿化带内单矿体多呈透镜状，断续出露。异常区内绿帘石化普遍，局部强烈，磁铁矿化带周边可见褐铁矿化蚀变，偶可见零星孔雀石化。该异常横跨圈定的Pb-Zn矿化蚀变带和Fe-Co矿化蚀变带。

B　异常特征

综合异常由Ag-Cu-Pb-Zn-W-Mo-Co-Ni等元素组成，为一套硫化物矿床成矿元素组合，伴生铁族元素及钨钼族元素。大体可分为三个子异常区，其中东北、西北部子异常基本受控于2条磁铁矿化带。西北部子异常Pb、Cu、Zn、Mo浓集中心位于南磁铁矿化带附近，其中Pb异常强度高，规模大，极大值是：w(Pb) 为 1000×10^{-6}，东侧Co-Ni浓集中心同样位于南磁铁矿化带附近，仅达一级浓度分带；东北部子异常以中低温元素Ag-Pb-Zn-Cu为主，异常套合好，浓集中心位于北磁铁矿化带附近，除Cu外均达四级浓度分带，极大值 w(Pb) 为 308×10^{-6}，w(Ag) 为 1.56×10^{-6}，w(Zn) 为 1000×10^{-6}；南部子异常以中高温元素Co-Ni-W-Sn组合为主，相关元素套合好、强度低，仅W达四级浓度分带，极大值 w(W) 为 22.7×10^{-6}，如图1-20所示。

1.3.2.13　AP5（Au-As-Sb-W-Mo-Ni）异常

A　地质概况

区内出露地质体以中二叠世二长花岗岩为主，中部发育暗红色变质流纹岩捕虏体，局部被第四系冲洪积物覆盖。近南北向的强硅化、褐铁矿化带横穿异常区，该蚀变带疑似近南北向断裂构造的反映。

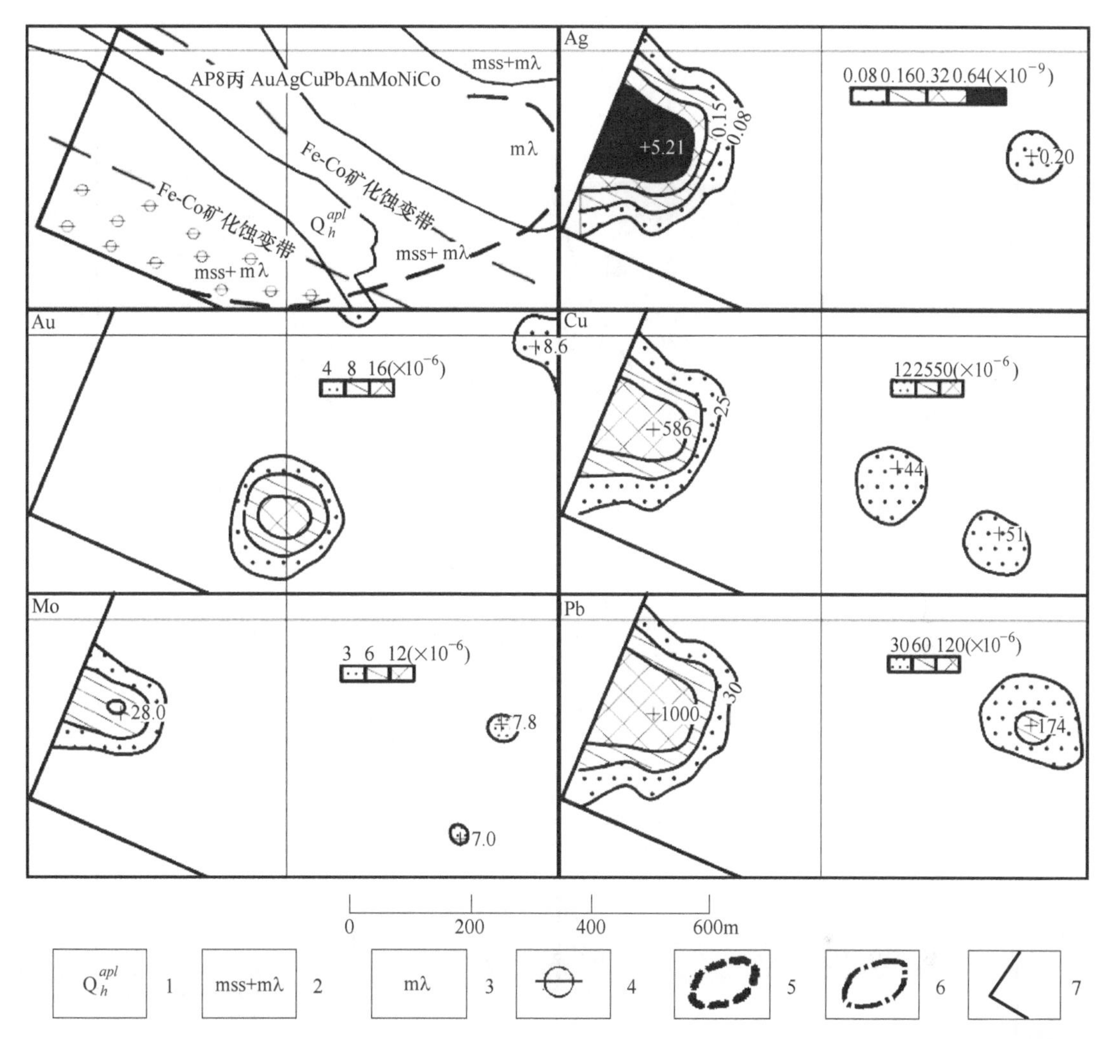

图 1-19 AP8 异常剖析图

1—第四系冲洪积：砾石、砂砾石、砂、粉砂；2—变质砂岩夹变质流纹岩；3—变质流纹岩；4—绿帘石化；5—蚀变带；6—化探综合异常；7—化探边界

扫一扫
查看彩图

B 异常特征

综合异常由 Au-As-Sb-W-Mo-Ni 等元素组成，组分较复杂，各元素具有一致的浓集中心，且 Au、As 元素均达三级浓度分带，形成以成矿元素 Au 为主的一套中低温元素组合，极大值分别是：$w(\mathrm{Au})$ 为 18.7×10^{-9}、$w(\mathrm{As})$ 为 60×10^{-6}。高温元素 Mo、W 极大值分别是：$w(\mathrm{Mo})$ 为 2.8×10^{-6}、$w(\mathrm{W})$ 为 5.5×10^{-6}，强度不高，分别达一级、二级浓度分带，如图 1-21 所示。

1.3.2.14 其他综合异常特征

A 地质概况

中北部 AP1-AP4 综合异常区出露晚石炭世花岗闪长岩及晚二叠世二长花岗岩，局部夹变质砂岩、变质流纹岩、大理岩捕虏体。异常区内常见硅化、少量褐铁矿化蚀变，蚀变带多构成近东西向带状。研究区东南部 AP6 综合异常区出露绿条山组变质岩屑长石砂岩，

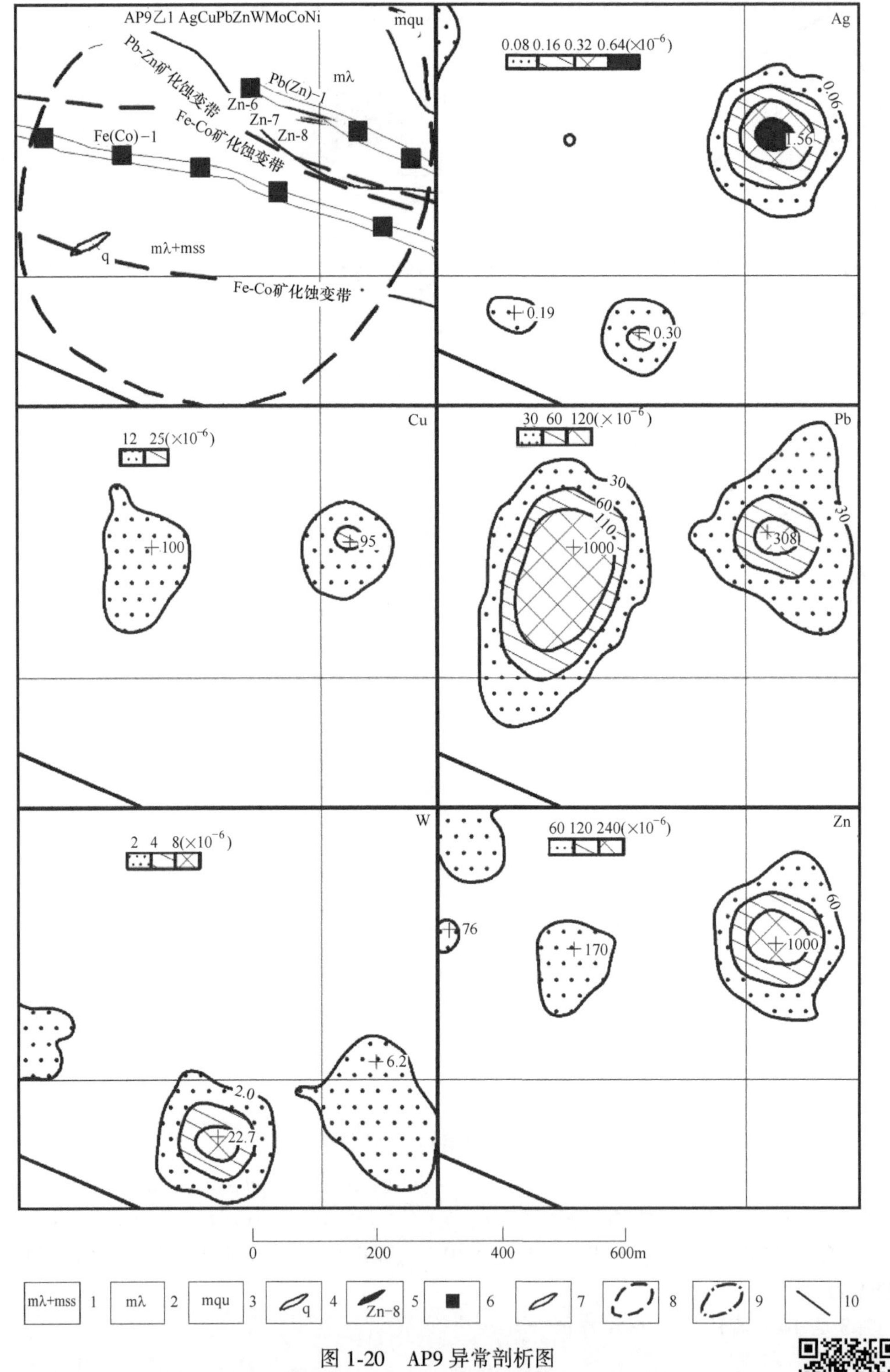

图 1-20　AP9 异常剖析图

1— 变质流纹岩夹变质砂岩；2—变质流纹岩；3—变质石英砂岩；
4—石英脉；5—矿化体；6—磁铁矿化；7—矿化蚀变带；
8—蚀变带；9—化探综合异常；10—化探边界

扫一扫查看彩图

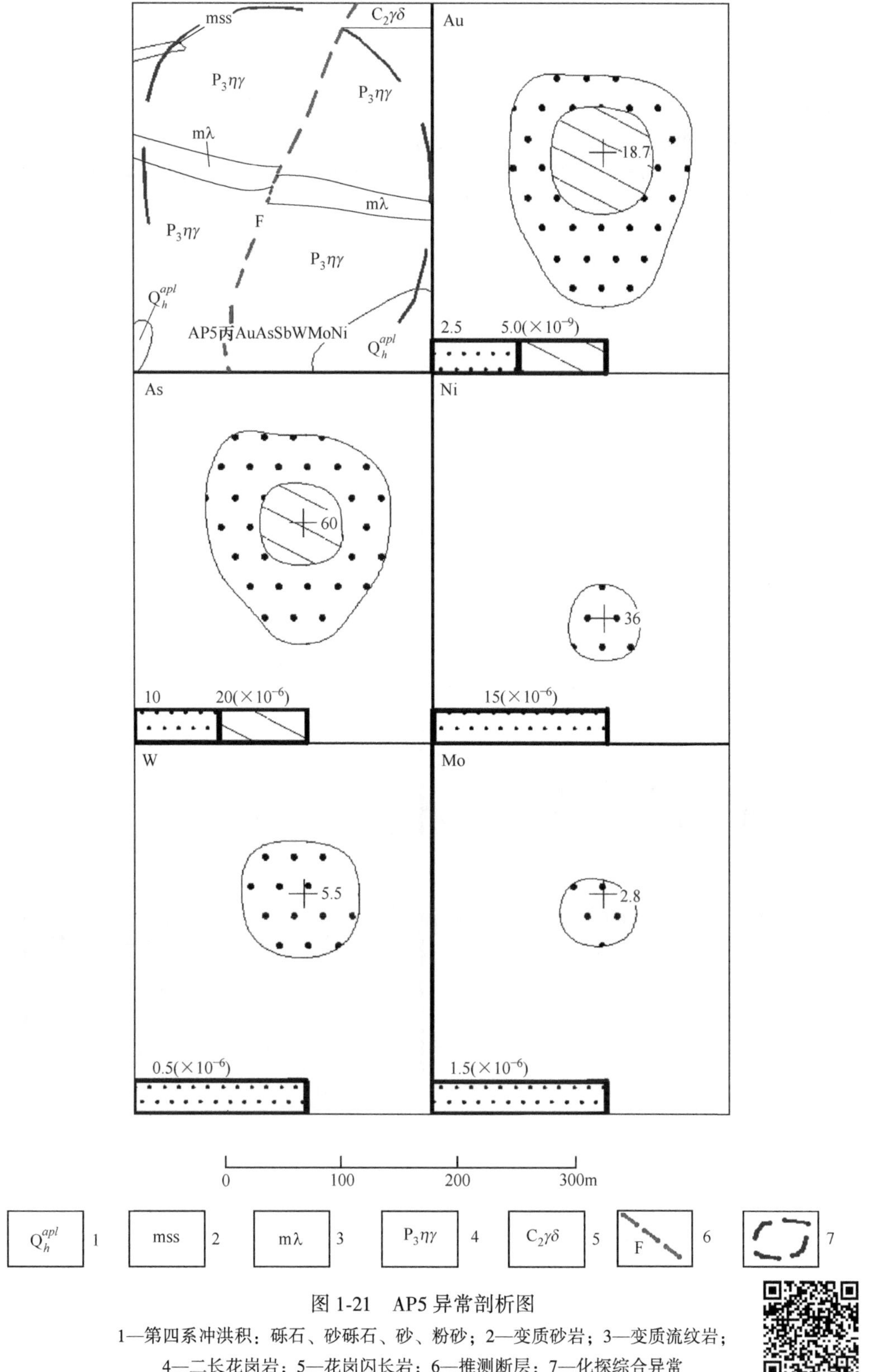

图 1-21　AP5 异常剖析图

1—第四系冲洪积：砾石、砂砾石、砂、粉砂；2—变质砂岩；3—变质流纹岩；4—二长花岗岩；5—花岗闪长岩；6—推测断层；7—化探综合异常

扫一扫查看彩图

东部被晚二叠世二长花岗岩侵入，局部可见小规模角岩化、硅化蚀变，多分布在岩体与围岩之外接触带处。

B　异常特征

各综合异常由 Cu、Co、Ni、Au、As、Mo 等元素组成，相关元素套合差、浓集中心不明显，异常强度低，多为一级、二级浓度分带，仅 AP1 中 Ni、As 达三级浓度分带，极大值分别是：$w(\mathrm{Ni})$ 为 78×10^{-6}、$w(\mathrm{As})$ 为 52×10^{-6}，Co 达三级浓度分带，极大值 $w(\mathrm{Co})$为 32×10^{-6}，如图 1-22～图 1-26 所示。

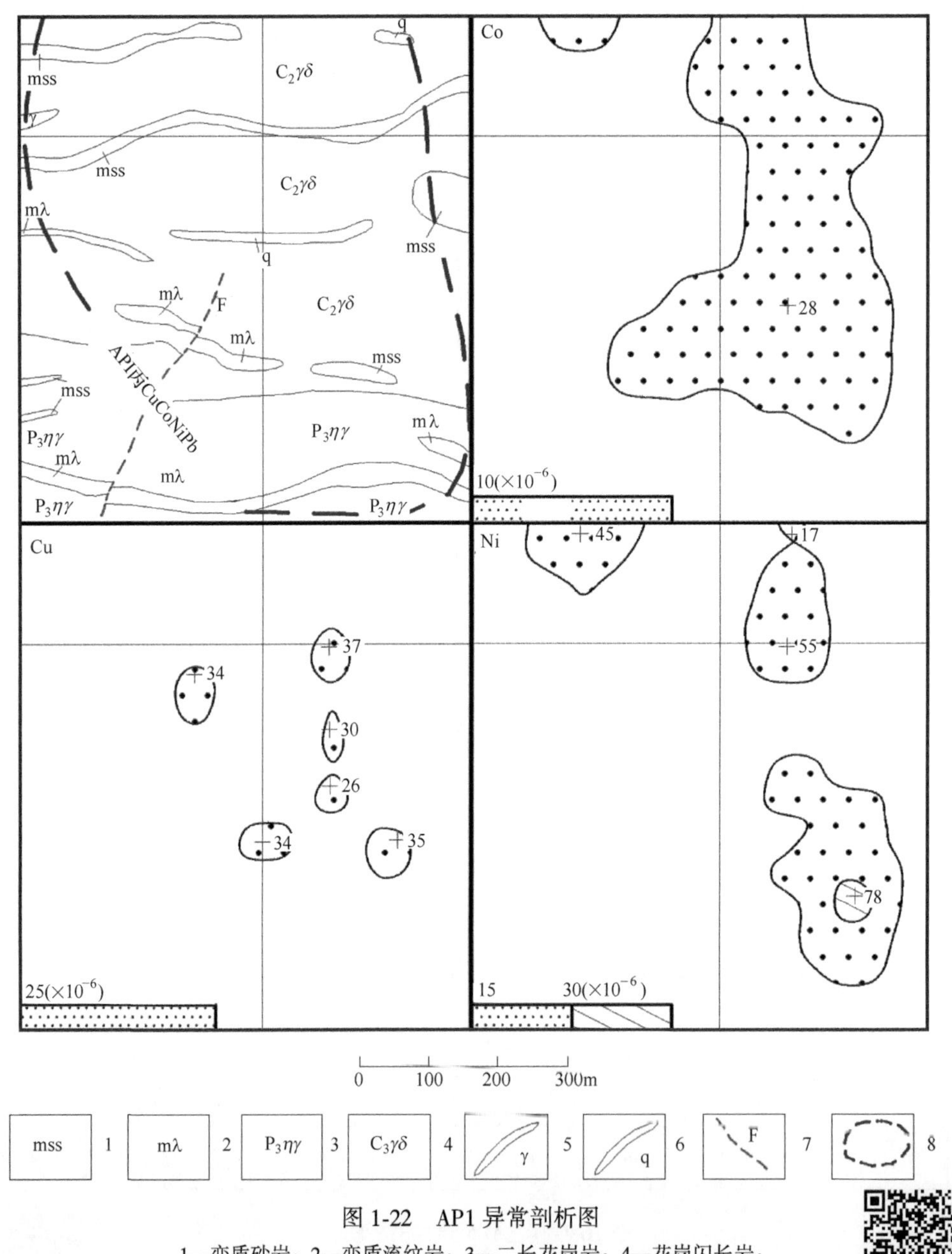

图 1-22　AP1 异常剖析图

1—变质砂岩；2—变质流纹岩；3—二长花岗岩；4—花岗闪长岩；
5—花岗岩脉；6—石英脉；7—推测断层；8—化探综合异常

扫一扫查看彩图

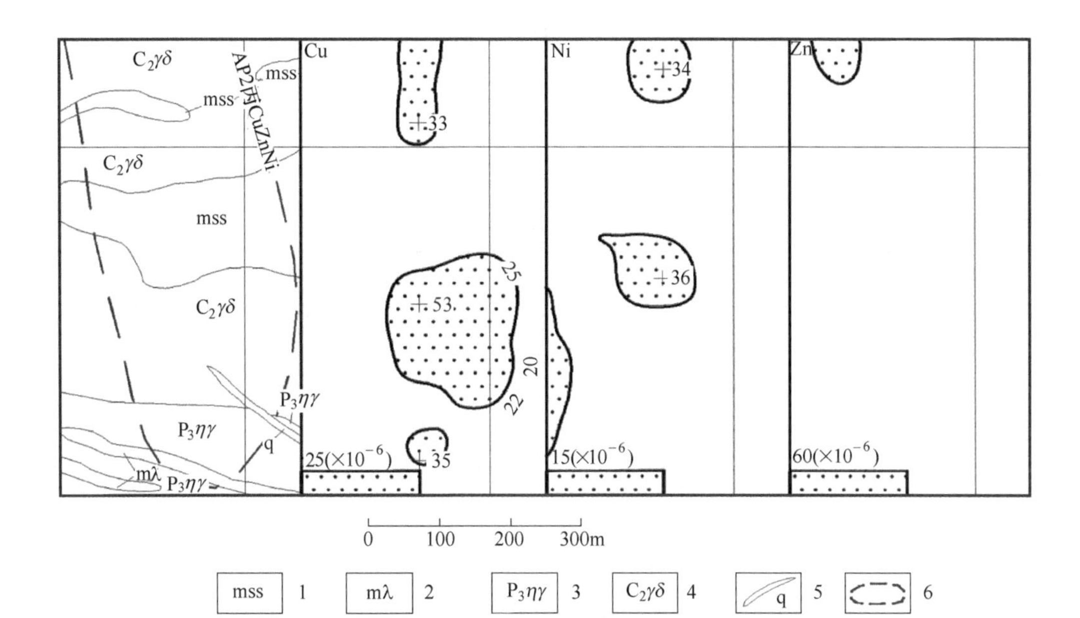

图 1-23 AP2 异常剖析图

1—变质砂岩；2—变质流纹岩；3—二长花岗岩；
4—花岗闪长岩；5—石英脉；6—化探综合异常

扫一扫
查看彩图

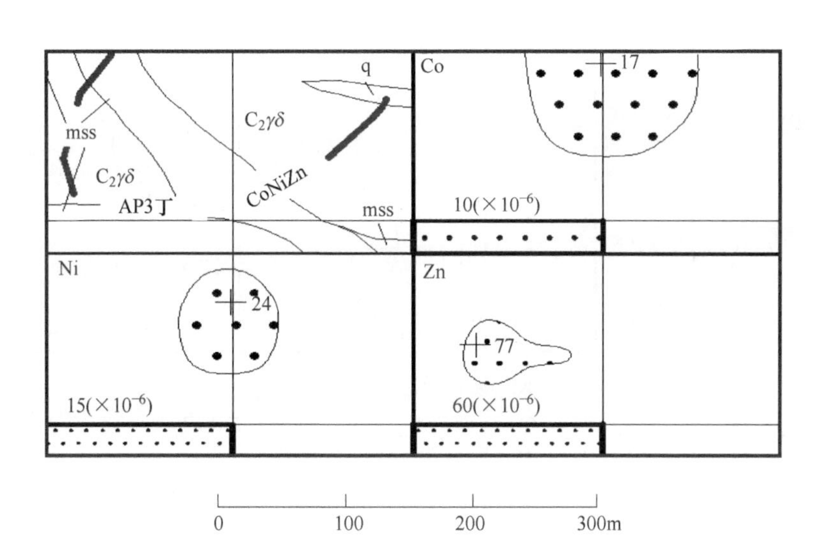

图 1-24 AP3 异常剖析图

1—变质砂岩；2—花岗闪长岩；3—石英脉；4—化探综合异常

扫一扫
查看彩图

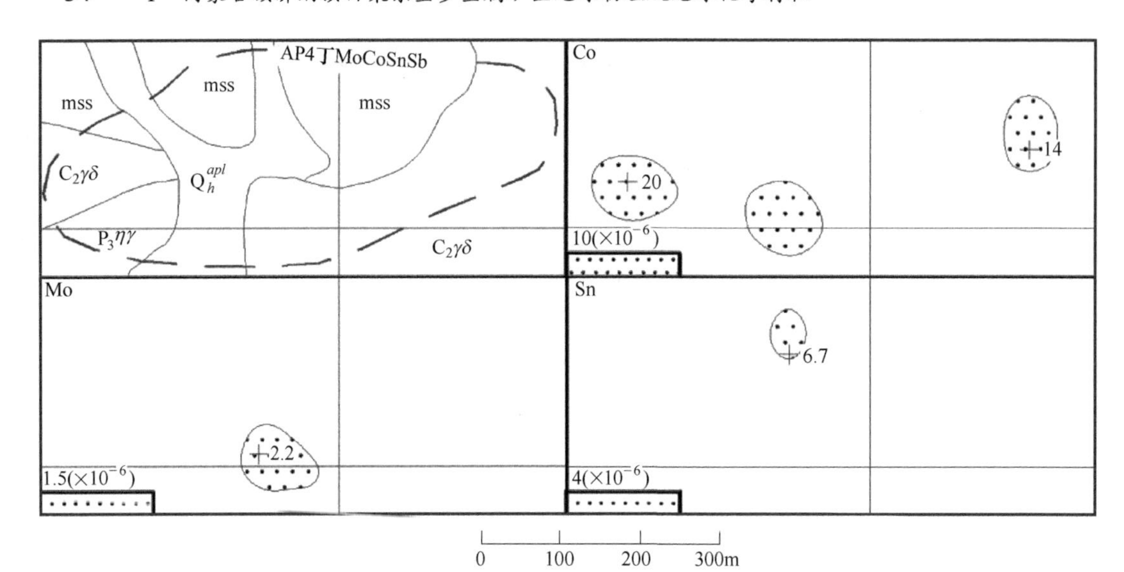

图 1-25　AP4 异常剖析图

1—第四系冲洪积：砾石、砂砾石、砂、粉砂；2—变质砂岩；3—二长花岗岩；4—花岗闪长岩；5—化探综合异常

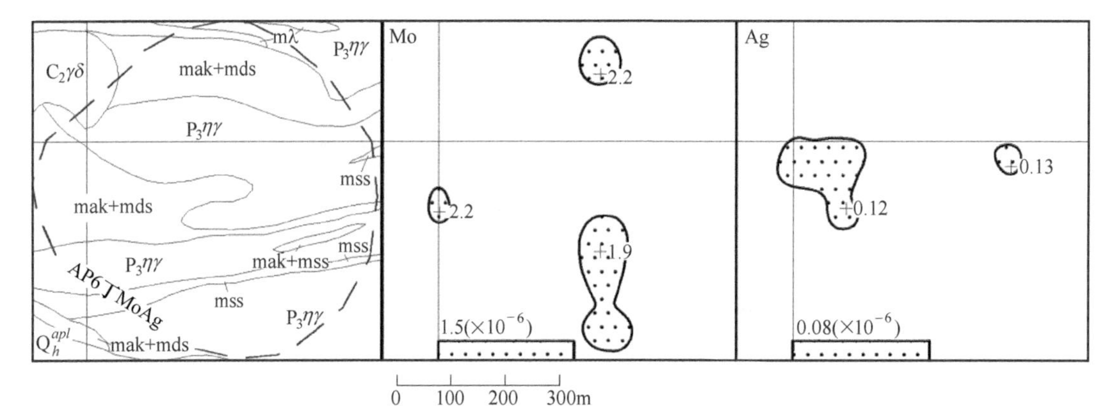

图 1-26　AP6 异常剖析图

1—第四系冲洪积：砾石、砂砾石、砂、粉砂；2—变质岩屑长石石英砂岩；3—变质砂岩；4—变质流纹岩；5—二长花岗岩；6—花岗闪长岩；7—化探综合异常

1.3.3　元素丰度特征

1.3.3.1　元素丰度特点

从表 1-7 看出：全区 1∶10000 土壤测量元素丰度与 1∶5000 土壤测量元素丰度值比

较，仅 Co 元素的背景值近似等于区域土壤丰度值，说明仅该元素在本区呈背景、高背景分布，其余各元素均呈低背景分布。

表 1-7 全区土壤测量地球化学特征参数表

参　　数	Ag	As	Au	Co	Cu	Mo	Ni	Pb	Sb	Sn	W	Zn
剔除畸变数据后背景值	0.043	2.85	0.88	5.79	11.01	0.715	6.988	16.889	0.16	1.734	0.56	29.88
标准离差	0.01	1.5	0.297	2.31	4.55	0.21	3.3	3.87	0.045	0.5	0.076	12.57
平均值	0.044	2.87	0.91	5.85	11.16	0.748	7.01	17	0.162	1.77	0.563	30
变异系数	0.23	0.53	0.33	0.544	0.468	0.281	0.474	0.23	0.275	0.28	0.134	0.42
北山丰度	0.05	7.9	1.44	5.74	12.74	0.84	12.01	16.20	0.74	2.12	1.07	35.45
1：50000 土壤测量元素丰度值	0.065	4.33	1.21	6.0	14.5	1.36	8.67	20.64	0.32	2.49	1.4	38.23
一级浓集克拉克值	0.86	0.36	0.61	1.01	0.86	0.85	0.58	1.04	0.22	0.82	0.52	0.84
富集系数	0.66	0.66	0.73	0.97	0.76	0.53	0.81	0.82	0.50	0.70	0.40	0.78

注：一级浓集克拉克值=全区背景值/北山丰度，富集系数=全区背景值/1：50000 白梁等四幅土壤丰度值，单位：10^{-6}（Au：10^{-9}），北山地区地球化学背景数据来自聂凤军等编著的《蒙甘新相邻（北山）北山地区综合找矿预测与评价》。

1.3.3.2　元素富集特征

从图 1-27 看出：仅 Co 元素富集系数近似等于 1，说明其背景场相对较高，在地质背景条件有利时，易局部富集成矿；其余各元素的富集系数均小于 1，趋于分散状态。

12 种元素中一级浓集克拉克值大于 1 的元素有 Co、Pb，说明上述元素有局部富集成矿的可能。也说明 Co、Pb 及相关元素为该区的主要成矿元素或为成矿元素的伴生指示元素，但从 Co 元素地球化学场的分布来看，Co 高背景区、高值区主要分布在花岗闪长岩出露区，后经取样化验，其并不含矿，如此看来，仅 Pb 为该区的主要成矿元素。

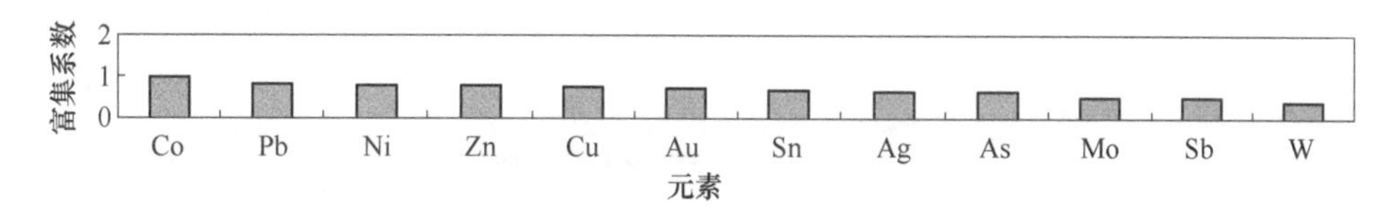

图 1-27　测区土壤测量元素富集系数排序图

1.3.3.3　元素离散特征

各元素原始数据的变化系数（Cv_1）与背景数据（剔除畸变数据之后的数据）的变化系数（Cv_2）分别反映两种数据的离散程度，Cv_1 反映地球化学场相对变化幅度。剔除前变化系数大于 1.2 的元素本工区基本没有，说明其总体分布相对均匀，离散数据较少。Au、As、Sb 元素剔除前变化系数为 0.8～1.2，说明其分布均匀，背景数据多，有局部富集成矿的可能性，在地球化学图上呈背景分布；其他元素剔除前变化系数小于 0.8，说明这些元素变化系数小，其含量小于背景值，不具备成矿的地球化学条件。

Cv_1/Cv_2 则反映背景处理时的剔除程度，图 1-28 反映了各元素剔除前后变化系数（Cv_1）、（Cv_2）和剔除程度（Cv_1/Cv_2），全区 Au、As、Sb、W 等元素剔除前后变化系数比值均大于或近似等于 2，说明这些元素的离散程度较大，即剔除离散点较多，进一步详细统计结果表明剔除的主要是高值点，说明这些元素在区内富集成矿的可能性较大。

根据区内各元素剔除前后标准离差比值（S_1/S_2）、变化系数比值（Cv_1/Cv_2）大小情况，可将测区内不同元素分为下列 4 组。

（1）S_1/S_2 约等于 4 的仅有 W 元素，其剔除程度较大（$Cv_1/Cv_2=3.51$），详细统计该元素高值点后发现，w(W) 最高值 5.5×10^{-6}，是其平均值 0.625 的 8.8 倍，对标准离差的贡献大，剔除的高值点较多，但极值点不高，其富集成矿的可能性不大。

（2）S_1/S_2 值为 2.0~4.0 的元素有 Au、As、Sb，其高值点分别为 18.7×10^{-6}、59.8×10^{-6}、1.47×10^{-6}，Au、As 元素高值散点加大了标准离差的变化趋势，增大了其富集成矿的可能性。

（3）$S_1/S_2<2.0$ 的元素有 Ag、Co、Cu、Pb、Zn、Sn、Mo、Ni，这些元素处于高背景区，从标准离差剔除前后的比值来看，其成矿潜力不及上述元素。尽管如此，含高值点较多的元素 Ni、Zn、Co、Pb，也有一定的富集成矿的可能性。

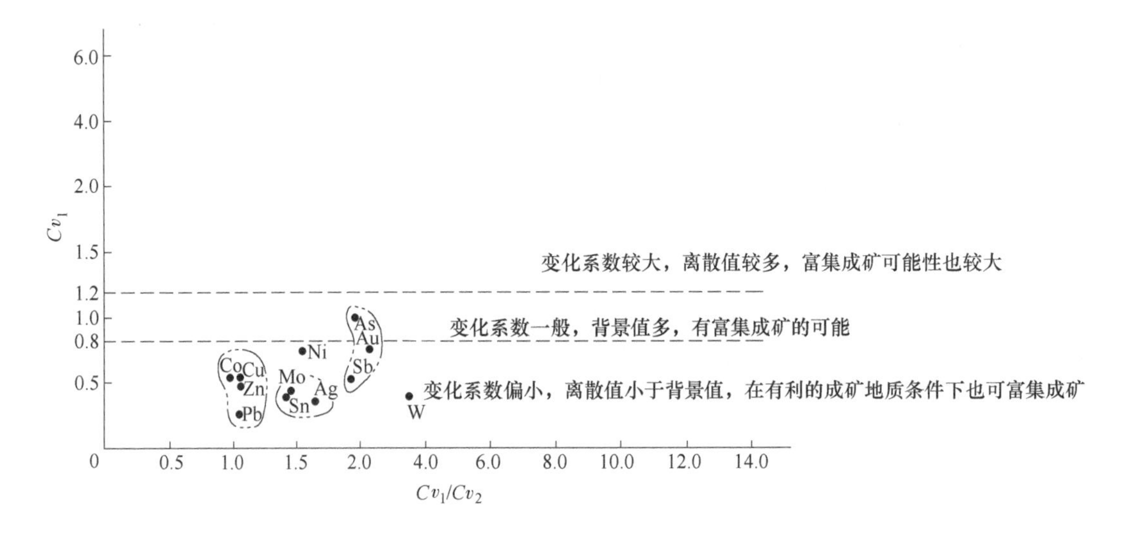

图 1-28 剔除前后变化系数对比图

从上述分析结果可以看出，中低温元素 Au、As、Sb 区域背景含量高，变化系数较大，局部富集趋势明显，具备富集成矿的区域地球化学条件。总体来看，Au、As、Ni、Co、Pb、Zn 是本区的主要成矿元素或伴生指示元素。

1.3.3.4 元素共生组合特征

为了解 12 种元素在全区的共生组合规律，利用全区土壤样品中各元素含量进行了 R 型聚类分析，如图 1-29 所示。

从图中可以看出，在 0.3 相似性水平上，测区元素共生关系可分为以下五种组合：

（1）Au、As、Sb、W；

（2）Cu、Zn、Co、Ni；

（3）Ag、Mo；

（4）Sn；

（5）Pb。

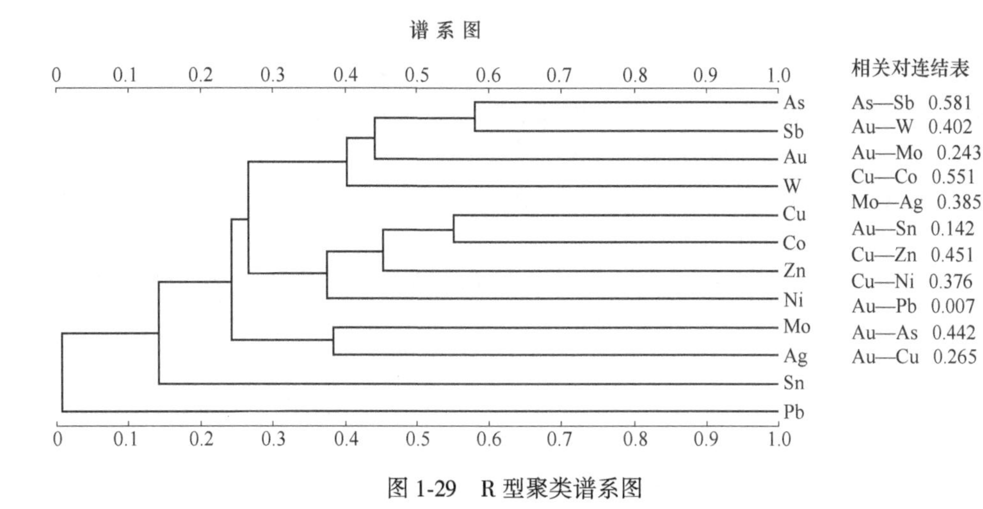

图 1-29 R 型聚类谱系图

1.3.3.5 不同地质单元元素的分布特征

本节主要讨论 12 种元素在该区地层、侵入岩单元的分布规律及元素分布与主要地质单元间的相互关系。分析过程中利用了各地质单元的元素平均值（X）、变异系数（Cv）及富集系数（K），其中土壤测量变异系数（Cv）是各地质单元元素标准差与其平均值的比值，它反映了元素在各地质单元中的离散程度，富集系数（K）是各地质单元元素背景值与全区各元素背景值的比值，它反映了各地层单元中元素的富集程度。根据富集系数（K）值的大小划分出元素在地质单元中的三种赋存类型。

（1）$K\leqslant0.8$，贫化；（2）$0.8<K\leqslant1.2$，背景；（3）$1.2<K\leqslant1.5$，弱富集，$K>1.5$ 强富集。

该区主要地质单元的元素具有一定的规律性。

（1）分析各主要地质单元元素变异系数可看出，第四系中各元素呈均匀性分布。

侏罗系上统赤金堡组砂岩、砾岩内各元素呈均匀型，仅 Zn 元素呈弱分异型。

石炭系下统绿条山组变质砂岩、变质流纹岩、变质岩屑长石砂岩内各元素均呈均匀性。

晚二叠世二长花岗岩中，Au、Ag、Cu、Zn、W、Sn、Mo、Sb、Co 元素呈均匀型。Ni、As 元素呈弱分异型。Pb 元素具较大的变异系数，其值为 2.14，属强分异型，分布极不均匀。

晚石炭世花岗闪长岩、英云闪长岩中，Au、Ag、Cu、Zn、W、Sn、Mo、Sb、Co、Ni、Pb 元素呈均匀型，As 元素呈弱分异型。

由上述特征可看出，As、Pb、Zn 元素在全区各地质单元中均具一定分异特性，分布不均匀，在地质成矿条件有利时易局部富集成矿。其中 Pb 元素在晚二叠世二长花岗岩岩体内具强分异特性，分布极不均匀，变异系数达 2.14，利于富集成矿，同时也说明本区晚二叠世二长花岗岩为可能的主要赋矿地质体。

（2）分析各主要地质单元元素富集系数可看出，第四系中 Sn、Co、Cu、Ag、Mo、Pb、W、Sb、Au、Zn、As、Ni 各元素均呈背景型。

侏罗系上统赤金堡组砂岩、砾岩内 Cu 元素呈贫化型，Sn、Co、Ag、Mo、Pb、Sb、Au、Zn、As、Ni 元素呈背景型，W 元素呈弱富集型。

石炭系下统绿条山组变质砂岩、变质流纹岩、变质岩屑长石砂岩内 Sn、Co、Cu、Ag、Mo、Pb、W、Sb、Au、Zn、As、Ni 均呈背景型，仅 As 呈弱富集型。

晚二叠世二长花岗岩内各元素均呈背景分布。

晚石炭世花岗闪长岩及英云闪长岩内 Sn、Co、Cu、Ag、Mo、Pb、W、Sb、Au、Zn、As、Ni 元素呈背景型，Cu 元素呈弱富集型。

综合以上分析可看出：Cu、Pb、Zn 等元素在各地质单元内均具有一定的分异性，不均匀分布，元素相对富集，为本区主要成矿元素或伴生指示元素。

1.3.3.6　异常圈定

异常下限确定：以测区各元素背景平均值［利用迭代剔除法剔除特高值（X+3S）和特低值（X-3S）］加三倍标准离差求出理论异常下限（计算值），再结合地球化学图等量线及圈定效果确定出实用异常下限（T），然后在地球化学图上直接圈定各元素异常，其中 Zn 元素由于成图后异常范围过小，异常中心零散分布，为构建完整的异常区带，故实际下限值调整较大；Au、Sb 元素为了与区域化探异常更好地对比，As 元素为了更加突出异常中心，故下限值均适当调高。具体方法如下：

研究地质体中元素含量分布型式可以认识所研究的地质体经受地质改造作用过程的情况，了解该地区地质作用过程，为矿产勘查提供依据。一般来说，成矿作用总是出现在地质构造复杂、地质作用多次叠加的地区。因此，不服从正态分布的地质体才具有找矿前景。

元素含量概率直方图能直观形象地反映元素含量分布型式。目前，已有的元素含量分布型式研究资料显示：（1）单一地球化学作用形成的单一地质体，化学元素含量服从正态分布，概率直方图呈单峰正态分布；（2）由两个以上地球化学作用叠加形成的复合地质体中，化学元素含量为偏离正态分布，概率直方图呈双峰或多峰偏态分布；（3）通过扩散作用形成的元素含量呈对数正态分布，而通过对流混匀作用形成的元素含量服从正态分布；（4）常量元素服从正态分布，微量元素服从对数正态分布。

根据不同的分组方式对数据进行检验，并针对 6 张直方图，选取正态检验值（Xz）最大者使用，如图 1-30 所示。

合理选择后，本区域 12 种元素概率分布特征如图 1-31 所示。依据上述地球化学理论可知，本测区原始数据均不呈正态分布，表现为具一定的偏度和峰度。绝大多数呈近似对数正态分布，表现为偏度和峰度较小。Mo、W 元素含量呈偏态分布，说明找矿前景较好。Au、Ag、Zn 为多峰分布，显示多期地球化学作用叠加之特征。As、Co、Cu、Ni、Pb、Sb、Sn 等元素服从近似对数正态分布，说明主要通过扩散作用形成。

由此可见，本区的地质-地球化学作用比较复杂，成矿作用显示多期叠加之特征。

异常分级按异常下限的 $2n$（$n=0$，1，2，3）倍进行划分，对应为一、二、三、四级，见表 1-8。

综合异常的圈定：在单元素异常的基础上，根据各元素异常的空间组合特征，结合异常的地质成因等进行综合异常圈定，全区共圈定综合异常 6 处。

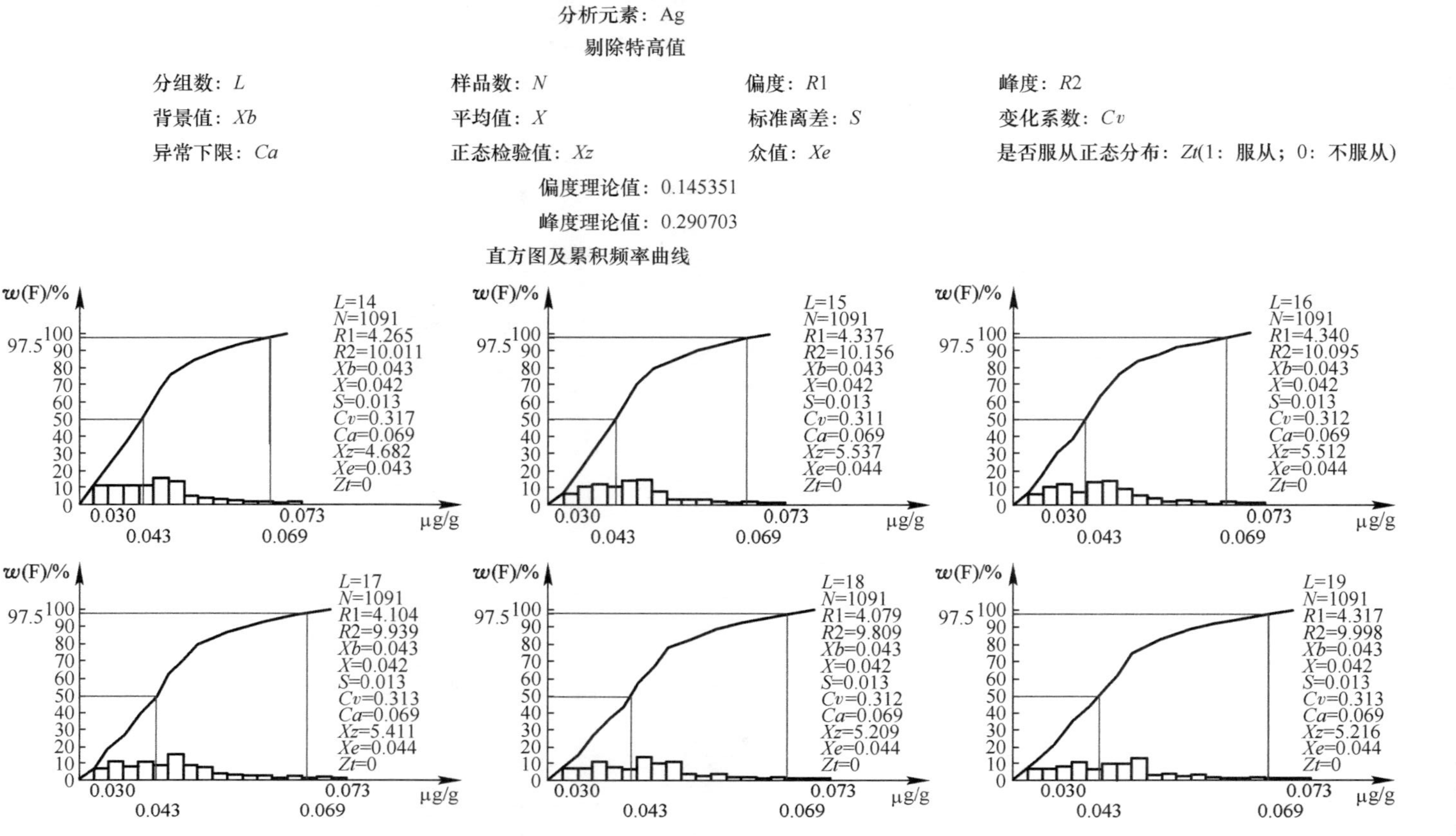

图 1-30 Ag元素含量概率直方图

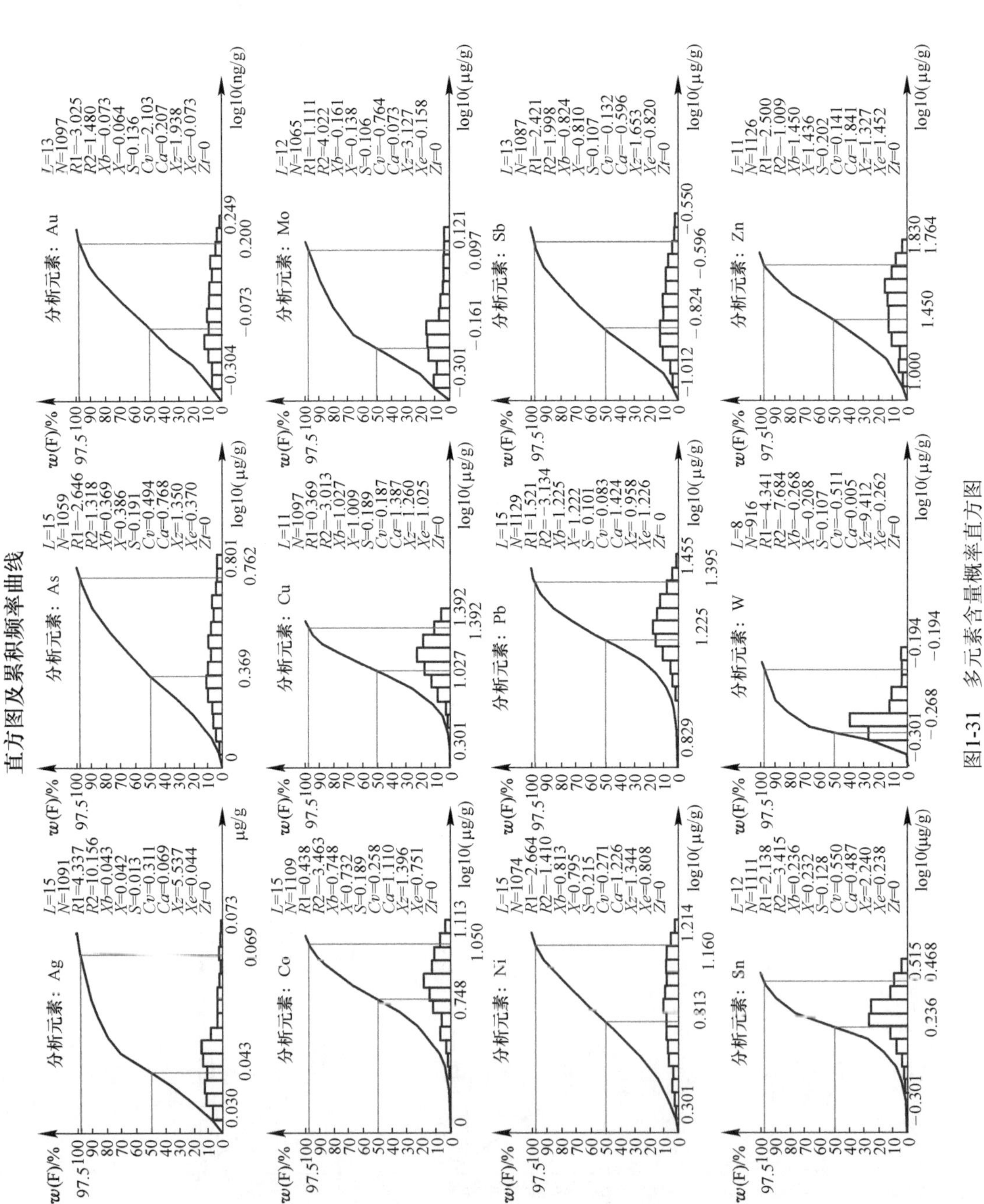

图1-31 多元素含量概率直方图

表 1-8 异常下限及异常强度分级表

元素	异常下限		异常强度分级				备注
	理论值	实用值	一级	二级	三级	四级	
Co	12.88	10	10	20	40	80	数据取对数
As	5.86	10	10	20	40	80	数据取对数，1∶50000 区域化探下限为 6
Au	1.61	2.5	2.5	5	10	20	数据取对数
Cu	24.38	25	25	50	100	200	数据取对数
Ag	0.069	0.08	0.08	0.16	0.32	0.64	取对数离差过大，使用原始数据
Mo	1.18	1.5	1.5	3	6	12	数据取对数
Ni	16.83	15	15	30	60	120	数据取对数
Pb	26.55	25	25	50	100	200	数据取对数
Sb	0.25	0.6	0.6	1.2	2.4	4.8	数据取对数，1∶50000 区域化探下限为 0.8
Sn	3.07	4	4	8	16	32	数据取对数
W	1.01	1.5	1.5	3	6	12	数据取对数
Zn	69.34	60	60	120	240	480	数据取对数

注：Au 含量（质量分数）单位为 10^{-9}，其余元素含量（质量分数）单位为 10^{-6}。

1.4 矿体特征及找矿标志

研究区位于天山-北山成矿省（Ⅱ-2），额济纳旗-雅干古生代铁、金、铜、钼成矿带（Ⅲ-8）之黑鹰山-雅干铁、金、铜、钼成矿亚带（Ⅳ81）。在该成矿带目前已发现铁、铜、钼、金及多金属矿床（点）多处，如黑鹰山中型富铁矿、乌珠尔嘎顺铁铜矿、碧玉山小型铁矿、千条沟铜多金属矿、流沙山中型钼金矿、额勒根乌兰乌拉钼（铜）矿、甜水井金矿、小狐狸山中型钼矿、独龙包钼矿和大狐狸山铜镍矿等。

研究区所在区域一带处于高重力与低重力过渡带，磁异常范围较大，不同尺度化探异常显著，岩浆热液活动频繁，构造活动强烈。区域成矿条件较为优越，现将主要控矿因素总结如下。

1.4.1 蚀变带特征

1.4.1.1 Fe 矿化蚀变带

A 矿化蚀变带特征

Fe 矿化蚀变带空间分布受控于侵入体与围岩之内外接触带，区内出露岩层主要为下石炭统白山组变质砂岩夹变质粉砂岩、变质流纹岩，局部发育大理岩薄夹层，北部被晚石炭世中粗粒花岗闪长岩侵入，岩石片理化、线理化强烈，片理产状大致 20°∠40°；石英脉、细粒花岗岩脉发育，脉体走向与片理走向基本一致。区内未见明显构造形迹，但根据地形及矿化蚀变，推测区内有多条与片理走向一致的断裂构造分布。

区内未进行 1∶10000 土壤测量，1∶50000 土壤测量显示，该矿化蚀变带位于 AP9 综合异常区内，矿（化）体所在地段仅 Ag 异常显著，Ag 含量极大值一般为 0.1×10^{-6} ~ 0.15×10^{-6}，有一定示矿意义。

白梁等四幅 1∶50000 矿调研究中，在白梁东（Ⅰ区）内同步进行了 1∶10000 高精度磁法测量研究，测量范围与本矿化蚀变带的西南角部分重合，磁场表现为北西西向带状展布，具有等值线平缓、幅值低、梯度变化小的特点，ΔT 值一般为 -40 ~ 100nT，在矿化蚀变带中部达到 100nT 以上。

该蚀变带处于下石炭统白山组变质砂岩与晚石炭世花岗闪长岩的接触带，岩石普遍绿帘石化、褐铁矿化，沿强绿帘石化、褐铁矿化带，间断发育磁铁矿化。针对矿化蚀变集中区域，通过探槽揭露，采样化验，在区内圈定多条铁、银、铜、钴矿（化）体，矿（化）体主要赋存在变质砂岩中。

B 矿床成因

矿化体主要赋存在侵入体与围岩之外接触带处，伴随发育绿帘石化、硅化、褐铁矿化、矽卡岩化，矿化元素 Fe、Co、Cu、Pb、Zn 均有涉及，初步认为该类矿化属接触交代型（矽卡岩型）。

C 找矿标志

（1）侵入体与围岩（尤其是大理岩）之外接触带处，且有强绿帘石化、褐铁矿化发育，地表可见磁铁矿脉地段属找矿最直接的地质标志。

（2）地面高精度磁法测量异常是圈定找矿靶区非常有效的地球物理标志。

（3）化探异常发育地段，尤其是以 Co、Ni、Cu、Pb、Zn、Au、Ag 为主的多元素化探异常组合，且与热液蚀变配套的地段。

1.4.1.2 Pb-Zn 矿化蚀变带

A 矿化蚀变带特征

Pb-Zn 矿化蚀变带内出露下石炭统白山组变质砂岩夹变质粉砂岩、变质石英砂岩、变质流纹岩等，沟洼处多见变质砂岩、变质粉砂岩薄夹层小面积出露，岩石片理、线理发育，片理产状大致 20°∠40°。区内脉岩发育，脉体走向与片理走向基本一致，主要为花岗闪长岩脉、细粒花岗岩脉、闪长玢岩脉。区内未见明显构造形迹。

1∶10000 土壤测量显示，该矿化蚀变带位于 AP1、AP2、AP3、AP5、AP9 综合异常区内，矿（化）体所在地段 Au、Ag、Cu、Pb、Zn、Mo、W 异常显著，AP1 中 Zn、Pb、Ag 含量极大值分别是：w(Zn) 为 1000×10^{-6}、w(Pb) 为 170×10^{-6}，w(Ag) 为 0.16×10^{-6}；AP2 中 Zn、Pb、Ag、W、Mo 含量极大值分别是：w(Zn) 为 1000×10^{-6}，w(Pb) 为 1000×10^{-6}，w(Ag) 为 8.1×10^{-6}，w(W) 为 128.8×10^{-6}，w(Mo) 为 20×10^{-6}；AP3 中 Zn、Pb、Au、Ag 含量极大值分别是：w(Zn) 为 846×10^{-6}，w(Pb) 为 279×10^{-6}，w(Au) 为 33.3×10^{-9}，w(Ag) 为 0.33×10^{-6}；AP5 中 Zn、Pb、Cu、Ag 含量极大值分别是：w(Zn)为 1000×10^{-6}，w(Pb) 为 846×10^{-6}，w(Cu) 为 231×10^{-6}，w(Ag) 为 2.33×10^{-6}；AP9 中 Zn、Pb、Cu、Ag 含量极大值分别是：w(Zn) 为 1000×10^{-6}，w(Pb) 为 308×10^{-6}，w(Cu)为 95×10^{-6}，w(Ag) 为 1.56×10^{-6}。各元素异常规模大，强度高，浓度分带好，浓

集中心明显，多元素异常互相套合好，多为矿致异常。

该综合异常位于1：50000矿调之1：10000激电中梯测量AP9区内，但由于激电中梯测量面积小于本次研究区面积，仅覆盖部分矿化蚀变带范围，根据异常趋势推断区内有面状高阻高极化异常分布。矿化蚀变带位于1：50000矿调之1：10000高精度磁法测量AP9区内，ΔT等值线平面图显示蚀变带处于负背景区，ΔT值为-40~0nT。

蚀变带内岩石普遍绿帘石化、褐铁矿化、硅化，局部磁铁矿化。通过探槽揭露，采样化验，在区内圈定多条铅、锌、铁、铜矿（化）体，矿（化）体主要赋存在变质流纹岩和变质砂岩中，个别矿化体具孔雀石化。

B 矿床成因

矿化体主要赋存在强绿帘石化、褐铁矿化变质流纹岩、变质英安岩、变质砂岩、矽卡岩化大理岩内，矿化元素Fe、Co、Cu、Pb、Zn、Au、Ag均有涉及，初步认为该类矿化属蚀变岩型。

C 找矿标志

（1）强绿帘石化、强褐铁矿化，地表可见磁铁矿脉，偶可见零星孔雀石，局部地段可见浅土黄色状铅矾发育地段，是找矿最直接的地质标志。

（2）化探异常发育地段，主要是以Au、Ag、Cu、Pb、Zn为主的多元素化探异常组合，尤其是Pb、Zn含量值大于500×10^{-6}，且有热液蚀变与之配套的地段，是寻找此类矿化非常有效的地球化学标志。

（3）物探测量具有中低电阻率中高极化率的异常组合，且与地表矿化蚀变配套的地段，是寻找此类矿化的参考标志。

1.4.1.3 Fe-Co矿化蚀变带

A 矿化蚀变带特征

Fe-Co矿化蚀变带内出露石炭系下统白山组变质砂岩、变质流纹岩，大理岩小面积出露，中部被石炭纪花岗闪长岩侵入，西北部局部被第四系冲洪积物覆盖。岩层总体产状20°∠45°。区内未见明显构造形迹。

土壤测量显示，该矿化蚀变带位于AP8、AP9、AP11综合异常区内，矿（化）体所在地段Au、Ag、Cu、Pb、Zn、Mo、W异常显著，其中AP8中Pb、Ag、Cu、Mo含量极大值分别是：$w(\mathrm{Pb})$为1000×10^{-6}、$w(\mathrm{Ag})$为5.21×10^{-6}，$w(\mathrm{Cu})$为586×10^{-6}，$w(\mathrm{Mo})$为28×10^{-6}；AP9中Zn、Pb、Cu、Mo含量极大值分别是：$w(\mathrm{Zn})$为170×10^{-6}，$w(\mathrm{Pb})$为1000×10^{-6}，$w(\mathrm{Cu})$为100×10^{-6}，$w(\mathrm{Mo})$为14×10^{-6}；AP11中Zn、Cu、As、Sb含量极大值分别是：$w(\mathrm{Zn})$为118×10^{-6}，$w(\mathrm{Cu})$为551×10^{-6}，$w(\mathrm{As})$为29×10^{-6}，$w(\mathrm{Sb})$为2.7×10^{-6}。AP8、AP9综合异常区各元素异常规模大，强度高，浓度分带好，浓集中心明显，多元素异常互相套合好，为矿致异常；AP11中Cu元素异常强度高，找矿意义较大。

矿化蚀变带东部位于1：50000矿调之1：10000高精度磁法测量圈定的正磁异常带北侧，其展布方向与磁场等值线近平行，该正磁异常场值范围为0~310nT，梯度值较大，约1700nT/km；1：10000激电中梯测量P35剖面共有31个测点，视极化率ηs最小值为0.7%，最大值为2.0%；视电阻率ρs最小值为78Ω·m，最大值为345Ω·m。在17~20号点上表现为低阻高极化之异常特征，对应岩性为绿帘石化变质流纹岩，在18、20号点附近岩石含磁性矿物，经后续研究圈定 Co(Fe)-1、Cu(Fe、Au)-1 矿体。P36 剖面共有 31 个测点，视极化率 ηs 最小值为 0.6%，最大值为 2.9%；视电阻率 ρs 最小值为 134Ω · m，最大值为 373Ω · m。在 14~15 号点处表现为低阻高极化之异常特征，对应岩性为褐铁矿化、磁铁矿化变质砂岩，局部高岭土化强烈，见孔雀石化呈零星状分布显示矿化蚀变带东部极化率值较低，极化率范围为 1.2%~1.6%，电阻率值一般为 250~350Ω · m，总体上具低极化率、中等电阻率之异常特征。

蚀变带呈狭长的条带状展布，宽度一般数十米至二百余米，蚀变带内绿帘石化、褐铁矿化发育，沿走向发育多条磁铁矿化体，局部见孔雀石化。针对区内磁铁矿化、孔雀石化，通过路线踏勘检查、探槽揭露、采样化验，在区内圈定多条铁、钴、金矿（化）体，矿（化）体一般赋存在变质砂岩、变质流纹岩夹变质砂岩中。

B　矿床成因

矿化主要赋存在变质流纹岩、变质英安岩内的强绿帘石化地段或石英脉发育地段，矿化元素 Fe、Co、Cu、Pb、Zn 均有涉及，初步认为该类矿化属火山喷流沉积-叠加后期改造型。

C　找矿标志

（1）变质流纹岩、变质英安岩内强绿帘石化地段发育的磁铁矿化是找矿最直接的地质标志。

（2）地面高精度磁法测量显示的规模巨大的、强度值不高、呈带状分布的正或负磁异常是寻找大规模超贫磁铁矿化非常有效的手段。

（3）化探异常发育地段，主要是以 Ni、Co、Au、Ag、Cu、Pb、Zn 为主的多元素化探异常组合，对寻找此类矿化具一定参考价值。

1.4.1.4　Au 矿化蚀变带

A　矿化蚀变带特征

Au 矿化蚀变带内主要出露下石炭统白山组变质石英砂岩、变质砂岩、变质流纹岩、变质粉砂岩，西部被晚石炭世细粒花岗闪长岩侵入，北部局部被第四系冲洪积物覆盖，岩石普遍强片理化。石英脉发育，脉体走向与片理走向基本一致。区内发育一条北西向断层 F5，地层及矿化蚀变带有明显的错断，断裂带附近发育多条矿（化）体。

1∶10000 土壤测量显示，该矿化蚀变带主要位于 AP6、AP7 综合异常区内，AP6 异常区内 Ag、Cu、Pb、Zn 元素异常套合好，均达到四级浓度分带，强度高，各元素极值是：w(Cu) 为 325×10^{-6}，w(Pb) 为 709×10^{-6}，w(Zn) 为 723×10^{-6}，w(Ag) 为 0.9×10^{-6}，推测为矿致异常；AP7 异常区内矿体发育地段 Au 异常尤其显著，相关元素 Ag、As、Sb 也有分布，自西向东 3 处 Au 极大值分别为 16.6×10^{-9}、76.2×10^{-9}、22.5×10^{-9}。Au 元素异常规模大，强度高，浓度分带好，浓集中心明显，与多元素异常具有一定相关性，为矿致异常。

矿化蚀变带处 1∶50000 矿调之 1∶10000 高精度磁法测量区，显示矿化蚀变带内 ΔT 值介于 0~100nT，呈现中部低，南北高的特征。1∶50000 矿调之 1∶10000 激电中梯测量显示矿化蚀变带具中等电阻率中等极化率之异常特征，极化率值范围一般为 1.3%~2%，电阻率值范围一般为 250~500Ω · m，极大值为 516Ω · m。

该蚀变带发育在研究区东部，区内岩石普遍绿帘石化、褐铁矿化，局部岩石硅化强烈，石英脉也具绿帘石化、褐铁矿化。区内见多条磁铁矿化体，通过探槽揭露，采样化验，在区内圈定多条金铁矿（化）体，矿（化）体集中分布在F5断层两侧，赋存在褐铁矿化变质流纹岩中。

B 矿床成因

矿化体主要赋存在沿变质流纹岩之片理充填的富磁铁矿脉内或磁铁矿化石英脉内，脉宽一般为1~5cm，延伸也不稳定，围岩（变质流纹岩）内可见小规模褐铁矿化，据此初步认为该类矿化属热液型。

C 找矿标志

（1）沿变质流纹岩之片理充填的富磁铁矿脉或磁铁矿化石英脉，且有Au化探异常与之配套的地段，是找矿最直接的地质标志。

（2）化探异常发育地段，尤其是Au含量值高，且高含量值集中分布的地段，是寻找此类矿化非常有效的地球化学标志。

1.4.1.5 Cu(Au、Mo) 矿化蚀变带

A 矿化蚀变带特征

Cu(Au、Mo) 矿化蚀变带内主要出露石炭系下统绿条山组变质砂岩、变质流纹岩、变质粉砂岩、变质英安岩，局部被第四系冲洪积物覆盖。区内石英细脉、小脉透镜体、网脉发育，脉体走向与岩层走向基本一致。区内未见明显构造形迹，但根据地形呈线状沟，线状沟内石英脉发育，沟两侧蚀变发育，推测区内沿线状沟洼发育一条北西向断裂构造。

该矿化蚀变带未进行1：10000土壤测量，1：50000土壤测量圈定的AP9综合化探异常部分涉及该蚀变带东段，Cu、Mo、W异常极大值分别为73×10^{-6}、54×10^{-6}、12.1×10^{-6}，与孔雀石化点及TC27探槽揭露的铜金矿（化）体相对应。1：50000化探Cu单元素异常在矿化蚀变带西部有一极大值点，其值为67.90×10^{-6}。本次研究在矿化蚀变带西部Cu单元素异常区布设P27、P28综合剖面，P27剖面5号点显示w(Cu) 达288×10^{-6}，w(Mo) 达9.2×10^{-6}，该点位于英安岩和变质砂岩的接触带附近；P28剖面21号点显示w(Au)达21.5×10^{-9}，w(Ag) 为4.29×10^{-6}，w(Mo) 为19×10^{-6}，对应的岩性为英安岩。

据白梁等四幅1：50000区域航磁测量成果，该矿化蚀变带内ΔT值总体偏低，梯度变化较宽缓，场值范围为-19~81nT，矿化蚀变带中部偏东位置圈定C-2005-50磁异常，最大异常强度为81nT，经本次研究，目前在该磁异常内圈定Fe-9矿化体。在蚀变带东侧布置了P18激电中梯剖面，共有22个测点，视极化率ηs最小值为0.6%，最大值为4.4%，呈锯齿状跳跃且振幅较大，视电阻率ρs最小值为176Ω·m，最大值为521Ω·m，变化较平缓。

该蚀变带分布在研究区南部，区内岩石普遍绿帘石化、硅化、褐铁矿化，石英脉具绿帘石化、褐铁矿化，个别石英脉可见孔雀石化，孔雀石化石英脉之新鲜面偶可见黄铜矿。

B 矿床成因

矿化主要赋存在构造破碎带或构造裂隙带内的褐铁矿化、孔雀石化石英脉内，矿化元素Au、Cu、Mo、Ag均有涉及，初步认为该类矿化属构造热液型。

C 找矿标志

（1）沿地势低洼地带或岩石破碎、节理裂隙发育地段充填的强褐铁矿化、孔雀石化石英脉是找矿最直接的地质标志。

（2）化探异常发育地段，主要是以 Au、Ag、Cu、Mo、Pb、Zn 为主的多元素化探异常组合，尤其是 Cu、Mo 高含量值多且分布集中的地段，是找矿非常有效的地球化学标志。

1.4.2　矿化体特征

研究区以 w(Au) 为 $0.1\times10^{-6}\sim1\times10^{-6}$圈定金矿化体，以 w(Ag) 为 $20\times10^{-6}\sim50\times10^{-6}$圈定银矿化体，以 w(Cu) 为 $0.10\times10^{-2}\sim0.20\times10^{-2}$圈定铜矿化体，以 w(Pb) 为$0.1\times10^{-2}\sim0.5\times10^{-2}$、$w$(Zn) 为 $0.1\times10^{-2}\sim0.8\times10^{-2}$圈定铅锌矿化体，以全铁 w(TFe) 为 $1\times10^{-2}\sim20\times10^{-2}$、$w$(Co) 为 $0.01\times10^{-2}\sim0.02\times10^{-2}$圈定铁钴矿化体，以 w(Mo) 为 $0.01\times10^{-2}\sim0.03\times10^{-2}$圈定钼矿化体。现对主要矿化体详细叙述。

（1）Co(Fe)-2 矿化体：位于Ⅰ-A 区 Fe 矿化蚀变带内，通过 TC28 探槽揭露发现，经地表追索，圈定矿化体长约 50m，宽为 2m，走向 110°。该矿化体赋存在变质砂岩夹变质粉砂岩中。TC28 控制矿化体宽约 2m，化验显示 Co 品位分别为 0.015×10^{-2}、0.016×10^{-2}，TFe 品位分别为 22.05×10^{-2}、61.82×10^{-2}；MFe 品位分别为 8.92×10^{-2}、42.79×10^{-2}。

（2）Zn-Pb-2 矿化体：位于Ⅰ-A 区 Pb-Zn 矿化蚀变带内，通过化探异常查证发现，后经探槽控制及地表追索，圈定矿化体长约 350m，宽为 1～5m，走向 110°。矿化体赋存在变质砂岩中，褐铁矿化、绿帘石化强烈。1：10000 化探异常查证针对土壤测量高值点采捡块样 DJ10H1 和 DJ11H1，其中 DJ10H1 化验显示 Pb、Zn、Ag 含量分别为 0.14×10^{-2}、0.26×10^{-2}、11.4×10^{-6}。专项找矿路线过程中针对矿化体所在蚀变带采捡块样 H402，化验显示 w(Zn) 为 0.12%，w(Ag) 为 18.3×10^{-6}。TC10 控制该矿化体宽约 3.2m，w(Pb) 最高为 0.11×10^{-2}；w(Zn) 最高为 0.46×10^{-2}，平均品位为 0.36×10^{-2}。

（3）Zn-8 矿化体：位于Ⅰ-A 区 Pb-Zn 矿化蚀变带内，通过探槽揭露发现，后经地表追索，圈定矿化体长约 120m，最宽约 3m，走向 105°。矿化体赋存在褐铁矿化变质粉砂岩中。TC16 控制矿化体宽约 3m，由 3 件样品控制，w(Zn) 分别为 0.15×10^{-2}、0.35×10^{-2}和 0.12×10^{-2}，其中一件样品 w(Pb) 为 0.24×10^{-2}。为验证 Zn-5、Zn-6、Zn-7，Zn-8、Pb（Zn)-1 矿（化）体深部延展情况，布设钻孔 ZK0802，钻孔编录见发育大量黄铁矿化、褐铁矿化，全孔采光谱样，矿化蚀变带采化学样，样品分析结果显示 Co、Ni、Pb、Zn 均未达矿化。

（4）Fe(Au)-1 矿化体：位于Ⅰ-A 区 Au 矿化蚀变带内，通过 P16 综合剖面测量发现，后经探槽揭露及专项找矿路线圈定矿（化）体长约 870m，宽为 1～10m，走向 109°。岩性为绿帘石化、褐铁矿化变质流纹岩。P16H1 检测显示 w(Au) 为 2.1×10^{-6}，w(Ag) 为 8.1×10^{-6}，w(Cu) 为 0.12×10^{-2}，w(TFe) 为 51.21×10^{-2}，w(MFe) 为 38.07×10^{-2}。

（5）Fe-Au-1 矿化体：位于Ⅰ-A 区 Au 矿化蚀变带内，通过异常查证发现，后经综合剖面测量及专项找矿路线圈定矿化体长约 270m，宽为 1～5m，走向 108°。岩性为绿帘石化、褐铁矿化变质流纹岩。异常查证捡块样 DJ19H1 化验显示 w(TFe) 为 65.4×10^{-2}，w(MFe)为 39.96×10^{-2}；剖面捡块样 P15H1 化验显示 w(Au) 为 8.21×10^{-6}，w(TFe) 为 52.47%，w(MFe) 为 25.1×10^{-2}。

（6）Au-12 矿化体：位于Ⅰ-A 区 Au 矿化蚀变带内，通过探槽揭露发现，后经地表追索，圈定矿化体长约70m，宽为1～2m，走向112°。矿化体赋存在褐铁矿化变质流纹岩中。在TC23中，Au-7矿化体宽约2m，Au最高品位为0.44×10^{-6}、平均品位0.61×10^{-6}；针对该矿化体布设钻孔ZK1701，钻探验证显示Au-12矿化体位于孔深73.5～74.5m处，真厚度约0.6m，由1件样品控制，矿化赋存于强黄铁矿化变质流纹岩内，化验显示$w(\mathrm{Au})$为0.3×10^{-6}。

（7）Cu-4矿化体：位于Ⅰ-A区Cu（Au、Mo）矿化蚀变带内，通过查证1：50000土壤测量Cu异常浓集中心发现，后经探槽揭露及地表追索，圈定矿化体长约40m，宽约1m，走向110°。矿化体赋存于孔雀石化、褐铁矿化石英脉中。TC27控制矿化体宽约1m，由1件样品控制，化验显示$w(\mathrm{Cu})$为0.12×10^{-2}。在ZK3701中该矿化体底部显示Mo矿化，由3件样品控制，$w(\mathrm{Mo})$为0.011×10^{-2}～0.022×10^{-2}，平均品位为0.016×10^{-2}。

2 内蒙古额济纳旗黑大山一带综合方法找矿

黑大山位于内蒙古自治区西部，东距额济纳旗政府所在地达赉库布镇320km，南距甘肃省嘉峪关市165km，北距额济纳旗黑鹰山铁矿120km，黑鹰山至嘉峪关市公路从区内通过，研究区位于北山山系中，隶属马鬃山山区，为低山丘陵区和戈壁滩，海拔1250~1500m。山区分布有白云山、黄山、黑大山、三道明水，面积约占50%。最高峰黑大山海拔1547.4m，戈壁滩海拔高程小于1250m，地势平坦开阔。相对高差250m左右。研究区劳力缺乏。随着地质研究程度的深入，矿业开发将为地方经济的发展提供更大的发展空间。

2.1 区域地质背景

研究区位于北山山系东部，大地构造位置居于天山地槽褶皱系（Ⅳ），北山晚华力西地槽褶皱带（Ⅳ1），三级构造单元有黑大山复背斜（Ⅳ13）和红柳大泉北复向斜（Ⅳ14）。

区内地层较为简单，主要出露中上元古界圆藻山群灰岩、上古生界二叠系双堡塘组砂岩、页岩，侵入岩出露广泛。

2.1.1 地层

（1）中上元古界。研究区中上元古界主要出露有长城系古硐井群（ChG）和蓟县系—青白口系圆藻山群（JxQnY），二者多为断层接触，局部见平行不整合接触。总体呈近东、西方向的条带状横贯研究区中部的大部地区，由于有后期岩体的侵入，断层的破坏和较新地层的覆盖，部分地区分布零星，北部的黄山也有零星出露，在大口子南部延入相邻图幅。

（2）下古生界。主要出露有寒武系—奥陶系西双鹰山组（$\in$-Ox），奥陶系中、下统罗雅楚山组（$O_{1-2}l$），奥陶系中统咸水湖组（O_2x），奥陶系上统锡林柯博组（O_3xl）和志留系下统公婆泉组（$S_{2-3}g$）。除奥陶系西双鹰山组分布在三道明水北部未见与下古生界的其他地层直接接触外，其余主要集中分布在东北部的月牙山、风化梁和儿驼山地区，地层之间多见断层接触。

（3）上古生界。区内主要出露有石炭系下统红柳园组、二叠系下统双堡塘组、中上统方山口组三个组，分布在南西部和西部地区，由于后期岩体的侵入、中—新生界地层的覆盖以及构造的变动，地层分布零星。地层间多为整合接触，局部为断层接触。

（4）中生界。白垩系赤金堡组（K_1ch）主要分布在北山地区的沙婆泉、微波山、红柳大泉等地。研究区内出露广泛，区内大部地区均有出露，岩性主要为紫红色砾岩、含砂砾岩、灰绿色泥岩、黏土质粉砂岩，及其残积物。

（5）新生界。新进纪上新统苦泉组（N_2k）主要出露在儿驼山和咸水湖南部，为红色砂质黏土岩、夹砂岩、砾岩。第四系更新统（Q_p）分布在东部的白云山、分化梁和儿驼山一带，岩性砂砾石、黏土层。第四系全新统（Q_h）：区内大部均有不同程度的分布，主要见砾石、砂、土等松散堆积物。

2.1.2 岩浆岩

区域上岩浆活动频繁，岩浆侵入和火山喷发均较强烈。研究区内以上古生代石炭系侵入岩为主，火山岩主要形成于上古生代二叠系。

2.1.2.1 侵入岩

研究区侵入岩出露广泛主要分布在北东部、北西部和中南部地区，局部如月牙山中部等地有零星分布。侵入时代为晚古生代。其岩性以酸性为主，多呈岩基或岩株产出，中性岩次之，多呈岩株产出，超基性、基性岩分布零星，呈岩株或岩墙产出。相对侵入顺序为超基性、基性岩→中性岩→酸性岩。岩体受近东西向断裂构造控制。

根据侵入岩与地层的接触关系、岩体之间侵入关系及 1：200000 资料，将研究区侵入岩划分见表 2-1。

表 2-1 侵入岩划分一览表

侵入时代		代号	主要岩石类型	产状	侵入关系	分 布
华力西期	二叠纪	$P\beta\mu$	辉绿岩	岩株、岩墙	侵入于红柳园组（C_1hl）方山口组（$P_{2-3}f$）	月牙山及其南部、三道名水南部
		$P\gamma$	主要为钾长花岗岩，少数二长花岗岩、花岗岩	岩株、岩基	侵入于红柳园组（C_1hl）古生代（$C\gamma$）、（$C\gamma o$）	反帝山及其北等地
	石炭纪	$C\gamma o$	黑云母斜长花岗岩 变质斜长花岗岩	岩基、岩株	侵入于红柳园组（C_1hl）公婆泉组（$S_{2-3}g$）	白云山、黄山、三道名水山
		$C\delta o$	石英闪长岩			
		$C\gamma$	似斑状黑云母花岗岩 二长花岗岩	岩株、	侵入于罗雅楚山组（$O_{1-2}l$）	儿驼山西
		$C\Sigma$	蛇纹岩化橄榄岩、辉石橄榄岩、辉石岩、辉长岩	岩株、岩墙	侵入于红柳园组（C_1b）公婆泉组（$S_{2-3}g$）	白云山南部

2.1.2.2　火山岩

研究区火山岩分布零星，仅在白云山、小红山一带小面积出露，火山活动集中于下古生代。本区上古生代火山岩受北西向断裂控制，多呈带状展布。

2.1.3　构造

大地构造位置居于天山地槽褶皱系（Ⅳ），北山晚华力西地槽褶皱带（$Ⅳ_1$），三级构造单元有黑大山复背斜（$Ⅳ_1^3$）和红柳大泉北复向斜（$Ⅳ_1^4$）。

区域性深断裂构造有分布于研究区北部的石板井—小黄山深断裂；分布于研究区中部的白云山—月牙山—湖西新村深断裂；分布于研究区南部的红柳大泉北深断裂。受深断裂影响，研究区地质构造复杂，不同时期、不同规模、不同序次的构造互相叠加，为成矿热液的运移、聚集及储存提供良好的条件。

2.1.3.1　黑大山复背斜（$Ⅳ_1^3$）

分布于研究区北半部，其北界为黄山—白云山深断裂，南界为红山头—反帝山深断裂。复背斜北部依次出露下古生界寒武系、奥陶系、志留系，中部及南部出露长城系古硐井群、蓟县系—青白口系圆藻山群，具有地台盖层性质的沉积建造。南翼因深断裂构造和岩体的侵入破坏而缺失。

A　褶皱

褶皱多为紧密线状褶皱，背斜核部多由古硐井群组成，向斜核部多由圆藻山群组成。相间排列的背斜、向斜组成了复背斜。自北向南有：①背斜；②向斜；③背斜；④向斜；⑤背斜；⑥倒转向斜；⑦倒转背斜。其轴向一般为265°~300°，两翼多对称，岩层倾角较陡一般为60°~75°。

B　断裂

该构造单元内与褶皱同时形成并与轴向平行的具有一定规模的逆断层共有10条，其编号自北向南有1~10号。断层走向一般为270°~300°，其通过处形成笔直沟谷，岩石破碎，断层泥和糜棱岩化，以及脉岩充填，部分具褐铁矿化、赤铁矿化发育。主要介绍以下几条：黄山—白云山深断裂，总体走向北西—南东向。白云山南由三条断层组合，分别为1~3号断层，黄山北也具分支现象，为断层面南倾的逆断层组成的断裂带，中部白垩系地层、第四系覆盖。岩石破碎，片理化发育，分布有超基性、基性岩体（蛇绿岩套）。地貌上多为直谷，多处可见断层三角面和断层崖。红山头—反帝山深断裂，总体走向北西—南东向。断裂带内有石炭系、二叠纪花岗岩侵入。表现为后期继承性活动的三条断面组合，分别为8~10号断层，地貌上为直谷，可见断层三角面和断层崖，8号断层西端具褐铁矿化、赤铁矿化。

伴生的构造形迹包括南北向张性断层，北西和北东向扭性断层。南北向张性断层不发育只有三条，19~21 号断层，断层通过处岩石破碎，糜棱岩化发育，地貌上反映明显。该断层后期继续活动。北西向断裂比较发育，其走向为 300°~340°，皆具扭性，沿这段断裂有华力西期辉长岩、石英闪长岩、钾长花岗岩和辉绿岩侵入，赤铁矿化发育。这组断层自北向南编号为 18、22~27 号，其中 18 号扭性断层长 7.7km，宽 3~8m，走向 315°，可见糜棱岩和断层泥，附近岩石强烈片理化，拖褶皱、次一级断层发育。24 号压扭性断层，将圆藻山群推覆于白垩系之上，形成飞来峰构造。北东向断层有五条，自东向西编号为 16、17、35、36、37，均为张扭性断层，后期活动，切割了白垩系，断层附近次一级裂隙发育，并被方解石脉填充。构造裂隙多发生在华力西期岩体内，主要有北西和北东向两组，均具扭性，前者多被闪长玢岩脉填充，后者多被辉绿玢岩脉充填。

综上所述，该构造单元，经历了各期构造运动，构造条件复杂，褶皱和断裂十分发育，近东西向逆断层和北西向压扭性断层有热液活动，褐铁矿化、赤铁矿化十分发育。

2.1.3.2 红柳大泉北复向斜（IV_1^4）

分布于研究区南半部，复向斜核部由石炭系、二叠系构成，长城系古硐井群、蓟县系—青白口系圆藻山群、奥陶系零星分布于向斜两翼。石炭系为浅海相类复理石建造，中酸性火山岩建造和碳酸盐建造。二叠系下统为碳酸盐建造，二叠系中上统为陆相酸性火山岩建造，均属盖层沉积。

A 褶皱

褶皱多为开阔的线状褶皱，背斜核部多由石炭系组成，向斜核部多由二叠系组成。相间排列的背斜、向斜组成了复向斜。自北向南有：⑧向斜；⑨背斜；⑩向斜；⑪背斜。其轴向一般为 265°~290°，两翼基本对称，岩层倾角较陡一般为 60°~75°，局部较缓。

B 断裂

该构造单元内与褶皱同时形成并与轴向基本平行的具有一定规模的逆断层共有 5 条，其编号自北向南有 11~15 号。断层走向一般为 270°~300°。其通过处形成笔直沟谷，岩石破碎，断层泥和糜棱岩化，以及脉岩充填，部分具褐铁矿化、赤铁矿化发育。

伴生构造有南北向张性断层、北西和北东向扭性断层。北东向断层编号的只有两条，17 号、34 号，具张扭性，可见断层泥和片理化，小揉皱、次一级断层发育。北西向断层具压扭性。北东向、北西向断层均对近东西向断层有切断错开。

黑大山一带地质构造纲要示意图如图 2-1 所示。

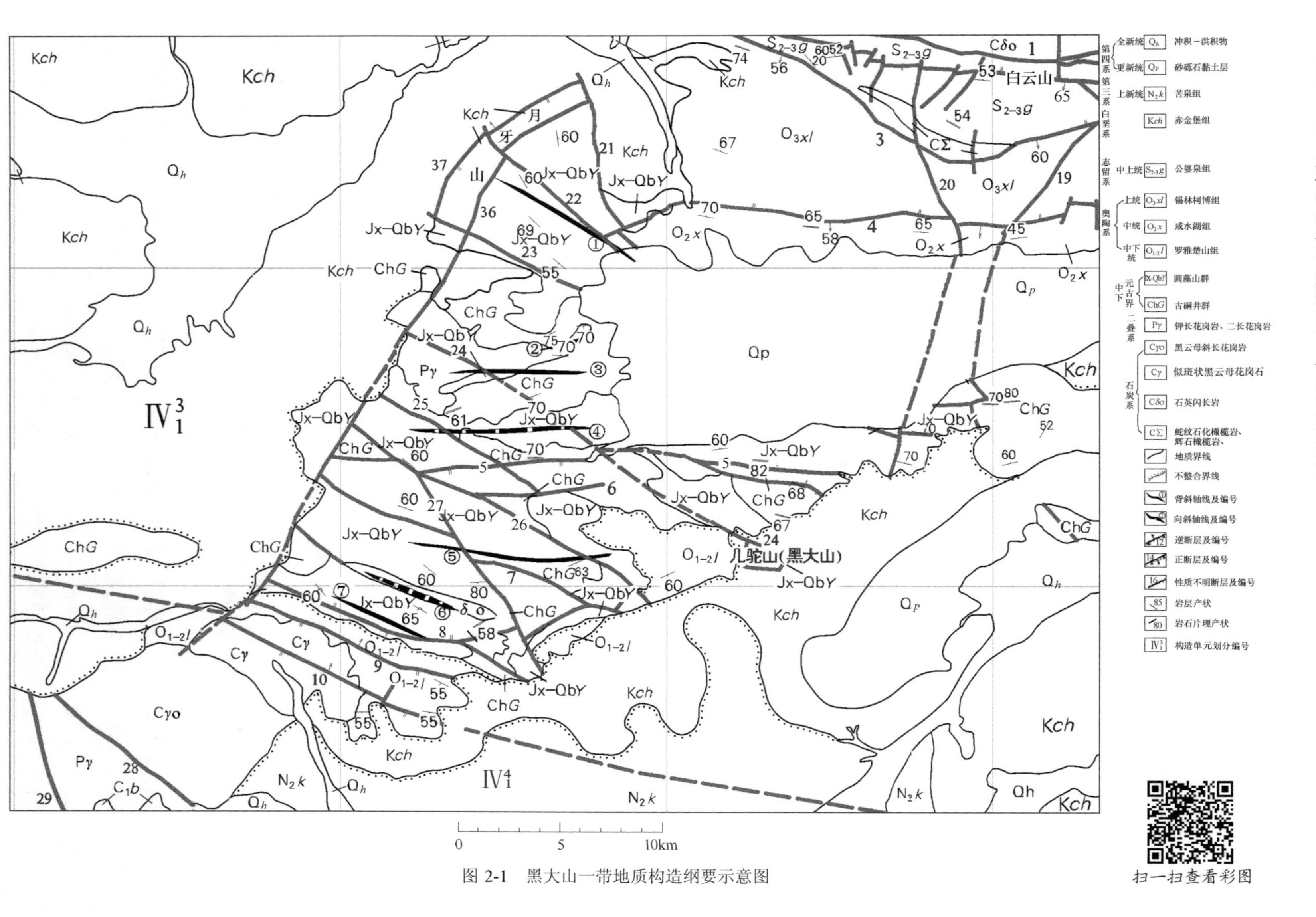

图 2-1　黑大山一带地质构造纲要示意图

2.2 地球物理特征

2.2.1 异常特征

2.2.1.1 航磁异常特征

研究区主要位于黑鹰山—居延海磁异常带与横峦山—乌兰套海磁异常带之间的西部地带。

从航磁异常图上看，黑鹰山—居延海磁异常带内的航磁异常呈近东西向或北西西向延伸，在负磁背景场上出现不规则狭长带状局部异常为主要特点，最大幅值+100～+400nT，局部达+600nT，梯度较大，是北山地区航磁异常最明显的单元，其负背景场为古生界浅变质岩系的反映，不规则狭长带状局部异常由花岗岩引起。根据内蒙古大地构造分区情况，此异常带基本与天山—兴蒙造山系的额济纳旗—北山弧盆系中的圆包山岩浆弧和红石山裂谷对应。

横峦山—乌兰套海磁异常带内的航磁异常呈明显的狭长正异常带，北西西向线状排列，强度+200～+400nT，异常带有奥陶纪蛇绿岩分布，此狭长异常带可能为早古生代深海沟遗址。

本次研究区的航磁特征以在平静的负磁背景场上出现不规则片状局部异常为主要特点，局部异常强度在100nT左右，梯度平缓，呈北西西向延伸。异常带内广泛出露中上元古界古硐井群、圆藻山群等，磁性较弱，不规则宽缓片状局部异常与北山群出露区相对应，二者范围和延伸方向基本一致，推测低缓片状异常为北山群中变质较深的片麻岩、变粒岩等引起。区内广泛出露石炭纪花岗岩、花岗闪长岩，岩体出露部位多与负磁异常相对应，表明沿异常带分布的花岗岩类为无弱磁性或弱磁性的花岗岩类，可能属S型花岗岩系列。根据内蒙古大地构造分区情况，此异常带基本与天山—兴蒙造山系的额济纳旗—北山弧盆系中的明水岩浆弧和公婆泉岛弧对应。研究区北部进行1：50000航磁研究所圈定的12处异常，主要是超基性岩中磁铁矿与其他岩体引起，并受构造控制。

2.2.1.2 重力异常特征

研究区位于三道明水-月牙山重力高异常区如图2-2所示，第四系、白垩系、二叠系、石炭系、志留系、奥陶系、寒武系、元古界地层及二叠纪、石炭纪侵入岩均有出露。重力异常主要为一近东西向展布的不连续重力高异常带。北山地区标本电性特征见表2-2。

表2-2 北山地区标本电性特征

岩石名称	数量	极化率 η/%			电阻率 $\rho/\Omega\cdot m$		
		变化范围	平均值	离差	变化范围	平均值	离差
安山质凝灰岩	27	0.17～0.82	0.46	0.16	47～1136	301.17	175.44
孔雀石化安山质碎裂岩	15	0.19～0.96	0.44	0.22	52.7～566	280.91	149.26
安山玢岩	25	0.14～0.848	0.28	0.11	117～746	355.68	149.40
辉绿玢岩	10	0.32～0.92	0.58	0.17	155～1226	475.3	318.26
流纹斑岩	42	0.18～0.915	0.41	0.17	95.6～902	315.18	124.11

续表 2-2

岩石名称	数量	极化率 η/%			电阻率 ρ/Ω · m		
		变化范围	平均值	离差	变化范围	平均值	离差
中细粒石英闪长岩	12	0. 1～0. 54	0. 32	0. 11	108～680	295. 83	170. 10
辉绿岩	19	0. 144～646	0. 29	0. 13	129～434	237. 05	79. 60

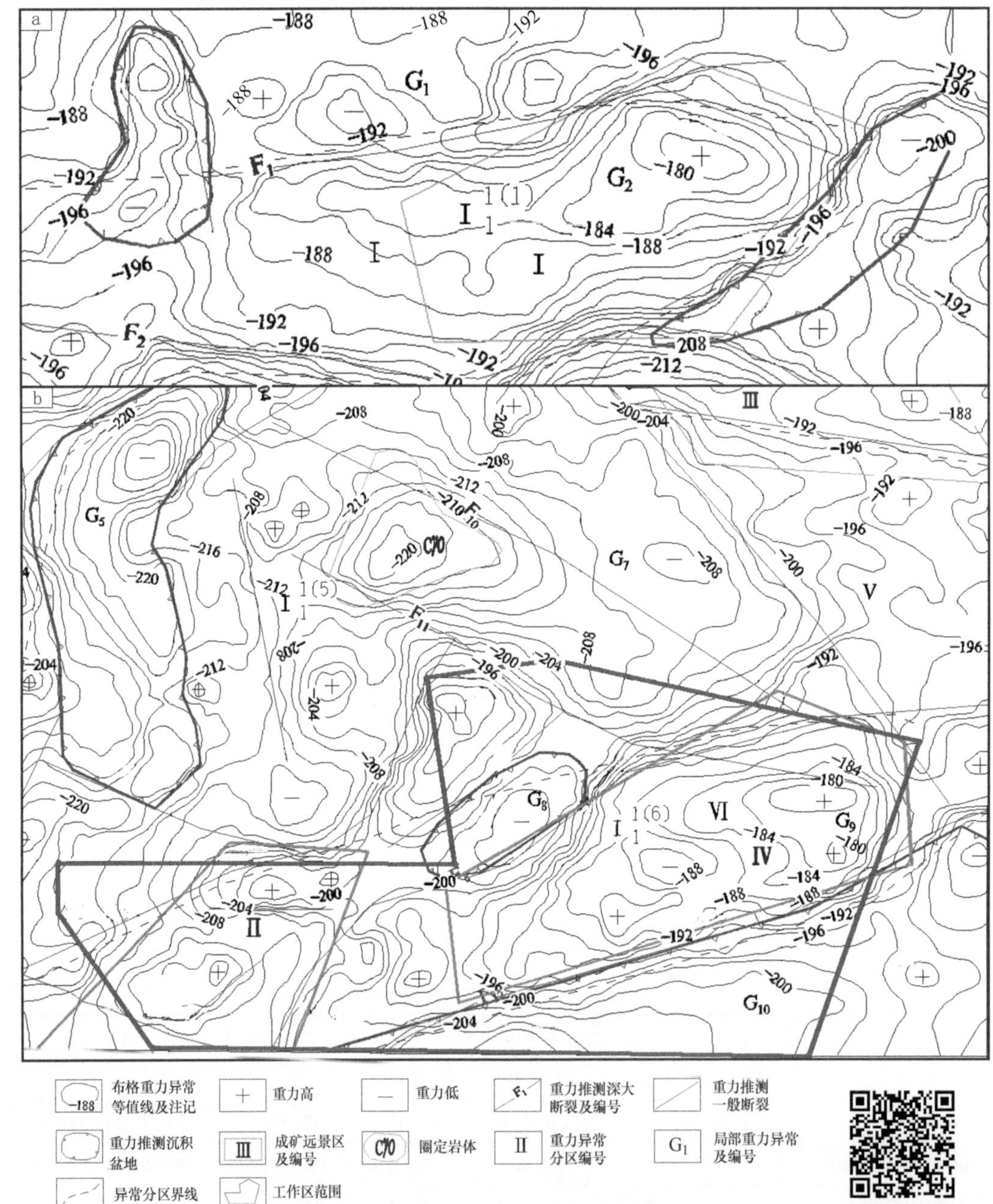

图 2-2　内蒙古自治区石板井地区布格重力异常平面图

三道明水、小红山一带，断裂构造发育，对成矿起着重要的控制作用。出露的地层有第四系、白垩系、二叠系、石炭系、寒武系及圆藻山群、古硐井群，北部出露大面积的花岗岩。区内分布多处金属矿（化）点，这些金属矿（化）点位于重力高异常的边部、重力异常转换带及过渡带附近。另外集中分布的 Au、Ag、Cu、Zn、As、Ni、Mo、Cr、Sb、Hg 等元素组合异常多位于重力高异常的边部、重力异常转换带及过渡带附近。因此，在该区重力异常转换及过渡带附近。另外集中分布的 Au、Ag、Cu、Zn、As、Ni、Mo、Cr、Sb、Hg 等元素组合异常多位于重力高异常的边部、重力异常转换带及过渡带附近。因此，在该区重力异常转换带、过渡带及重力高异常的边部附近是寻找 Au、Cu、Sb 多金属矿的有利地段。黑大山地区标本磁性特征见表 2-3。

表 2-3 黑大山地区标本磁性特征

岩石名称	数量	磁化率 $K/4\pi SI$			剩余磁化强度 $J_r/A \cdot m^{-1}$		
		最大值	最小值	平均值	最大值	最小值	平均值
凝灰岩	30	弱磁					
千枚岩	16	弱磁					
闪长岩	35	5400×10^{-6}	120×10^{-6}	890×10^{-6}	2600×10^{-3}	50×10^{-3}	300×10^{-3}
砂岩	22	无磁—微磁					
大理岩	84	无磁					
超基性岩	24	21000×10^{-6}	190×10^{-6}	610×10^{-6}	1100×10^{-3}	47×10^{-3}	200×10^{-3}
辉绿岩	23	14000×10^{-6}	130×10^{-6}	1600×10^{-6}	270000×10^{-3}	73×10^{-3}	1600×10^{-3}
角砾岩	12	无磁					
玄武岩	6	4000×10^{-6}	650×10^{-6}	1400×10^{-6}	500×10^{-3}	170×10^{-3}	250×10^{-3}
花岗岩	113	2600×10^{-6}	21×10^{-6}	610×10^{-6}	2700×10^{-3}	57×10^{-3}	130×10^{-3}
硅质千枚岩	18	无磁—微磁					

在儿驼山一带，出露的地层有第四系、白垩系、奥陶系、圆藻山群、古硐井群，并伴有大量二叠纪、石炭纪侵入岩。在重力推断的断裂区内分布多处铜、铁、铅等矿化点；这些矿（化）点多位于重力高异常的边部及重力高与重力低的交界部位。区内分布的 Au、Ag、Cu、Zn、As、Pb、Ni、Mo、Cr、Sb、Hg 等化探异常也多分布于该部位。推测在重力高与重力低的交界部位及重力高的边部等，具有寻找 Au、Cu、Sb 多金属矿床的潜力。

2.2.2 物性特征

2.2.2.1 电性特征

为了了解研究区所出露各类岩石的电性特征，本次研究共采集不同类型的岩石物性标本 180 块。分别对电阻率和极化率两种电性参数进行了测定，变质粉砂岩、各类灰岩、蚀变安山质玄武岩电阻率算术平均值稍高，在 1000Ω · m 左右，中细粒黑云母花岗岩算术平均值最小，为 642Ω · m，其余均为 750~850Ω · m。就极化率而言，结晶（泥晶）灰岩的算术平均值最大，达 0.79%，其次为结晶灰岩及中细粒花岗岩，分别为 0.53%~0.34%，硅质灰岩、硅质板岩、蚀变安山质玄武岩极化率算术平均值最低，小于 0.2%。

2.2.2.2　磁性特征

为了了解研究区所出露的各类岩石的磁性特征，对不同类型的岩石进行了物性标本的采集，共采集磁性标本 375 块。安山质玄武岩磁化率最高，标本观测值为 101～21357（10^{-5}SI）之间，磁化率的算术平均值为 9270.3（10^{-5}SI）；辉长岩次之，磁化率的算术平均值为 2897.4（10^{-5}SI），而各类灰岩及硅质板岩的磁化率算术平均值最低，均小于 10（10^{-5}SI）；其余岩石的磁化率算术平均值基本为 20～30（10^{-5}SI）。

2.3　地球化学特征

2.3.1　地球化学背景

2.3.1.1　元素地球化学分布特征

根据该区 1∶200000 化探资料，把该区的水系沉积物平均值/岩石平均值作为水系沉积物元素富集系数（K），各元素富集系数可分三类：富集型（$1.1 \leqslant K < 1.9$）、稳定型（$0.9 \leqslant K < 1.1$）、贫化型（$K < 0.9$）。

把该区的元素变异系数（Cv）大小划分为：强分异型 $Cv \geqslant 1.1$、较强分异型 $0.6 \leqslant Cv < 1.1$、弱分异型 $Cv < 0.6$。

强分异型，区域平均值高的元素有 As、Sb、Hg、Au、Ag、Pb，这些元素异常分布范围大，有利于成矿。强分异型，区域平均值低的元素有 Mo、W、Cu、Zn，这类元素虽背景低，但分异性强，在有利地质条件下也易成矿。

2.3.1.2　主要地质单元地球化学特征

地质单元主要统计了第四系、白垩系、志留系、奥陶系、元古界和侵入岩的地化特征见表 2-4。

表 2-4　主要元素特征值表

元素		第四系	白垩系	志留系	奥陶系	元古界	侵入岩
Au	$\overline{X}$	2.02	2.25	2.2	2.08	2.12	2.13
	S	0.61	1.08	0.94	0.74	0.52	0.6
	Cv	0.3	0.48	0.43	0.35	0.25	0.28
Ag	$\overline{X}$	0.09	0.09	0.1	0.08	0.1	0.07
	S	0.04	0.06	0.06	0.04	0.06	0.03
	Cv	0.41	0.61	0.62	0.47	0.62	0.43
Cu	$\overline{X}$	23	26.8	53.3	50	32.5	36
	S	11.1	19.8	69.1	49.3	26.9	51.1
	Cv	0.48	0.74	1.3	1.2	0.83	1.42
Pb	$\overline{X}$	18	11.8	18.2	20.9	12.8	14
	S	5.64	5.73	10.7	8.54	7.59	5.01
	Cv	0.31	0.49	0.59	0.41	0.59	0.36

续表 2-4

元素		第四系	白垩系	志留系	奥陶系	元古界	侵入岩
Zn	$\overline{X}$	39.9	44.5	55.3	43	51.8	37
	S	15.6	22	23.5	19.5	22.5	21.6
	Cv	0.39	0.5	0.42	0.45	0.43	0.58
As	$\overline{X}$	8.43	16.6	13.5	6.22	29.4	6
	S	2.9	15.9	10.8	4.96	39.4	5.3
	Cv	0.35	0.95	0.8	0.8	1.34	0.88
Sb	$\overline{X}$	1.9	3.9	1.4	1	14	1
	S	2.07	4.84	1.59	1.02	21.8	1.21
	Cv	1.11	1.23	1.16	1.07	1.56	1.21

志留系相对富集亲铜元素、铁族元素和钨钼族元素，其中亲铜元素 Au、Cu、Zn、Ag、As、Sb 的含量明显高于其他地质单元，特别是 Cu 元素具高丰度、强分异特点，从元素变化特征分析，该地层是 Cu、Zn、Au 富集成矿的有利层位。

奥陶系和元古界高丰度、强分异的元素大致相同，主要富集亲铜元素，其中 Cu、Au、As、Sb 等元素的含量较高，并且具有明显的局部富集的特征，该地层具有 Au、Cu、Sb 多金属成矿的良好基础。

石炭纪石英闪长岩中，丰度值较低、较强分异型的元素有亲铜元素、铁族元素和钨钼族元素，表明该岩体富含成矿元素，对成矿起到一定作用。

Au 与 Cu 显著相关，主要分布于花岗岩体与地层的内外接触带上，以外接触带为主，内接触带为辅。As、Sb、Hg 正相关，主要分布于中、下元古界中。

Au、Cu 元素的高值区主要分布于黑大山东西向挤压带、白云山断裂构造的志留系、中元古界岩层中，$w(\mathrm{Au})$ 的最高值为 85.5×10^{-9}，$w(\mathrm{Cu})$ 的最高值为 419.6×10^{-6}，空间上与 As、Hg 元素异常吻合好。

Sb、As 元素在本研究区强度高，分布面积大。尤其 Sb 元素更为明显，最高值 146.5×10^{-6}，是离散程度最大富集能力最强的元素，异常区位于黑大山附近，与 As 元素的高背景区吻合较好。

2.3.2 地球化学特征

2.3.2.1 *岩石、土壤元素丰度特征*

研究区岩石元素地化特征，与北山地区相比如图 2-3 所示，岩石中 Hg、Mo 三级浓度克拉克值大于 1.20，呈显著富集，Au、Pb、As、Bi、W、Ni 三级浓度克拉克值小于 0.8，明显贫化，Ag、Zn、Sb、Cu 的三级浓度克拉克值为 0.80～1.20，富集与贫化特征不明显。

研究区土壤元素地化特征，与北山地区相比如图 2-4 所示，土壤中 As、Cu、Hg、Mo、Ni 三级浓度克拉克值大于 1.20，呈显著富集，Pb、Zn、W、Sb 三级浓度克拉克值为 0.80～1.20，与北山平均值相当。Ag、Au、Bi 三级浓度克拉克值小于 0.80 明显贫化。

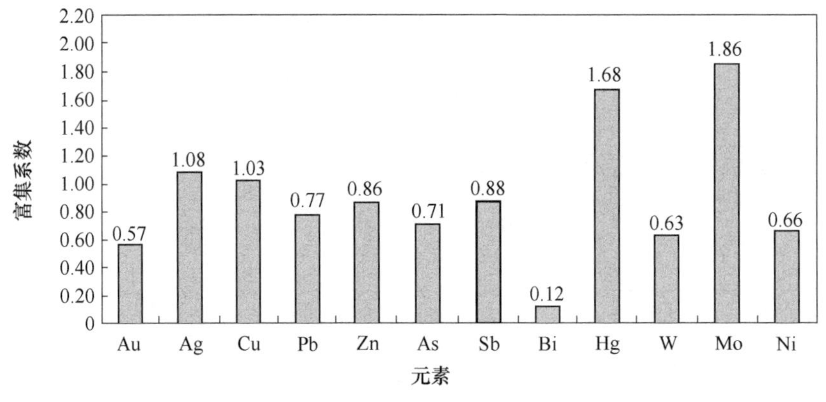

图 2-3　元素岩石均值与北山平均值比值图

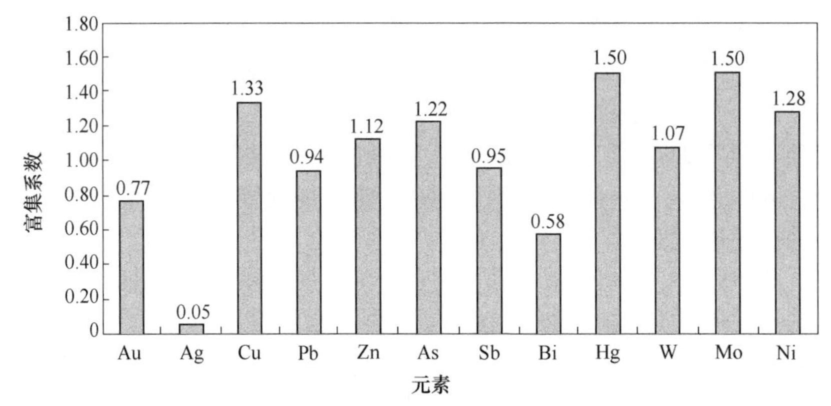

图 2-4　元素土壤均值与北山平均值比值图

2.3.2.2　岩石、土壤元素分异特征

岩石中分异系数（*Cv*）大于 1.0，分布极不均匀属强分异型，属强分异的元素有 Ni、As、Sb、Hg、Au，其他元素分异系数（*Cv*）为 1.0~0.5，分布不均匀，属分异型。

土壤中分异系数（*Cv*）大于 1.0，分布极不均匀，属强分异的元素有 Ni、As、Sb、Bi、Hg、W、Au、Ag、Pb，分异系数（*Cv*）小于 0.5，分布相对均匀属均匀型；分异系数（*Cv*）为 1.0~0.5，分布不均匀属分异型，属分异型的元素有 Cu、Mo、Zn、Sn。

综上所述，研究区 Mo、Cu、Ag、Au 元素丰度高，且具有分异性，是研究区的主要成矿元素，As、Sb 元素的丰度不高，但分异性强在构造有利部位也有形成工业矿体的可能。

2.3.2.3　主要地质单元元素地球化学特征

研究区中 16 个主要地质单元，元素在各个地质单元中的富集、贫化特征及分异性。

第四系：与全区背景相比，土壤中 Ni、Sb、Hg 元素丰度高，具强分异性，Bi、W、Au、Cu、As 元素具有一定的分异性。

白垩系赤金堡组：与全区背景相比，土壤和岩石中 Ni、Cu、Zn 元素丰度高，且具强分异性，Cu、Bi、W、Au 元素具有一定的分异性。

二叠系双堡塘组、方山口组：与全区背景相比，土壤和岩石中 Ni、Cu、Zn、As、Sn 丰度高，土壤中 As、Sb、Bi 具强分异特征，Sb 在岩石中相对贫化。

石炭系红柳园组：与全区背景相比，土壤中富集 Cu、Ni、Zn、As、Bi、Mo，且 Ni、As、Sb、Bi 具强分异性。

志留系公婆泉组：与全区背景相比富集 Cu、Ni、Zn、Mo、Au，且 Cu、Ni、Au 具强分异性，是 Au、Cu、Mo 成矿的有利地层。

奥陶系锡林柯博组：与全区背景相比，土壤中富集 Cu、Ni、Zn，Ni、As、Sb 具强分异性；咸水湖组：土壤中富集 Cu、Ni、Zn、Hg，Ni、As、Sb、Mo 等元素具强分异性；罗雅楚山组：Cu、Ni、Zn、Pb 等相对富集。

寒武-奥陶系西双鹰山组：与全区背景相比 Ag、Cu、Zn、Sb 等相对富集，Hg 具强分异性。

中上元古界圆藻山群：与全区背景相比 As、Sb、Ag、Mo、Hg、Au 相对富集，Pb、Bi 相对贫化，Ni、As、Sb、W、Hg、Au 具强分异性。

中上元古界古硐井群：与全区背景相比 Cu、As、Sb、Bi、Hg、W、Au 相对富集，且具强分异性。

二叠纪花岗岩（$P\gamma$）：与全区背景相比，Pb、Bi、W、Mo、Sn 丰度高。

石炭纪花岗岩（$C\gamma o+C\gamma$）：与区域背景相比，以富集 As、Sb、W、Au 为特征，具强分异特征。

石炭纪闪长岩（$C\delta o+C\gamma\delta$）：Cu、Mo、W、Pb 相对富集，且具有分异性。

总之，研究区元古界圆藻山群、古硐井群富集 Au、Ag、Zn、W、Mo、Sb，石炭系红柳园组富集 Cu、Mo，志留系公婆泉组富集 Cu、Zn、Mo、Au，这些元素具备成矿地球化学基础，在构造有利地段有形成工业矿床的可能。

2.3.2.4 元素的共生组合及分类特征

为了解在不同地质背景中的元素组合关系及其地质、地球化学意义。利用全区土壤样品在各地质子区平均含量进行了 R 型聚类分析。

A 元素的共生组合特征

提取单元素异常形成单元素异常图，根据全区元素的相关关系（见图 2-5）编绘综合异常图，从聚类分析谱系图可见相关系数为 0.1 时，全区 13 个元素分为两组，一组为 Bi、Sn、W、Pb，其中 W、Sn、Bi 相关性较好；另一个是 As、Sb、Hg、Au、Mo、Ag、Cu、Zn、Ni 等亲铜族，其中 Cu、Zn 及 Au、Mo 相关性较好。

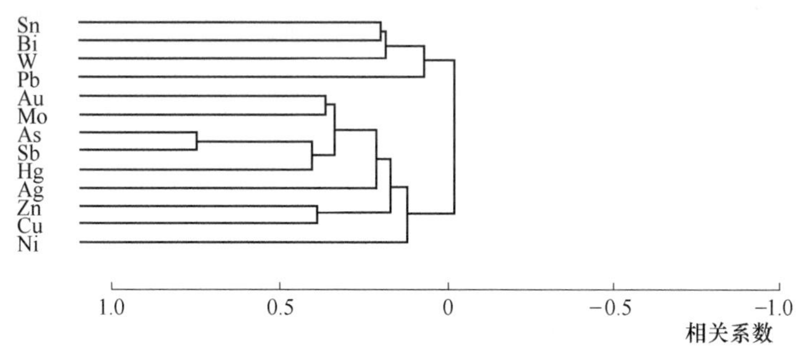

图 2-5 全区土壤测量 R 型聚类分析谱系图

B　元素的分类特征

根据上述 R 型聚类分析结果，考虑到地质因素并参考各元素在本区的区域分布特征，将研究区 13 种元素分为以下三类元素组合：

（1）Ag、Cu、Pb、Zn、Ni 亲铜元素类；

（2）Au、As、Sb、Hg 贵金属类；

（3）W、Sn、Mo、Bi 钨钼族元素类。

2.3.2.5　地球化学异常特征

（1）AP4 异常。

位于研究区东北部风化梁一带，异常元素组合较全，Au、As、Bi、Cu 元素异常强度高、面积大。其他元素 Ag、Zn、Mo、Sb、Ni 异常浓度分级为 1~2 级。其中 w(Au) 的最高达 79×10^{-9}。如图 2-6 所示，区内主要出露公婆泉组：蚀变安山质岩屑晶屑凝灰岩、蚀

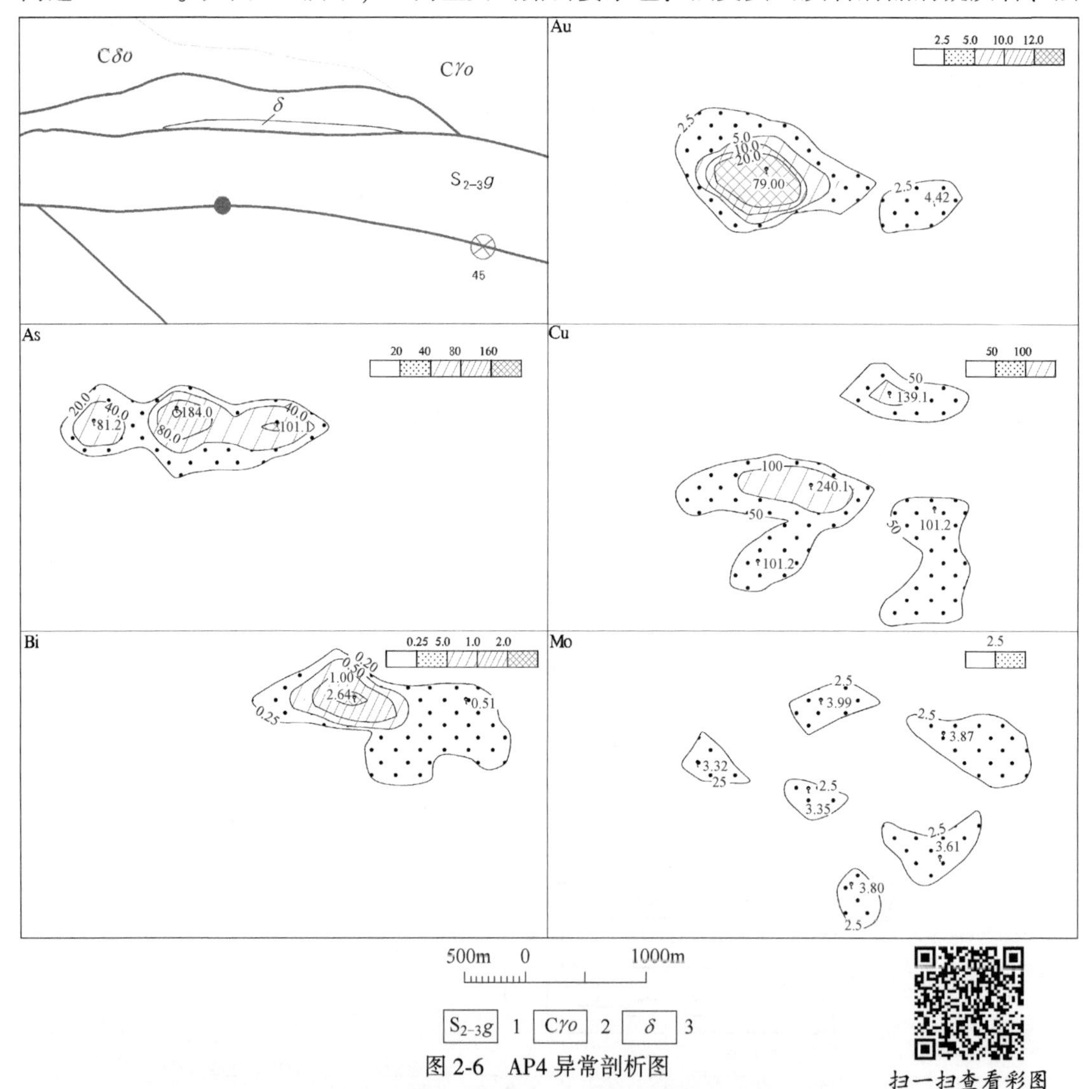

图 2-6　AP4 异常剖析图

1— 志留系公婆泉组：蚀变安山质岩屑晶屑凝灰岩、蚀变安山质晶屑凝灰熔岩、弱变质石英岩屑砂岩、板状石英岩角砾状灰岩及大理岩；2— 黑云母斜长花岗岩；3— 闪长岩脉

扫一扫查看彩图

变安山质晶屑凝灰熔岩、弱变质石英岩屑砂岩、板状石英岩及大理岩。北与石炭系石英闪长岩接触，东西向断层发育。可见岩浆岩活动频繁，变质作用强，成矿地质条件有利。推断异常为 Au、Cu 矿化所致。

（2）AP7 异常。

位于研究区东北部 AP4 南，异常元素组合较全，Ni、Mo 达 4 级以上浓度分级，其他多为 2~3 级。Ni、Cu 异常面积大且套合好。在此异常中部，有一明显浓集中心，虽面积较小，但元素组分多，有 Ag、Pb、Cu、Mo、Ni、Au、As、Sb、Hg。其中 Mo 的峰值达 32.17×10^{-6}如图 2-7 所示。区内主要出露的地层公婆泉组和锡林柯博组，公婆泉组岩性为蚀变安山质岩屑晶屑凝灰岩、蚀变安山质晶屑凝灰熔岩；锡林柯博组岩性为片理化变质粉砂岩、片理化变质细砂岩、硅质岩、大理岩夹杂砂岩。异常位于两套地层接触带上。区内构造发育，北部岩浆岩活动频繁，变质作用强，成矿地质条件有利。

（3）AP8 异常。

位于研究区东北部 AP7 东，风化梁南部，面积 $24.1km^2$。异常元素组合较全，Au、As、Sb、Mo、Ni 达 4 级以上浓度分带，其他多为 3 级。异常强度高、面积大且套合较好。其中 Sb 的峰值大于 50×10^{-6}，如图 2-8 所示。

区内主要出露公婆泉组和锡林柯博组，岩性同 AP7 异常所述，异常位于两地层接触部位和断层附近。区内构造特别发育，是寻找 Cu、Mo 或 Sb 矿的有利地段。

（4）AP9 异常。

位于研究区东部月牙山，面积 $18.8km^2$。异常元素组合较全，分多个浓集中心，Au、As、Bi、Ni 达 4 级以上浓度分级，其他多为 2~3 级。其中 Ni 的峰值达 2095.8×10^{-6}；As 的峰值大于 500×10^{-6}；Au 的峰值达 46.5×10^{-9}，如图 2-9 所示。

区内主要出露中上元古界圆藻山群和古硐井群，圆藻山群岩性为结晶灰岩、硅质条带状灰岩、硅化灰岩、变质含石英微晶灰岩、微晶-粉晶灰岩、弱硅化微晶-粉晶灰岩、含石英方解石大理岩；古硐井群岩性为变质粉砂岩、变质石英砂岩、变质粉砂岩、弱变质长石石英砂岩、变质砂质泥岩、绢（白）云母石英千枚岩以及蚀变安山玄武岩、蚀变安山玄武质凝灰熔岩，夹灰岩、千枚岩、板岩薄层。异常区内有一 Ag、Pb、Zn 多金属矿化点。

AP9 土壤测量聚类分析结果如图 2-10 所示，从相关性上可分为三个组：Au、As、Pb、Mo、Sn、Bi 及 Ag、Hg、Sb、W、Ni 和 Zn、Cu。F1 因子为 As、Pb、Mo，F2 因子为 Cu、Zn，是一种低温元素组合，F4 因子为 Hg、Ag，F5 因子为 Pb、Sn，F6 因子为 Bi、Sn，是一高温元素组合。通过以上结果可见，主要矿化因子为 As、Pb、Mo，为高、低温元素组合，说明热液活动所经历的温度范围宽；F5 因子 Pb、Sn 主要为岩体的反应；Pb、Sn 元素都存在有多期成矿特征。

综上所述，推断异常是由于热液活动引起的，在此区应以寻找 Pb、Zn、Cu、Mo 等多金属矿为主。另外 Au 的规模大，强度高，有良好的成矿地质条件。

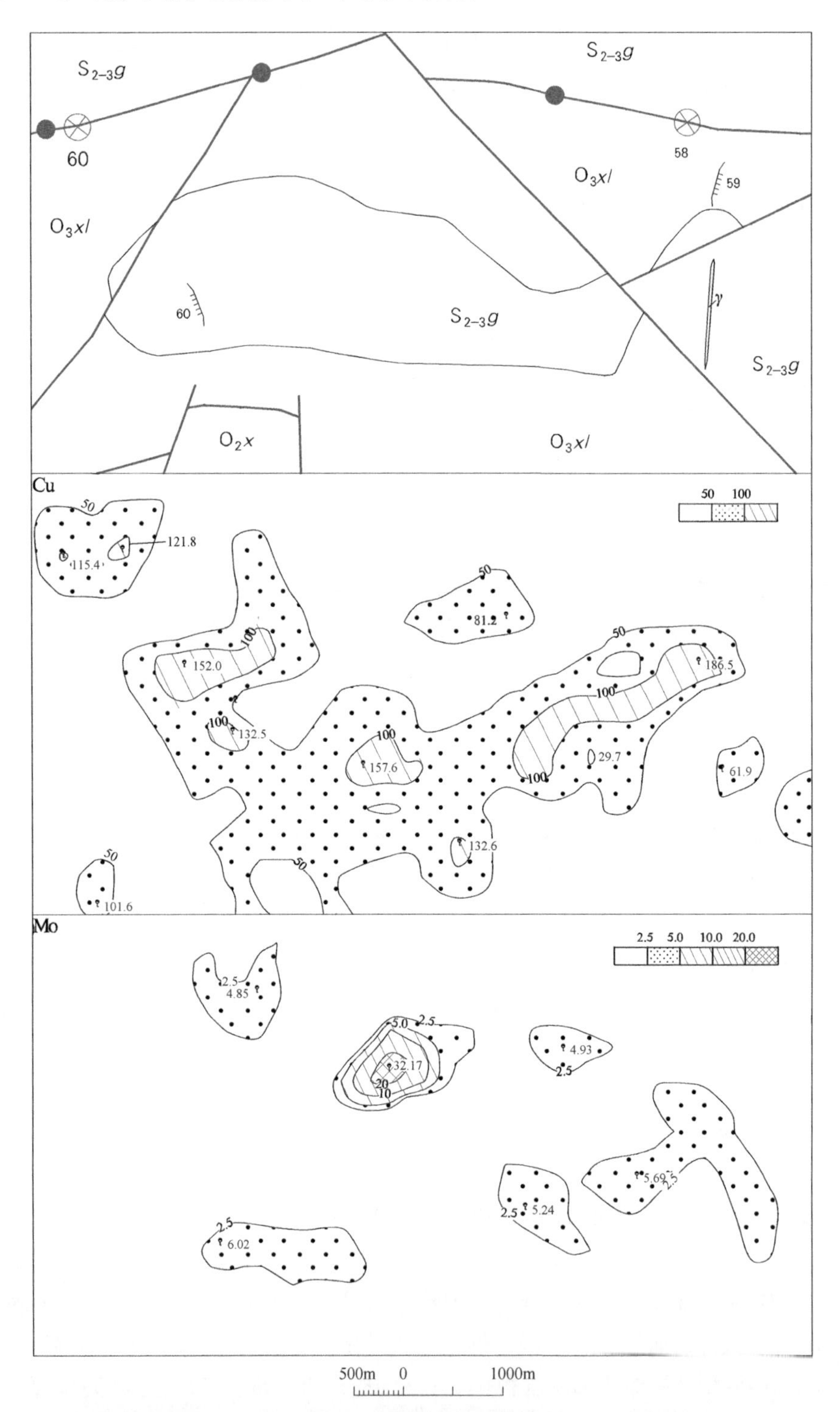

$S_{2-3}g$ 志留系公婆泉组：蚀变安山质岩屑晶屑凝灰岩、蚀变安山质晶屑凝灰熔岩、弱变质石英岩屑砂岩、板状石英岩、角砾状灰岩及大理岩；

O_3xl 奥陶系锡林柯博组：片理化变质粉砂岩、片理化变质细砂岩、碳酸盐化变质石英砂岩、硅质岩、大理岩夹杂砂岩；

O_2x 奥陶系咸水湖组：安山岩、安山质晶屑岩屑凝灰岩、安山质含角砾晶屑岩屑凝灰岩夹碳酸盐及少量碎屑岩

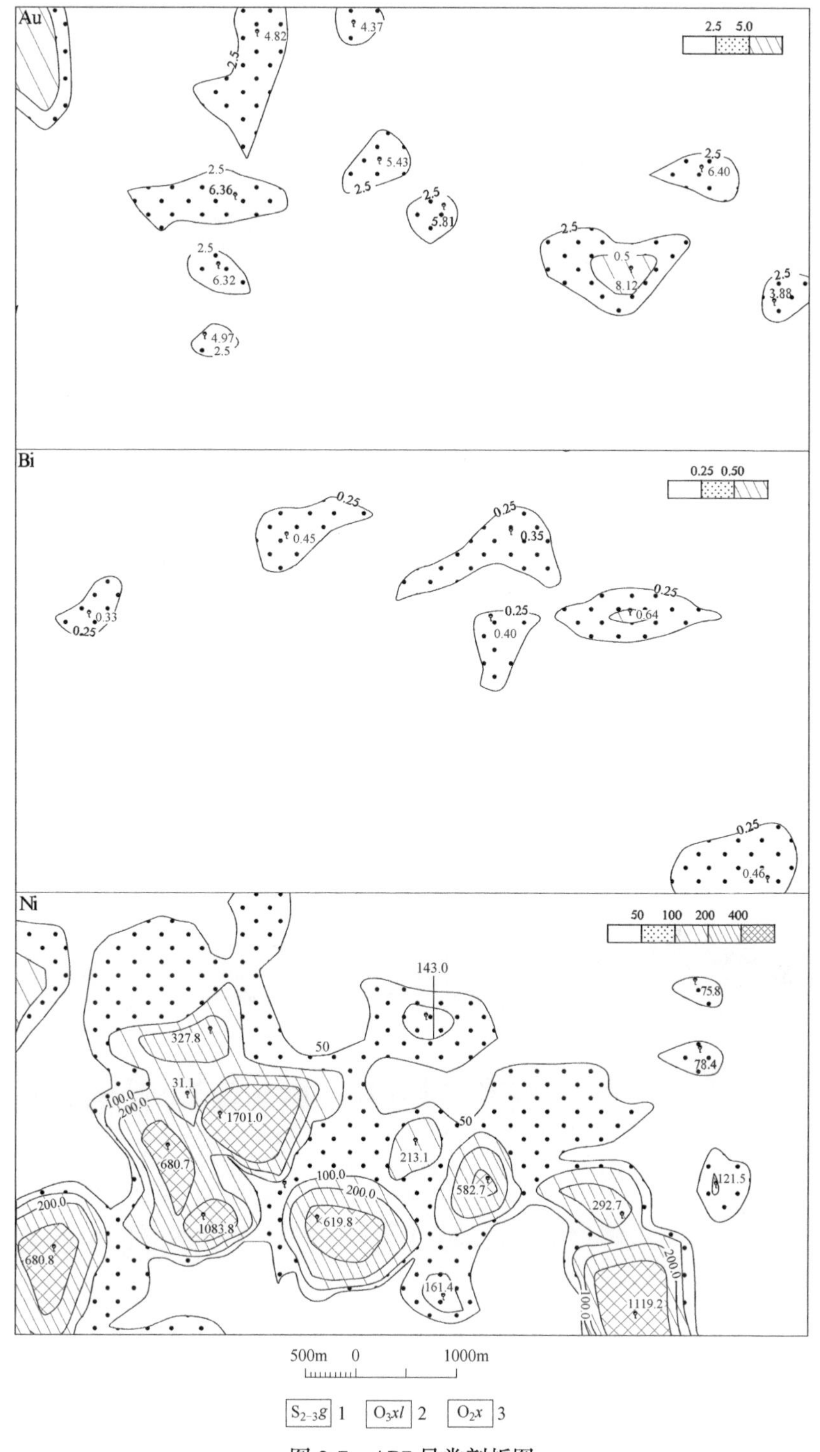

扫一扫
查看彩图

图 2-7 AP7 异常剖析图

1— 志留系公婆泉组：蚀变安山质岩屑晶屑凝灰岩、蚀变安山质晶屑凝灰熔岩、弱变质石英岩屑砂岩、板状石英岩、角砾状灰岩及大理岩；2— 奥陶系锡林柯博组：片理化变质粉砂岩、片理化变质细砂岩、碳酸盐化变质石英砂岩、硅质岩、大理岩夹杂砂岩；3— 奥陶系咸水湖组：安山岩、安山质晶屑岩屑凝灰岩、安山质含角砾晶屑岩屑凝灰岩夹碳酸盐及少量碎屑岩

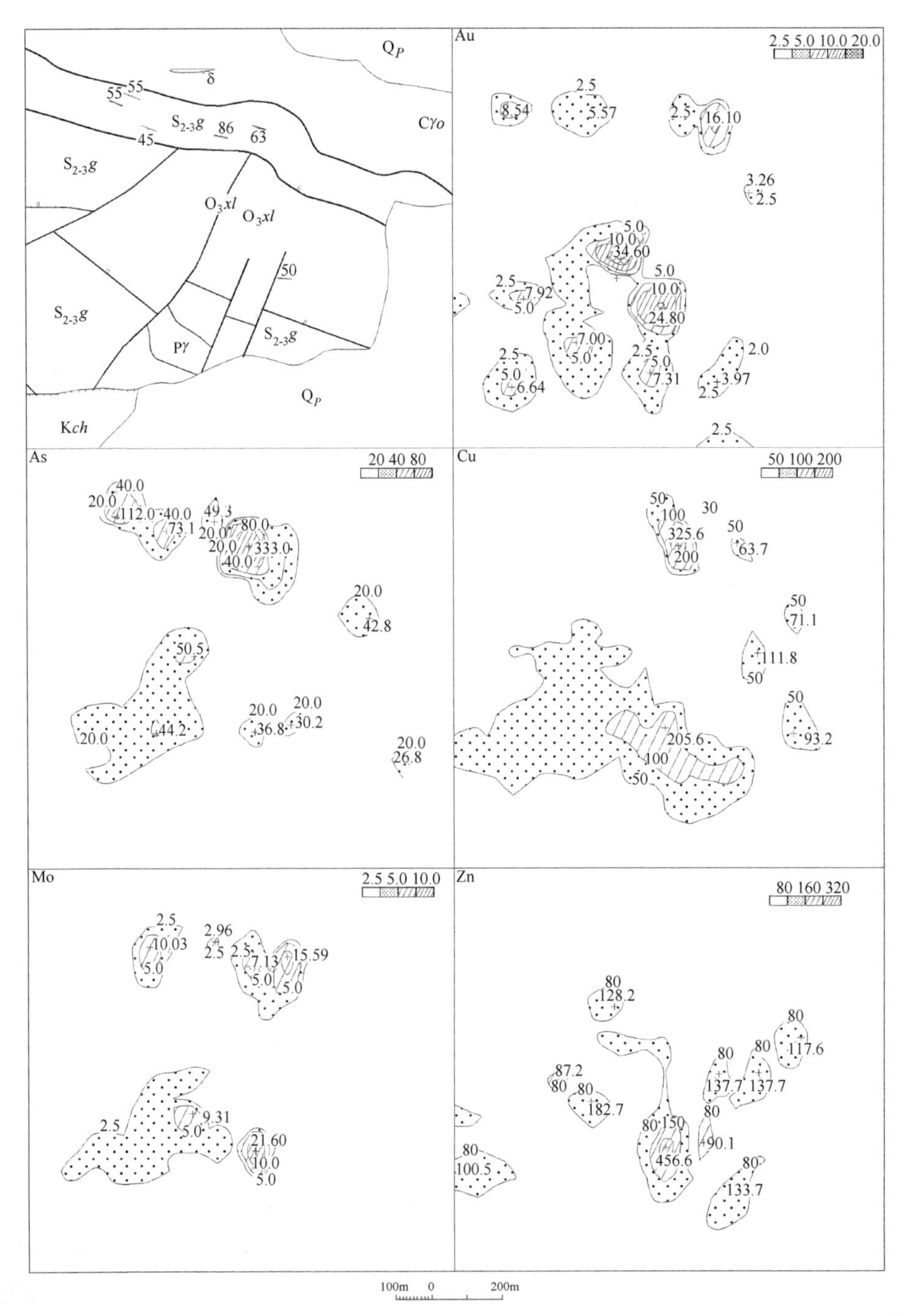

图 2-8　AP8 异常剖析图

1—第四系更新统：冲洪积砂、砾石、松散堆积物；2—白垩系赤金堡组：砾岩、砂岩、泥岩、黏土质粉砂岩；3—志留系公婆泉组：蚀变安山质岩屑、晶屑凝灰岩、蚀变安山质晶屑凝灰熔岩；4—奥陶系锡林柯博组：片理化变质粉砂岩、片理化变质细砂岩；5—钾长花岗岩、二长花岗岩、花岗岩；6—黑云母斜长花岗岩；7—闪长岩脉

扫一扫
查看彩图

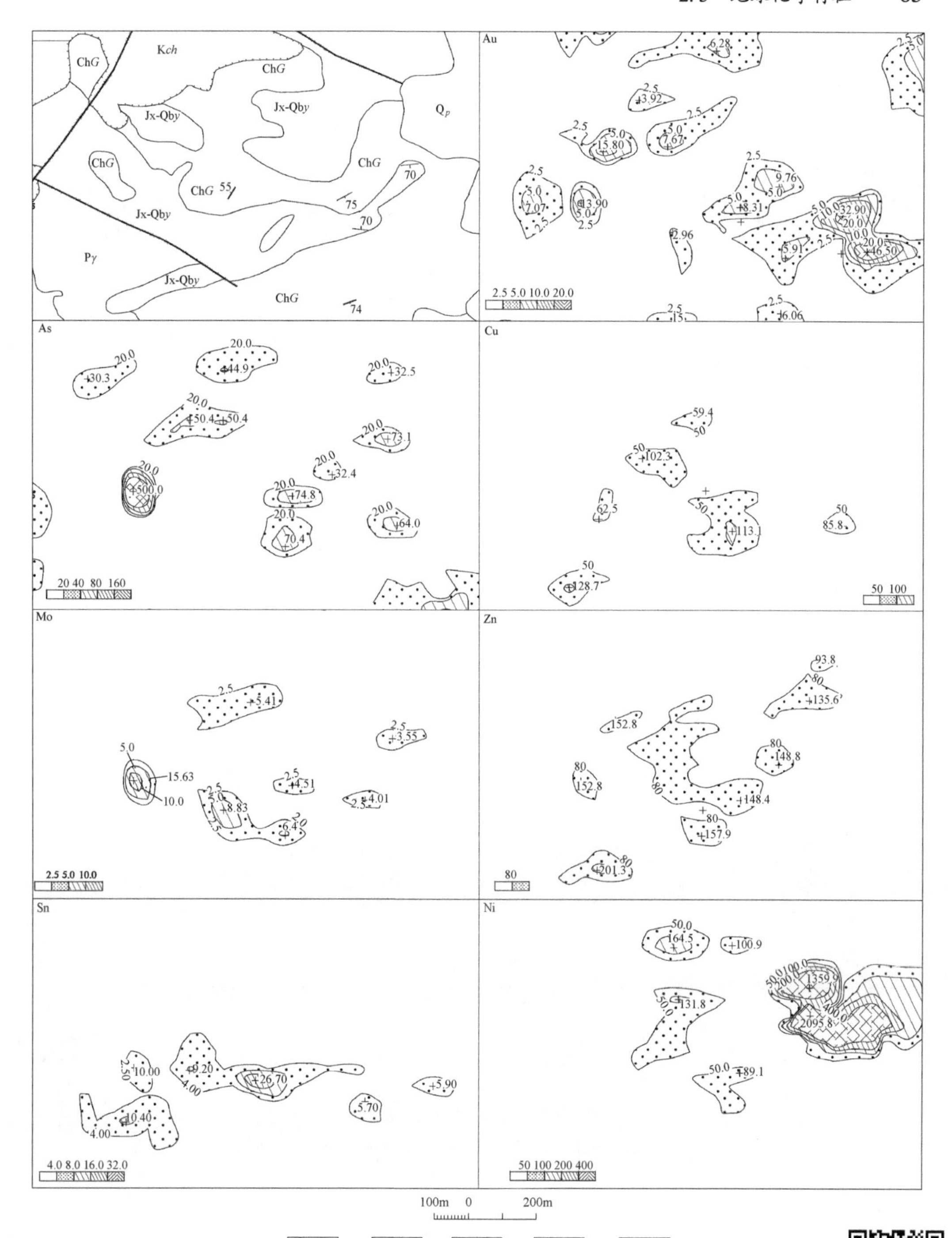

Qp 1　Kch 2　Pγ 3　Jx-Qby 4　ChG 5

图 2-9 AP9 异常剖析图

1—第四系更新统：冲洪积砂、砾石、松散堆积物；2—白垩系赤金堡组：砾岩、砂岩、泥岩、黏土质粉砂岩；3—钾长花岗岩、二长花岗岩、花岗岩；4—中上元古界圆藻山群：微晶-粉晶灰岩、泥晶灰岩、含石英方解石大理岩；5—中上元古界古硐井群：绢云母千枚岩、变质长石石英砂岩、变质粉砂岩、大理岩

扫一扫
查看彩图

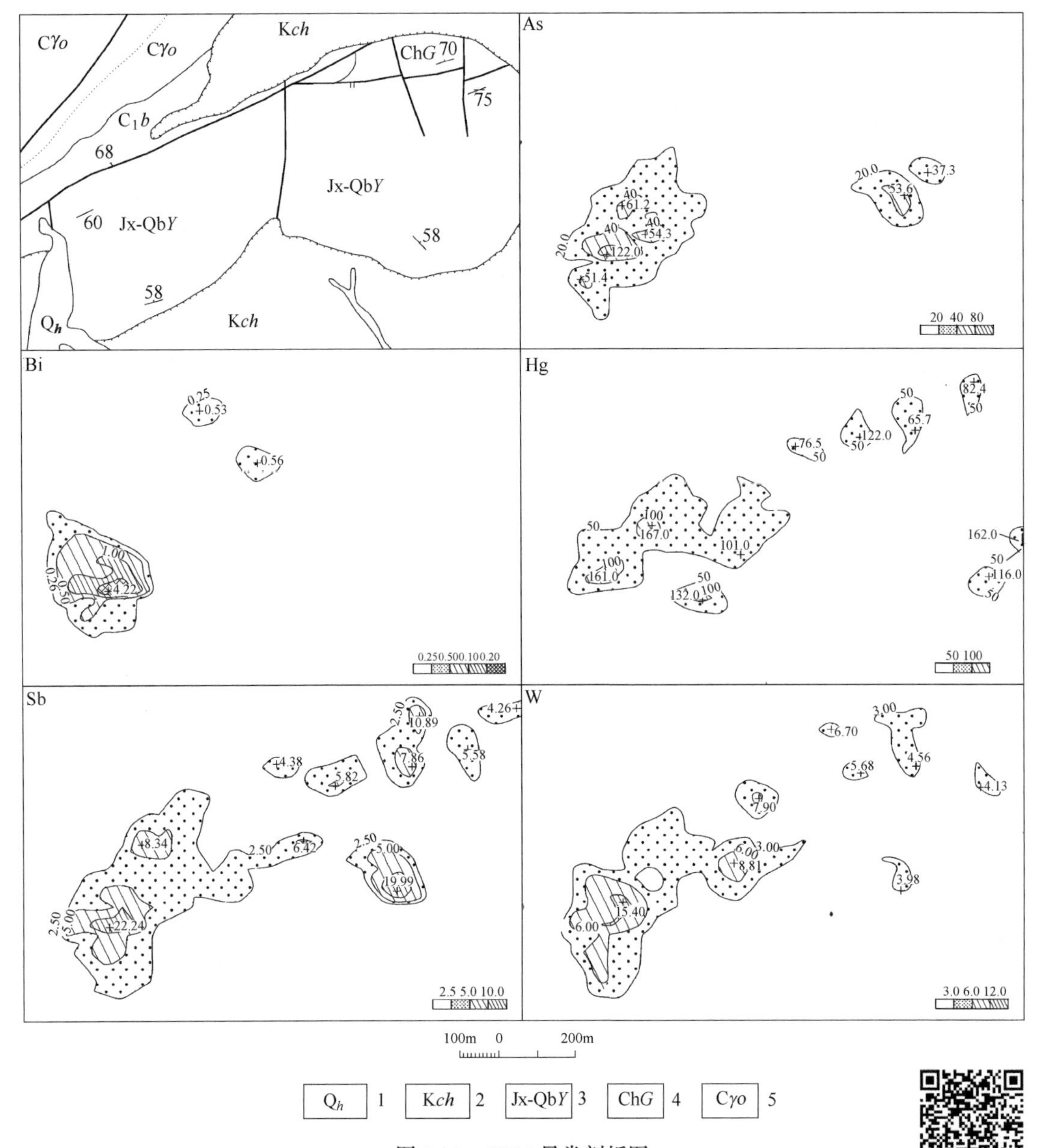

图 2-10　AP15 异常剖析图

1—第四系更新统：冲洪积砂、砾石、松散堆积物；2—白垩系赤金堡组：砾岩、砂岩、泥岩、黏土质粉砂岩；3—中上元古界圆藻山群：微晶-粉晶灰岩、泥晶灰岩、含石英方解石大理岩；4—中上元古界古硐井群：绢云母千枚岩、变质长石石英砂岩、变质粉砂岩、大理岩；5—黑云母斜长花岗岩

扫一扫
查看彩图

（5）AP15 异常。

位于研究区西侧，三道明水幅北部，面积 14.6km^2。主要异常元素组合有 As、Sb、Bi、W 等，其中 Sb、Bi 达 4 级以上浓度分级，As、W 达 3 级以上浓度分级，其他多为 1~2 级。

区内主要出露下元古界圆藻山群，岩性为结晶灰岩、硅质条带状灰岩、硅化灰岩、变质含石英微晶灰岩、微晶-粉晶灰岩、弱硅化微晶-粉晶灰岩、含石英方解石大理岩，异常主要分布在圆藻山群地层中，异常元素主要为钨钼族元素，峰值不高，但元素套合较好。

（6）AP16 异常。

与 AP15 异常相邻，也位于三道明水幅北部，面积 19.4km^2。主要异常元素组合有 As、Sb、Hg、W、Mo 等，其中 As、Sb、Hg 达 4 级以上浓度分级，W、Mo 达 3 级以上浓度分级，其他多为 1~2 级，如图 2-11 所示。

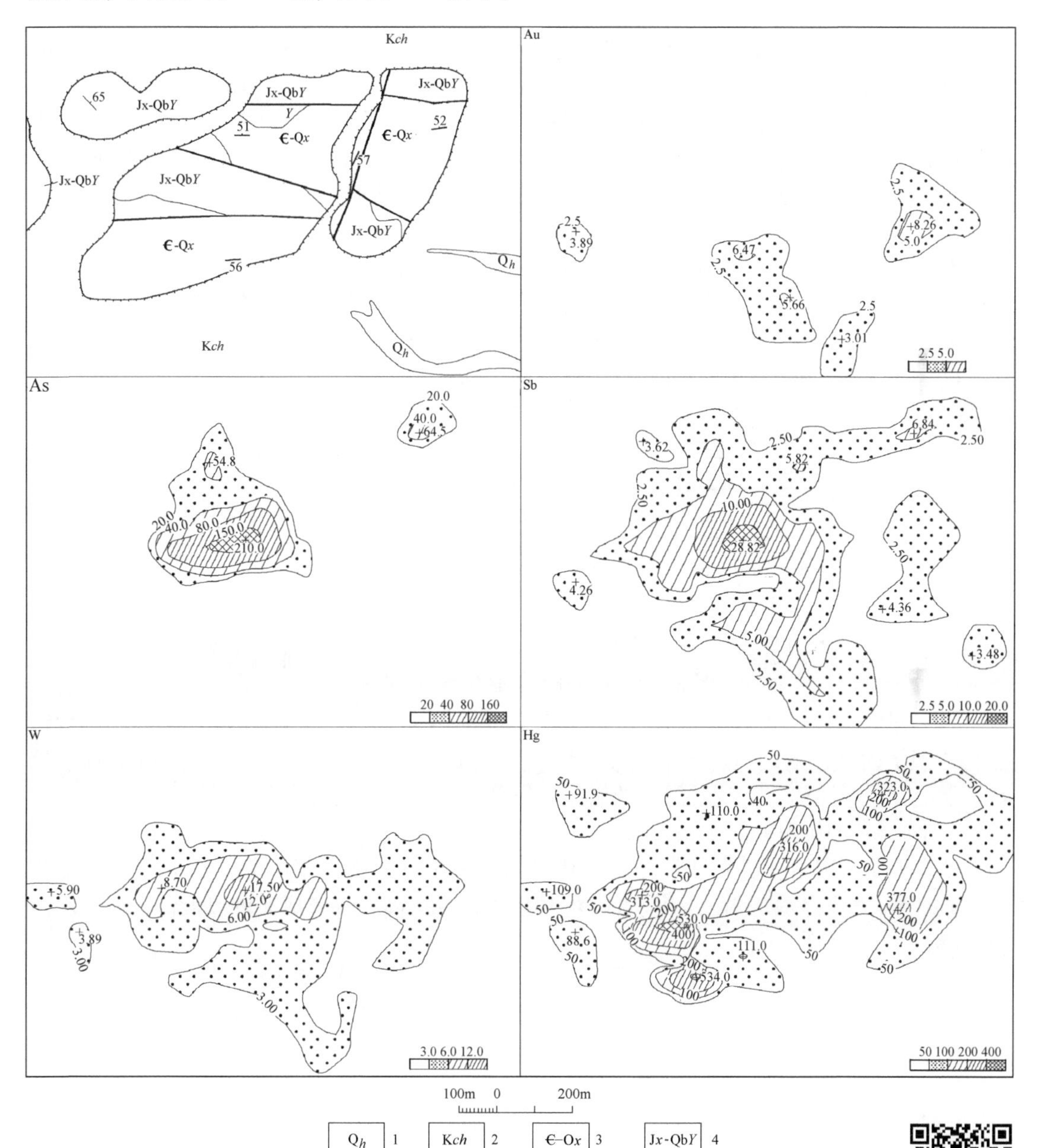

图 2-11 AP16 异常剖析图

1—第四系更新统：冲洪积砂、砾石、松散堆积物；2—白垩系赤金堡组：砾岩、砂岩、泥岩、黏土质粉砂岩；3—寒武-奥陶系西双鹰山组：变质石英砂岩、绢云母千枚岩、硅质板岩；4—中上元古界圆藻山群：微晶-粉晶灰岩、泥晶灰岩、含石英方解石大理岩

扫一扫
查看彩图

区内主要出露下元古界圆藻山群和寒武-奥陶系西双鹰山组：圆藻山群岩性为结晶灰岩、硅质条带状灰岩、硅化灰岩、变质含石英微晶灰岩、微晶-粉晶灰岩、弱硅化微晶-粉晶灰岩、含石英方解石大理岩；西双鹰山组岩性为变质岩屑石英砂岩、硅化泥质粉砂质板岩、砂质角砾岩、铁质化二云石英片岩。异常主要分布在圆藻山群与西双鹰山组接触带上，异常元素主要为低温元素和钨钼族元素，异常面积较大，元素套合较好，成矿地质条件有利。

（7）AP19 异常。

位于研究区东南部，咸水沟幅东北，面积 41.3km^2。异常元素组合较全，As、Bi、Cu、Mo 达 4 级以上浓度分级，其他多为 2~3 级。其中 Cu 的峰值达 416.3×10^{-6}。

区内主要出露中上元古界圆藻山群和古硐井群及奥陶系罗雅楚山组，圆藻山群岩性为结晶灰岩、硅质条带状灰岩、硅化灰岩、变质含石英微晶灰岩、微晶-粉晶灰岩、弱硅化微晶-粉晶灰岩、含石英方解石大理岩；古硐井群岩性为变质粉砂岩、变质石英砂岩、变质粉砂岩、弱变质长石石英砂岩、变质砂质泥岩、绢（白）云母石英千枚岩；罗雅楚山组岩性以长石石英砂岩、变质粉砂岩、石英砂岩、杂砂岩为主。异常主要分布在罗雅楚山组地层及它与圆藻山群的接触带上。西南部有石炭纪花岗岩侵入。区内构造较发育。

AP19 土壤测量聚类分析结果如图 2-12 所示，从相关性上可分为两个组：Au、As、Sb、Hg、W、Mo、Bi、Pb 及 Cu、Ni、Ag、Zn、Sn。

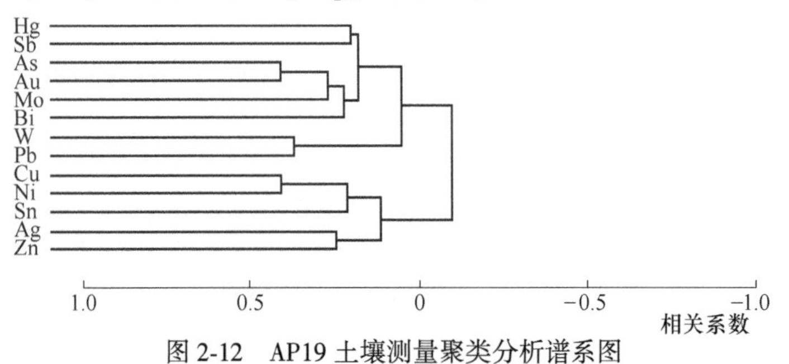

图 2-12　AP19 土壤测量聚类分析谱系图

因子分析结果，F1 因子为 Pb、Bi、Au，F3 因子为 Ni、Cu、Zn，是一种低温元素组合，F4 因子为 Ag、Sn。As、Sb 为孤立因子。通过以上结果可见，Pb、Bi、Au 为高、低温元素组合，说明热液活动所经历的温度范围宽，成矿可能具有多阶段性。

AP19 异常剖析图如图 2-13 所示。

结合地质等因素，认为异常是由于热液活动使某些元素富集引起，在此区应以寻找 Cu、Zn、Mo 等多金属矿为主。另外 Bi 的规模大，强度高，也有成矿的可能。

（8）AP24 异常。

位于研究区中南部咸水沟幅，面积 31.5km^2。异常元素组合较全，Pb、As、Bi、Ni 达 4 级以上浓度分级，其他多为 2~3 级。其中 Ni 的峰值达 1274×10^{-6}；As 的峰值大于 500×10^{-6}；Pb 的峰值达 237×10^{-6}，如图 2-14 所示。

区内主要出露石炭系红柳园组，其岩性为变质长石石英砂岩、变质细砂岩、含砾屑中粒-粗粒岩屑砂岩、透闪石绿帘石岩、安山质凝灰熔岩。另外还出露有元古界圆藻山群及二叠纪钾长花岗岩，异常主要分布在红柳园组及其与圆藻山群、二叠纪钾长花岗岩体的接触带上。推断异常是岩浆岩频繁活动使 Ag、Pb、Zn 等多金属富集所致。

（9）AP25 异常。

位于研究区中南部咸水沟幅，面积 67.2km^2。异常元素组分多，Ag、Bi 达 4 级以上浓度分级，其他多为 2~3 级。Pb、W、Sn 元素面积大，且套合好，如图 2-15 所示。

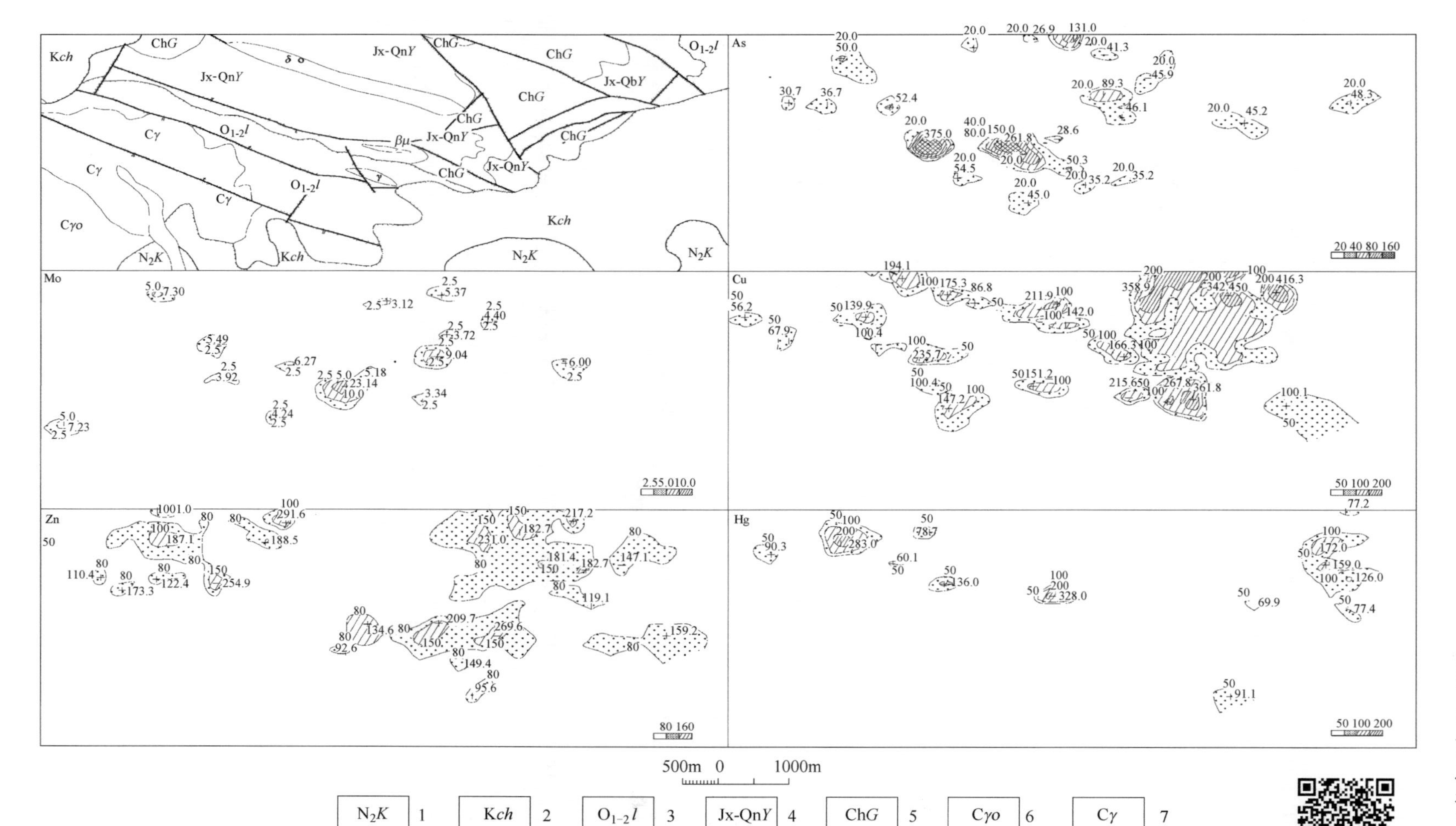

图2-13 AP19异常剖析图

1—第三系苦泉组：红色砂质黏土岩、砂岩、砾岩；2—白垩系赤金堡组：砾岩、砂岩、泥岩、黏土质粉砂岩；3—奥陶系罗雅楚山组：长石石英砂岩、泥质粉砂岩、粉岩质页岩；4—中上元古界圆藻山群：微晶-粉晶灰岩、泥晶灰岩、含石英方解石大理岩；5—中上元古界古硐井群：绢云母千枚岩、变质长石石英砂岩、变质粉砂岩、大理岩；6—黑云母斜长花岗岩；7—似斑状黑云母花岗岩

扫一扫
查看彩图

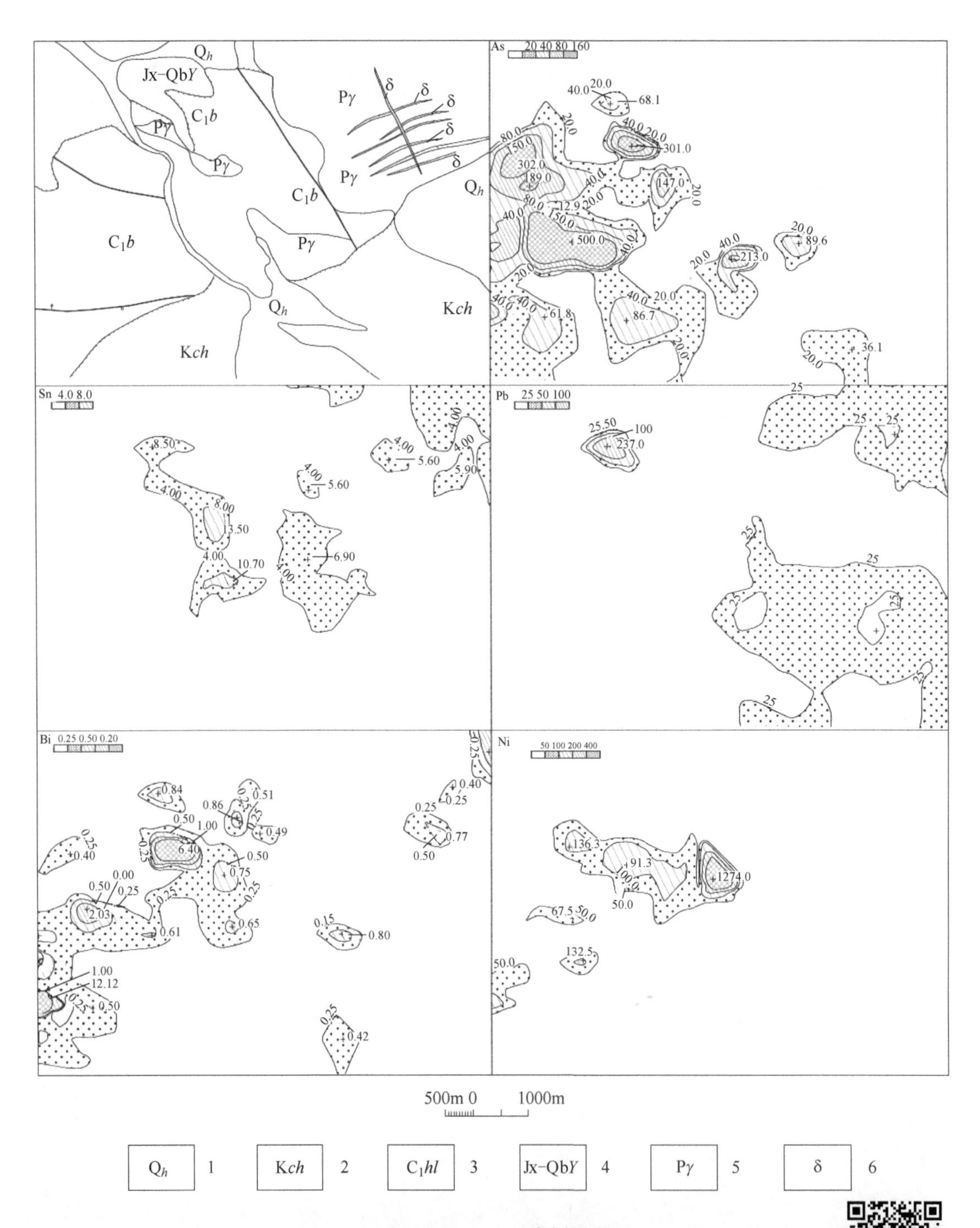

图 2-14　AP24 异常剖析图

1—第四系更新统：冲洪积砂、砾石、松散堆积物；2—白垩系赤金堡组：砾岩、砂岩、泥岩、黏土质粉砂岩；3—石炭系红柳园组：变质长石石英砂岩、变质细砂岩；4—中上元古界圆藻山群：微晶-粉晶灰岩、泥晶灰岩；5—钾长花岗岩、二长花岗岩、花岗岩；6—闪长岩脉

扫一扫
查看彩图

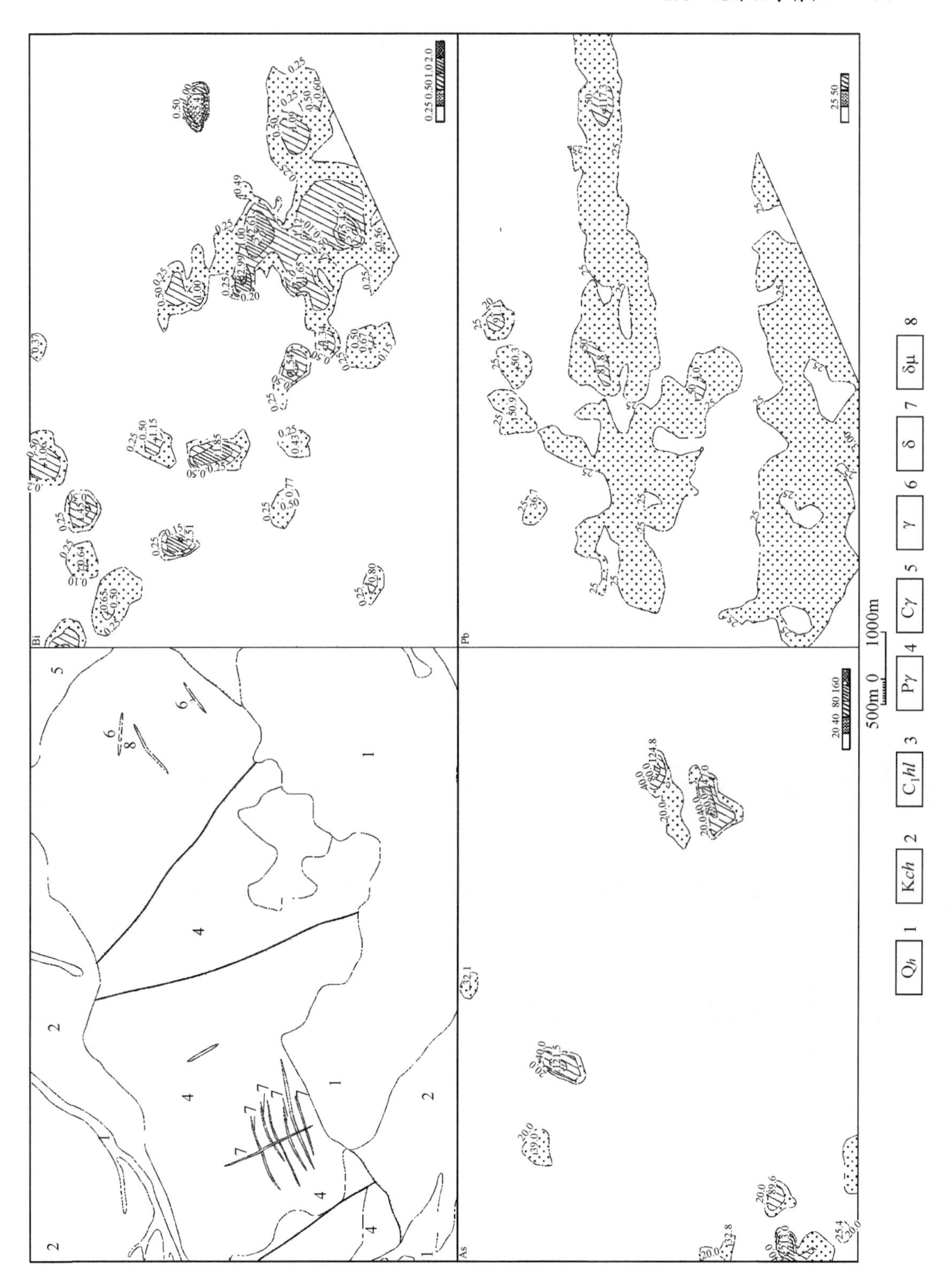
Bi
Pb
As
500m 0 1000m
Qh 1
Kch 2
C1hl 3
Pγ 4
Cγ 5
γ 6
δ 7
δμ 8

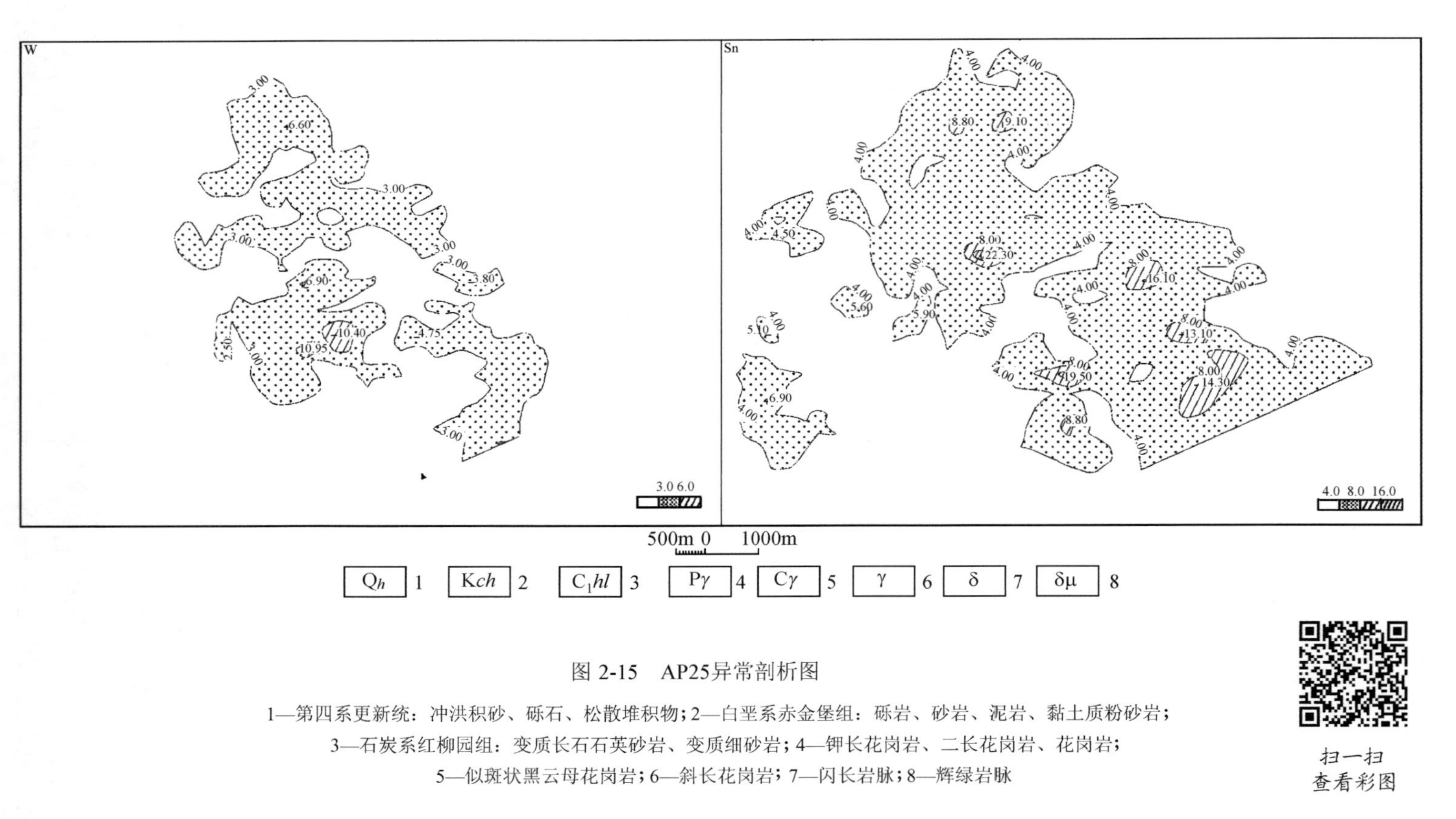

图 2-15　AP25异常剖析图

1—第四系更新统：冲洪积砂、砾石、松散堆积物；2—白垩系赤金堡组：砾岩、砂岩、泥岩、黏土质粉砂岩；3—石炭系红柳园组：变质长石石英砂岩、变质细砂岩；4—钾长花岗岩、二长花岗岩、花岗岩；5—似斑状黑云母花岗岩；6—斜长花岗岩；7—闪长岩脉；8—辉绿岩脉

扫一扫
查看彩图

区内主要出露二叠纪钾长花岗岩、二长花岗岩、花岗岩，异常基本分布在此岩体上。此岩体还发育多条闪长玢岩脉，推断异常是热液活动引起的Pb多金属矿化所致。

2.4 遥感异常特征

2.4.1 信息源选择

2.4.1.1 卫星资料选择

根据项目的实际情况，由于研究区地处荒漠戈壁，基岩裸露程度高，基本无植被覆盖，选用无积雪覆盖、晴朗无云的夏季资料就能满足研究要求，本次研究选用2000年7月7日的Landsat-7 ETM+数据作为基本信息源。研究区1：50000地形图、1：200000地质矿产图、1：200000化探综合异常图、1：500000航空磁力异常图作为辅助信息源。研究区涉及1景数据，景号为13531。

2.4.1.2 地形图的选择

根据实际情况，我们利用1：50000地形图进行图像精校正，地形图的绘制时间为20世纪70年代。

同时将1：200000地质矿产图、1：200000化探综合异常图、1：500000航空磁力异常图作为辅助信息源。

2.4.2 遥感地质解译

将研究区内的1：200000地质矿产图、1：200000化探异常图、1：500000航磁异常图以及研究区内的矿床（点）等图形文件利用MAPGIS6.5软件分别与ETM+741-8和ETM+543-8假彩色遥感影像进行套合，充分应用各填图单位的岩石组成、岩石颜色等资料，利用不同波段合成的假彩色图像互相比对，结合野外实地踏勘进行目视综合解译。

研究区内合成的ETM+741-8波段及ETM+543-8波段假彩色遥感影像十分清晰（*.msi格式），地质信息反映良好，各类地质体的边界、断裂构造以及脉岩均一目了然，可解译程度可达中等—良好。

2.4.2.1 地质构造解译

A 断裂构造

断裂构造影像特征表现为不同构造线方向的影像单元被一条直线状浅色亮带分割；一系列脉岩延至断层处突然中断；陡坎、断崖呈直线状延伸；不同影纹图案的地质体呈直线状接触；不同色调的地质体呈直线状接触；一系列平行排列的山脊截止于一条直线；地质体明显错断；地形上表现为线性凹地，有时出现串珠状小湖泊。项目区断裂十分发育，分布密集，方向各异。构造线方向以北西向、近东西向为主，北东向次之。近东西向断裂形成时代较早，多数产于早古生代及其以前形成的地层，被后期北西及南北向断层所错动。北西向断裂形成于晚古生代末期。北东向（近南北向）断裂形成最晚，主要构成中生代断陷盆地的边界。研究区断裂特征见内蒙古自治区额济纳旗黑大山一带ETM543-8遥感地质解译图。

B 褶皱构造

褶皱构造主要发育在下古生界和中上元古界在遥感图像上表现为不同色调的岩性层呈

复杂的弯曲形态。局部地段上显示叠加褶皱、紧闭褶皱。

2.4.2.2　地质体解译

地层、侵入岩各单元具体影像特征详见表 2-5 和表 2-6。

表 2-5　地层各单元解译特征表

界	系	统	地层名称	代号	岩性	影像特征
新生界	第四系	全新统	洪冲积物	Q_h	主要由砾石、砂土等松散堆积物	色调呈浅绿色、亮白色，沟谷地形，界线清晰，形态不规则，植被局部发育，细脉状、束状水系发育
		更新统	洪冲积物	Q_p	主要为砂砾石、黏土层	色调浅灰色、灰紫色，垅岗状及高平台地形，细脉状、束状水系发育，界限不清，植被不发育
	新近系	上新统	苦泉组	N_2k	红色砂质黏土岩、夹砂岩、砾岩	色调灰色、灰红色，表面较光滑，地形低平，形态不规则，界限模糊，稀疏状水系，植被不发育
中生界	白垩系	下统	赤金堡组	K_1ch	砾岩、泥岩、黏土质粉砂岩夹煤层	色调淡绿灰色、浅紫灰色、蓝灰色，缓坡地形，细脉状、束状水系发育，表面近平行的线状影纹发育，界限模糊，植被不发育
古生界	二叠系	中上统	方山口组	$P_{2-3}f$	片理化火山岩、夹板岩及灰岩透镜体	色调褐灰、黑灰色，表面较粗糙，界线清晰，正地形，有起伏，平行稀疏状水系，植被不发育
		下统	双堡塘组	P_1sb	砾岩、砂岩、粉砂岩夹泥岩，上部页岩夹灰岩透镜体	黄红色、灰绿色色调，条带状影纹，表面粗糙，形态不规则，界线较清晰，中低山地形，起伏不平，水系、植被均不发育
	石炭系	下统	红柳园组	C_1hl	为流纹岩、夹安山质凝灰熔岩	色调深灰色、铁锈色，表面呈斑点状，地形低缓，稀疏树枝状水系，植被不发育
	志留系	中上统	公婆泉组	$S_{2-3}g$	角闪石安山岩、安山质晶屑玻屑凝灰熔岩、流纹岩、流纹斑岩质角砾熔岩、夹灰岩及大理岩	色调深灰绿色、褐红色，表面具斑点状、条纹状影纹，褶曲现象明显，长条状山形，稀疏树枝状水系，植被不发育
	奥陶系	上统	锡林柯博组	O_3x	为结晶灰岩、硅质岩、大理岩、夹杂砂岩	砖红色、火烧石状色调，条带状、褶曲状影纹，表面粗糙，形态不规则，界线较清晰，中低山地形，起伏不平，平行状、稀疏树枝状水系，植被不发育
		中统	咸水湖组	O_2x	中基型火山岩，安山质晶屑岩屑凝灰岩，夹碳酸盐及少量碎屑岩	黑灰色色调，表面斑点状，地形起伏不平，平行状水系，植被不发育
		下统	罗雅楚山组	$O_{1-2}l$	为长石石英砂岩、粉砂岩、泥硅质板岩	紫灰色、褐红色色调，斑点状、条纹状影纹，平行状水系，地形低缓，植被不发育

续表 2-5

界	系	统	地层名称	代号	岩性	影像特征
古生界	寒武-奥陶系	—	西双鹰山组	∈-O*x*	为长石石英砂岩和硬砂岩、碳酸盐岩、硅质岩、硅质板岩	浅绿灰色、淡桃红色色调，表面较光滑，地形低缓，稀疏平行状水系，植被不发育
中上元古界	蓟县-清白口系	—	圆藻山群	JxQn*Y*	大理岩、结晶灰岩、硅质条带状灰岩	色彩鲜艳，呈黄绿色、浅绿色、橘黄色色调，地形起伏大，形态不规则，条纹、条带状影纹发育，褶曲现象明显，平行状水系发育，树枝状水系稀疏，植被不发育
	长城系	—	古硐井群	Ch*G*	粉砂岩、砂质板岩、千枚状板岩，石英岩及透镜状灰岩	紫灰色、深灰色色调，表面斑点状，地形低缓，但有起伏，平行状水系发育，树枝状水系稀疏，植被不发育

表 2-6 侵入岩各单元解译特征表

侵入时代		代号	主要岩石类型	影像特征
华力西期	二叠纪	Pγ	主要为钾长花岗岩	砖红色、绿灰色调，斑点状网格状影纹，界线清晰，稀疏树枝状水系，地形略有起伏
		Pβμ	辉绿岩	近于黑色色调，影纹不清晰，界线清晰
	石炭纪	Cγ*o*	黑云母斜长花岗岩	灰白色、灰色、浅绿灰色调，发育北北西向密集的脉岩群，表面光滑，界线清晰，发育网格状水系及稀疏树枝状水系
		Cγδ	花岗闪长岩	灰白色、绿灰色调，北西向树枝状稀疏水系发育，表面十分粗糙，呈细碎的网格状，界线清晰，宽的沟谷中发育稀疏植被
		Cδ*o*	黑云母石英闪长岩	紫灰色、黑灰绿色色调，表面斑点状，北西向树枝状稀疏水系发育，形态不规则，界线较清晰
		C*v*	辉长岩	褐紫色，紫灰色色调，表面粗糙，斑点状，界限模糊，水系、植被均不发育
		CΣ	蛇纹岩、橄榄岩、辉石岩	褐红色色调，表面粗糙，斑点状，界限模糊，水系、植被均不发育

脉岩极为发育，主要沿北西向和北东向裂隙充填，主要有辉绿玢岩脉（βμ）、闪长岩脉（δμ）等暗色脉岩，有的同岩体一同发生了变形。影像中能分辨的浅色脉岩较少，主要为石英脉（q）。

2.4.2.3 矿化蚀变异常提取

本次异常提取研究的主要流程包括数据预处理（去干扰因素）—主成分分析法—异常分级。

A 干扰信息的排除

研究区的干扰信息主要为河流、河流冲积物（白泥地）、植被、云、云影及部分阴影，由于工区内有暗色岩存在，在去除干扰的同时要避免伤及暗色岩，通过观察干扰信息的波谱特征，选择以下方法去除干扰信息：选用 TM1 高端切割生成消除云的去干扰窗；

选用 TM3 高端切割生成去除河流冲积物（白泥地）的去干扰窗；选用 TM7 低端切割生成消除云影及部分阴影的干扰窗；选用 TM4/TM3 生成消除植被的去干扰窗。之后将 4 个干扰窗作与运算生成总的干扰掩膜，然后用原始数据减去干扰掩膜获得去干扰图像，尽可能地减少干扰信息对异常提取研究产生的影响。

B　蚀变信息的提取

根据多次实验，认为利用 Crosta 主成分分析法效果较好。

羟基异常提取，利用 TM1、TM4、TM5、TM7 4 个波段进行主成分分析，其主成分分析本征向量见表 2-7，羟基异常存在于第四主分量中，但由于第四主分量 TM5 符号为负，则对第四主分量求反，得到羟基异常主分量。

表 2-7　1457 波段主成分分析本征向量和特征值

主分量	波段				信息量/%
	TM1	TM4	TM5	TM7	
PC1	0.45787	0.48956	0.56761	0.47802	90.78
PC2	0.82151	0.08600	0.42565	−0.36952	7.00
PC3	0.31912	−0.80834	0.02359	0.49416	1.68
PC4	−0.11678	0.31548	−0.70417	0.62510	0.54

Fe 异常提取，利用 TM1、TM3、TM4、TM5 4 个波段进行主成分分析，其主成分分析本征向量见表 2-8，羟基异常存在于第四主分量中，由于第四主分量 TM3 符号为负，对第四主分量求反，得到铁染异常主分量。

表 2-8　1345 波段主成分分析本征向量和特征值

主分量	波段				信息量/%
	TM1	TM3	TM4	TM5	
PC1	0.44814	0.54104	0.47308	0.53164	92.67
PC2	−0.79280	−0.00907	0.08288	0.60376	5.52
PC3	−0.39696	0.41898	0.56217	−0.59216	1.39
PC4	0.11428	−0.72914	0.67313	0.04671	0.41

C　异常分级

根据遥感异常的强弱程度对遥感异常进行分级处理，一般分为三个等级，包括高（一级异常）、中（二级异常）、低（三级异常）。采取以 σ（标准离差）作为尺度，用均值加数倍 σ 作为阈值，进行阈值分割处理见表 2-9。

表 2-9　蚀变异常级别划分表

异常等级	异常类型	
	铁染、硅化异常	羟基、碳酸盐化异常
一级异常	224~255	234~255
二级异常	208~223	218~233
三级异常	191~207	201~217

异常阈值分割值

$$H = (n\sigma \times SF + \overline{X})$$

式中，$\overline{X} = 127.5$，SF = Scale Factor。

通过阈值法分别提取羟基异常和铁染异常之后，为了消除散点异常的影响，进行3×3和5×5均值滤波，得到羟基蚀变异常图和铁染蚀变异常图。

由于遥感影像具有异物同谱和同物异谱现象的存在，遥感研究提取的蚀变异常有待于野外验证和异常筛选。虽然研究区内已知矿点所在位置或其周围都有不同强度的异常与之匹配，但异常图显示的异常仍有许多假异常，同时铁染异常和硅化蚀变、羟基异常和碳酸盐化蚀变无法区分，位于断裂构造附近的异常和位于侵入岩体内外接触带上的异常以及和脉岩关系密切的异常应优先予以查证。

2.5 成矿规律与矿产预测

2.5.1 成矿规律

研究区位于北山山系东部，大地构造位置居于天山地槽褶皱系（Ⅳ），北山晚华力西地槽褶皱带（$Ⅳ_1$），三级构造单元有黑大山复背斜（$Ⅳ_1^3$）和红柳大泉北复向斜（$Ⅳ_1^4$）。

区域性深断裂构造有分布于研究区北部的石板井—小黄山深断裂；分布于研究区中部的白云山—月牙山—湖西新村深断裂；分布于研究区南部的红柳大泉北深断裂。受深断裂影响，研究区地质构造复杂，不同时期、不同规模、不同序次的构造形迹互相叠加，为成矿热液的运移、聚集及储存提供了良好的条件。

根据研究区内矿产、矿点、矿化点在地层中的分布，形成矿产的各种控矿条件及矿产的共生规律等诸多方面因素，并依据研究区矿产开采的特殊性和区域共性特征，总结了研究区的成矿规律。

2.5.1.1 *矿床空间分布特征*

A 区域矿产的分布特征

据统计，北山地区甘蒙境内有441处金属矿（床）点中，与各类侵入岩有关的金属矿床（点）共计247处左右，约占矿床（点）总数的56%，产于变质岩、火山岩、沉积岩中的矿床主要分布于公婆泉，白山堂、黑山、辉铜山等地区；金矿主要分布于白山—狼娃山东省、南金山—马庄山、小西弓—金庙沟、老硐沟—盘陀山地区；金矿主要分布于红尖兵、红山井、东七一山、鹰咀红山一带，钨矿主要分布于玉山、华窑山、大口子等地；近年来在炮台山，盘陀山一带发现了多处钨矿（化）点；铅锌多金属矿主要分布于花牛山、月牙山一带；铁矿成因类型多样，分布较为广泛，岩浆熔离型铁矿分布于不同时期的蛇绿岩带中，与超基性岩有关；矽卡岩型铁矿床主要分布于不同时代中酸性岩体与碳酸盐岩的接触带附近；沉积型铁锰矿点主要分布于古硐井群与蓟县—青白口系的界面上及蓟县系平头山组内部；沉积型磷钒矿点主要分布于寒武—奥陶系西双鹰山组硅质岩中。

B 研究区矿化点分布特征

研究区内共有矿化点18处，白云山南铜矿化点、白云山南西铅、铜矿化点（2）、白云山银铅矿化点（3）、白云山南西铅矿化点（两处4、5）、月牙山银铅锌矿化点（6）、儿驼山北褐铁矿点（7）、儿驼山西褐铁矿点（8）、月牙山南赤铁矿点（9）、黄山赤铁矿点（10）、黄山南赤铁矿点（11）等。矿（床）点、矿化点较多，分布广泛，成因类型多样。

综上所述，调查区内矿产具有一定分布特征，内生金、铁、铜、铅、锌等金属矿点主要分布于调查区白云山—月牙山，儿驼山—黄山附近，受其影响矿床（矿点、矿化点）与石英脉及硅质灰岩关系密切；沉积型铁矿分布于研究区中部的地层为中下元古界圆藻山群硅质灰岩；石英脉铜矿化多在白云山—三道明水附近，构造蚀变岩型（剪切带型）、金、银矿产主要分布于三道明水一带，铅、锌、银矿多在白云山—月牙山一带，具有地层与构造叠加的空矿特征。

2.5.1.2　成矿时代特征

A　北山地区成矿时间规律

北山地区在成矿时代上，前寒武纪形成的矿床数量有限，主要形成沉积型铁、锰矿；早古生代形成沉积型磷钒矿点；铜镍硫化物矿床主要分布于加里东晚期基性—超基性岩中；斑岩型铜铁矿床主要产于志留纪和二叠纪火山—岩浆岩带中；矽卡岩型铜矿床主要分布于加里东、华里西期、印支期中酸性岩浆岩与碳酸盐岩的接触带上；火山沉积型铁矿主要产出于石炭系火山岩中；钨矿床主要产于加里东期、华里西期酸性岩体与围岩的内接触带上；锑矿床产与华里西期韧性剪切带有关；金矿床多产于不同时代的剪切带和构造破碎带中。

B　研究区成矿时代特征

（1）中上元古界长城系古硐井群（Ch*G*）和蓟县系—青白口系圆藻山群（JxQn*Y*）。以热液型矿产为主，区内为长城系古硐井群的铁矿点，代表性矿点有儿驼山西赤铁矿点。

（2）古生界奥陶系和二叠系。以石英脉型矿产为主。石英脉沿扭性裂隙充填，以白云山南铜矿化点和白云山南西铅、铜矿化点为代表；少数石英脉沿压性和扭性裂隙充填，以白云山南西铅矿化点为代表。

综上所述，中上元古界为区内热液型铁、铜矿产的主要成矿期；古生界为石英脉型铅锌银矿产的主要成矿期。

调查区主要成矿期及有关矿床、矿点一览表见表2-10。

表2-10　调查区主要成矿期及有关矿床、矿点一览表

时代	矿床成因类型	主要矿石矿物	矿（床）点产出部位	代表性（床）点
中上元古界	热液型	赤铁矿	铁矿体赋存于正断层下盘古硐井群浅紫红色变质粉砂岩中	儿驼山西赤铁矿点
中上元古界	热液型	铁铜矿	铁矿体赋存于正断层下盘古硐井群浅紫红色变质粉砂岩中	咸水井铁铜矿化点
中上元古界	热液型	银铅锌矿	产于圆藻山群结晶灰岩中	月牙山银铅锌矿化点
上古生界二叠系	石英脉型	铜矿	产于石英脉中	三道明水南铜矿点
下古生界奥陶系	石英脉型	铅锌银铜矿	产于石英脉中	白云山南铜矿化点、白云山南西铅、铜矿化点、白云山银铅矿化点、白云山南西铅矿化点

2.5.1.3 成矿区带划分

依据区域各类矿床成矿地质特征、成矿地质环境和矿床（点）分布特征，Ⅳ级成矿区带划分按照内蒙古自治区重要矿产资源和成矿带划分图（邵和明等），区内五级成城单元划分按照预测远景区标准划分，原成矿区带划分结果不变。研究区划于华北地台北缘中段华力西、印支、燕山期金、银、铅、锌、铜、锰、（铁、钼、钛）成矿带，公婆泉—七一山铜、铬和稀有金属Ⅳ级成矿带（2-2）和方口山—七角井子—白山堂金、铜、钨、锰和钒-磷-铀Ⅳ级成矿带（2-3），主要位于公婆泉—七一山铜、铬和稀有金属Ⅳ级成矿带（2-2）。区域矿产丰富，带内已发现有铁、锰、铬、铜、金、铅、锌、银、稀有多金属矿床等。

2.5.2 矿产预测

2.5.2.1 黄山铜锑砷成矿预研究区（YC1）

位于研究区北部黄山一带，东西长约 10km，南北宽约 6.5km，面积约 $65km^2$。出露长城系古硐井群安山质玄武岩；蓟县-青白口系圆藻山群灰岩、大理岩；志留系公婆泉组蚀变安山质凝灰岩、凝灰熔岩。地层总体走向为北西、倾向北东的单斜岩层，局部地层变为近南北向甚至北北东向，产状紊乱，受区域性断裂构造的影响，区内次一级构造主要为北西向的断层破碎带，后期被南东向断裂切割。

区内分布有 AP1、AP2 两处 1∶50000 化探综合异常，Ni、Cu、Sb、As、Bi、Ag、Au 元素值高分布面广，元素异常浓集中心明显，是寻找铜锑砷矿的有利地段，如图 2-16 所示。

2.5.2.2 白云山东镍铜金成矿预研究区（YC2）

位于研究区东北部白云山一带，呈条带状东西向展布，东西长约 23km，南北宽约 9km，面积约 $207km^2$。出露奥陶系中统咸水湖组安山岩、安山质凝灰岩；上统锡林柯博组变质粉砂岩、变质石英砂岩；志留系公婆泉组蚀变安山质凝灰岩、凝灰熔岩以及二叠纪钾长花岗岩。受区域性断裂构造的影响，区内次一级构造主要为北西向的断层破碎带，后期被北东向断裂切割，如图 2-17 所示。

区内分布有 AP3、AP4、AP6、AP7、AP8 五处 1∶50000 化探综合异常，元素组合以 Ni、Cu、Au、Zn、Bi、Hg、Mo、Ag 为主，以 Ni、Cu、Au 为主要成矿元素。异常元素套合好、组合复杂、规模大、强度高、连续性好、衬度高、有明显浓集中心，Au、Ni、Cu 等元素具四级以上浓度分带，是寻找火山-次火山岩型金、镍多金属矿的有利靶区。

该区被确立为 2009 年自治区矿产勘查项目，项目名称为 09151131 09-1-KC021 内蒙古自治区额济纳旗白云山东金多金属矿预查。

2.5.2.3 月牙山金砷铋镍铁成矿预研究区（YC3）

位于研究区中东部月牙山一带，面积约 $45km^2$。区内地层出露主要出露长城系古硐井群、蓟县系—青白口系圆藻山群、白垩系赤金堡组，以及第四系更新统、全新统，如图 2-18所示。

侵入岩主要有二叠纪钾长花岗岩、辉长岩、辉绿岩。预研究区内脉岩不发育，有辉绿（玢）岩脉、辉长岩（脉）、闪长玢岩脉和细晶花岗岩脉，以及细小的石英脉。其中辉长岩（脉）与磁铁矿化、镍矿化、钴矿化，是找矿重点靶区。区内构造为褶皱构造，均发

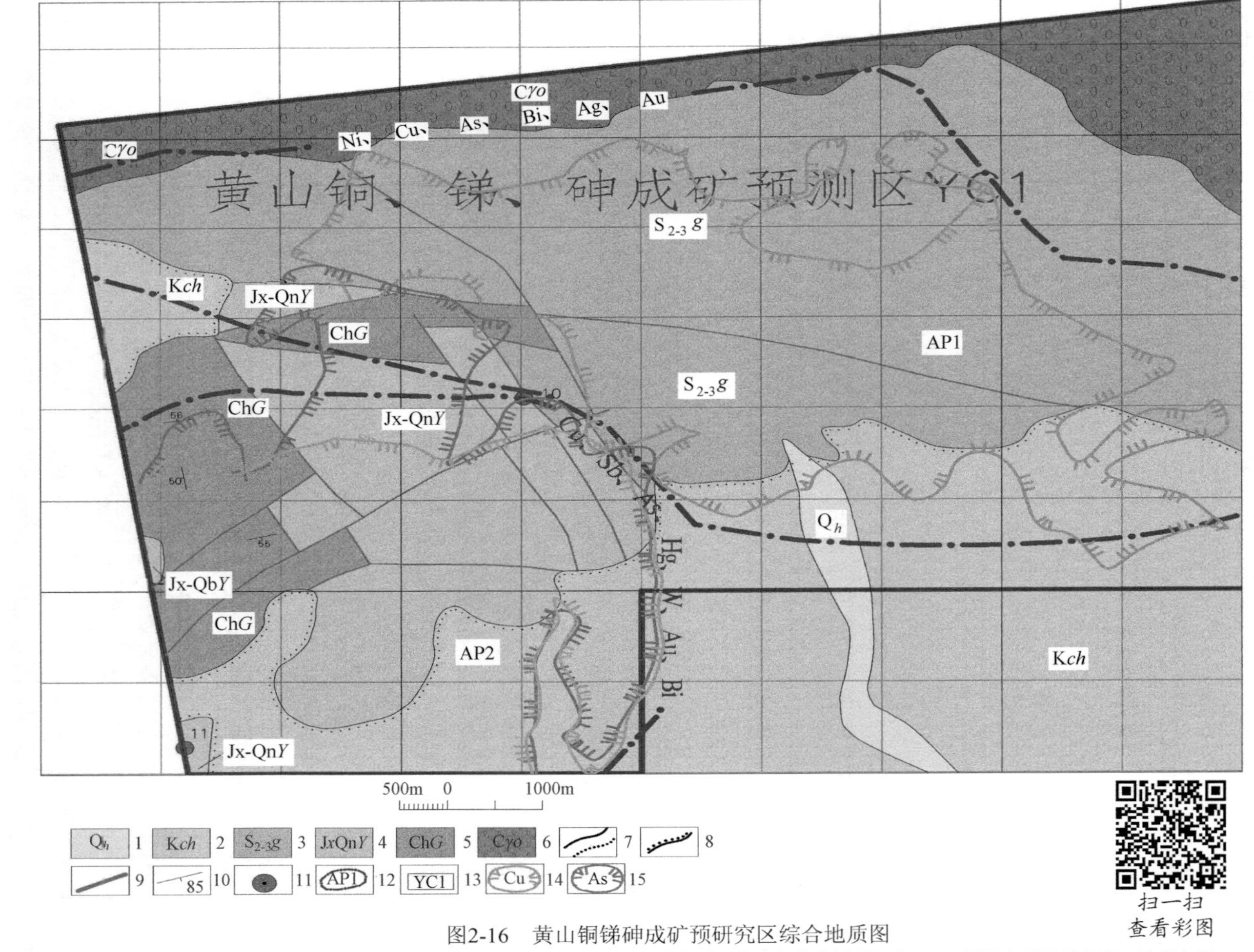

图2-16 黄山铜锑砷成矿预研究区综合地质图

1—第四系冲积-洪积物；2—白垩系赤金堡组砾岩、砂岩、泥岩；3—志留系公婆泉组安山质凝灰岩；4—圆藻山群泥晶灰岩、结晶灰岩；5—长城系古硐井群绢云母千枚岩；6—石炭系花岗闪长岩；7—地质界限；8—不整合界限；9—性质不明断层；10—岩层产状；11—褐铁矿点；12—1:50000化探综合异常及编号；13—预研究区范围及编号；14—1:50000化探铜元素四级异常范围；15—1:50000化探砷元素四级异常范围

图2-17 白云山东镍铜金成矿预研究区综合地质图

1—第四系冲积-洪积物；2—砂砾石、黏土层；3—白垩系赤金堡组砾岩、砂岩、泥岩；4—志留系公婆泉组安山质凝灰岩；5—奥陶系锡林柯博组片理化变质粉砂岩；6—奥陶系咸水湖组安山岩；7—圆藻山群泥晶灰岩、结晶灰岩；8—二叠纪钾长花岗岩；9—黑云母斜长花岗岩；10—石炭系石英闪长岩；11—橄榄岩；12—花岗岩脉；13—石英斑岩脉；14—闪长玢岩脉；15—地质界限；16—不整合界限；17—实测逆断层；18—实测正断层；19—性质不明断层；20—铜矿化点；21—铅矿化点；22—铜铅矿化点；23—铁铜矿化点；24—1:50000化探综合异常及编号；25—预研究区范围及编号；26—1:50000化探铜元素二级异常范围；27—1:50000化探铜元素三级异常范围；28— 1:50000化探金元素三级异常范围

扫一扫查看彩图

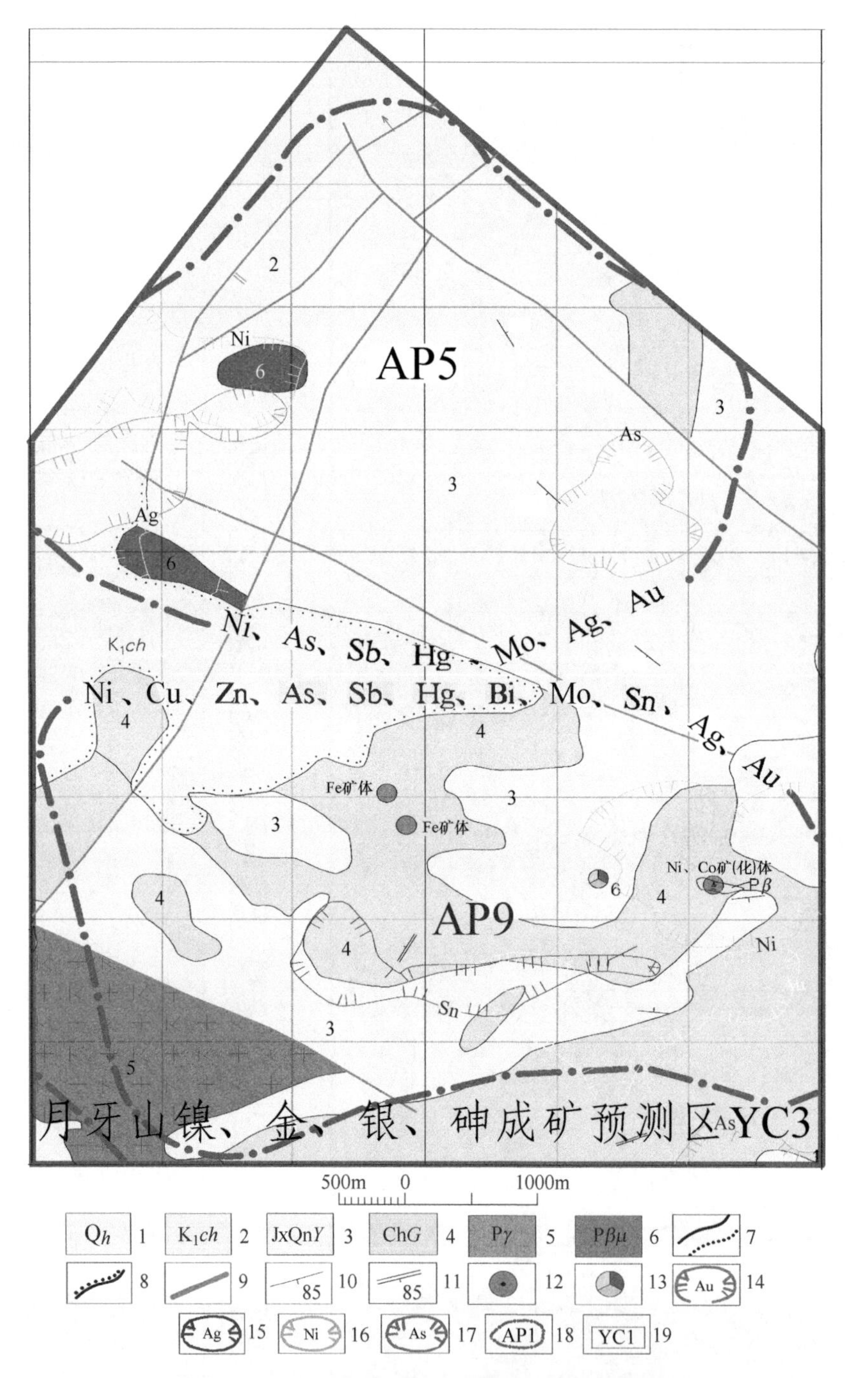

图 2-18　月牙山镍金银砷成矿预研究区综合地质图

1—第四系砂砾石、黏土层；2—白垩系赤金堡组砾岩、砂岩、泥岩；3—圆藻山群泥晶灰岩、结晶灰岩；4—长城系古硐井群绢云母千枚岩；5—二叠纪钾长花岗岩；6—二叠纪辉绿岩；7—地质界限；8—不整合界限；9—性质不明断层；10—岩层产状；11—片理产状；12—赤铁矿点；13—银铅锌多金属矿化点；14—1∶50000 化探金元素四级异常范围；15—1∶50000 化探银元素三级异常范围；16—1∶50000 化探镍元素三级异常范围；17—1∶50000 化探砷元素三级异常范围；18—1∶50000 化探综合异常及编号；19—预研究区范围

扫一扫
查看彩图

生在中上元古界，总体走向近东西。受区域性断裂构造的影响，区内次一级构造主要为近东西-北西西向和北东向的破碎带构造，其规模大小不等，宽几十厘米至几米，延长几十米至几百米，是区内的控矿构造。区内包括1：50000化探异常AP5、AP9两处，异常元素组合较全，分多个浓集中心，Au、As、Bi、Ni达4级以上浓度分级，其他多为2~3级。其中Ni的峰值达2095.8μg/g；As的峰值大于500μg/g；Au的峰值达46.5ng/g。异常区内有一Ag、Pb、Zn多金属矿化点。推断异常是由于热液活动带来的Ag、Pb、Zn等多金属富集所致。

预研究区内共圈定出三处矿（化）体，分别编号为Ⅰ号、Ⅱ号、Ⅲ号。其中Ⅰ号、Ⅱ号已产出磁铁矿体，结晶程度较高，中细粒结构。Ⅲ号以产出镍、钴矿（化）体，以浸染状为主。现分述如下。

Ⅰ号矿体为磁铁矿体，位于预研究区中西部，呈层状，其形态、产状都严格受地层控制，矿体与围岩产状一致，走向一般为北东30°左右，倾南西，倾角62°。根据探槽工程揭露，矿体宽约8m，长大于300m，矿体厚度较稳定，在该矿体部位布置了ⅠTC2-1一条探槽工程。其中mFe品位介于5.93%~37.6%，平均值16.8%；TFe品位介于6.65%~41.5%，平均值20.49%，属磁性铁矿体。赋矿围岩岩性为深灰绿色蚀变安山质玄武岩，深灰绿色安山玄武质凝灰熔岩夹灰黑色粉砂质板岩、灰绿色绢云母千枚岩薄层。

Ⅱ号矿体位于预研究区中西部，Ⅰ号矿体南部约300m处，呈层状，产状与赋矿围岩产状一致，北西-南东走向，倾角为57°~65°。根据探槽工程揭露，矿体宽约45m，长大于500m，在该矿体部位，布置了ⅠTC13一条探槽进行揭露，其中mFe品位介于6.79%~33.64%，平均值17.88%；TFe品位介于11.92%~39.2%，平均值24.14%。属磁铁矿体，赋矿围岩岩性为深灰绿色蚀变安山质玄武岩，深灰绿色安山玄武质凝灰熔岩夹灰黑色粉砂质板岩、灰绿色绢云母千枚岩薄层。

Ⅲ号矿（化）体位于预研究区中部，赋存于辉绿岩体内，矿（化）体走向为北西走向，根据探槽工程揭露，矿体宽约60m，长大于500m，在该矿（化）体处布设了ⅠTC5一条探槽进行揭露，其中Ni的品位介于0.1%~0.2545%，平均值0.15%；Co品位介于0.01%~0.025%，平均值0.015%。赋矿围岩岩性为暗墨绿色辉绿岩、深灰色辉长岩、灰绿色绢云母千枚岩薄层。

预研究区内矿化蚀变强烈、矿种复杂。矿点、矿化点较多，且矿化具一定规模。成矿地质条件有利，找矿标志明显，地、物、化、遥、矿产资料充分显示该远景区找矿前景优越，金、铁、铜、铅、锌有一定找矿潜力，且该区已发现具有一定规模的镍、钴矿化体。综合上述，该区在找矿方面有所突破是很有可能的。

2.5.2.4 儿驼山锑砷汞铜成矿预研究区（YC4）

位于研究区东部儿驼山一带，呈长条状近东西向展布，面积约231km^2。区内地层出露主要有长城系古硐井群、蓟县系—青白口系圆藻山群、奥陶系中下统罗雅楚山组、白垩系赤金堡组，以及第四系更新统、全新统。以及石炭纪石英闪长岩、黑云母斜长花岗岩等。岩体受近东西向断裂构造控制。受区域性断裂构造的影响，区内次一级构造主要为近东西-北西西向和北东向的破碎带构造，其规模大小不等，是区内的控矿构造，如图2-19所示。

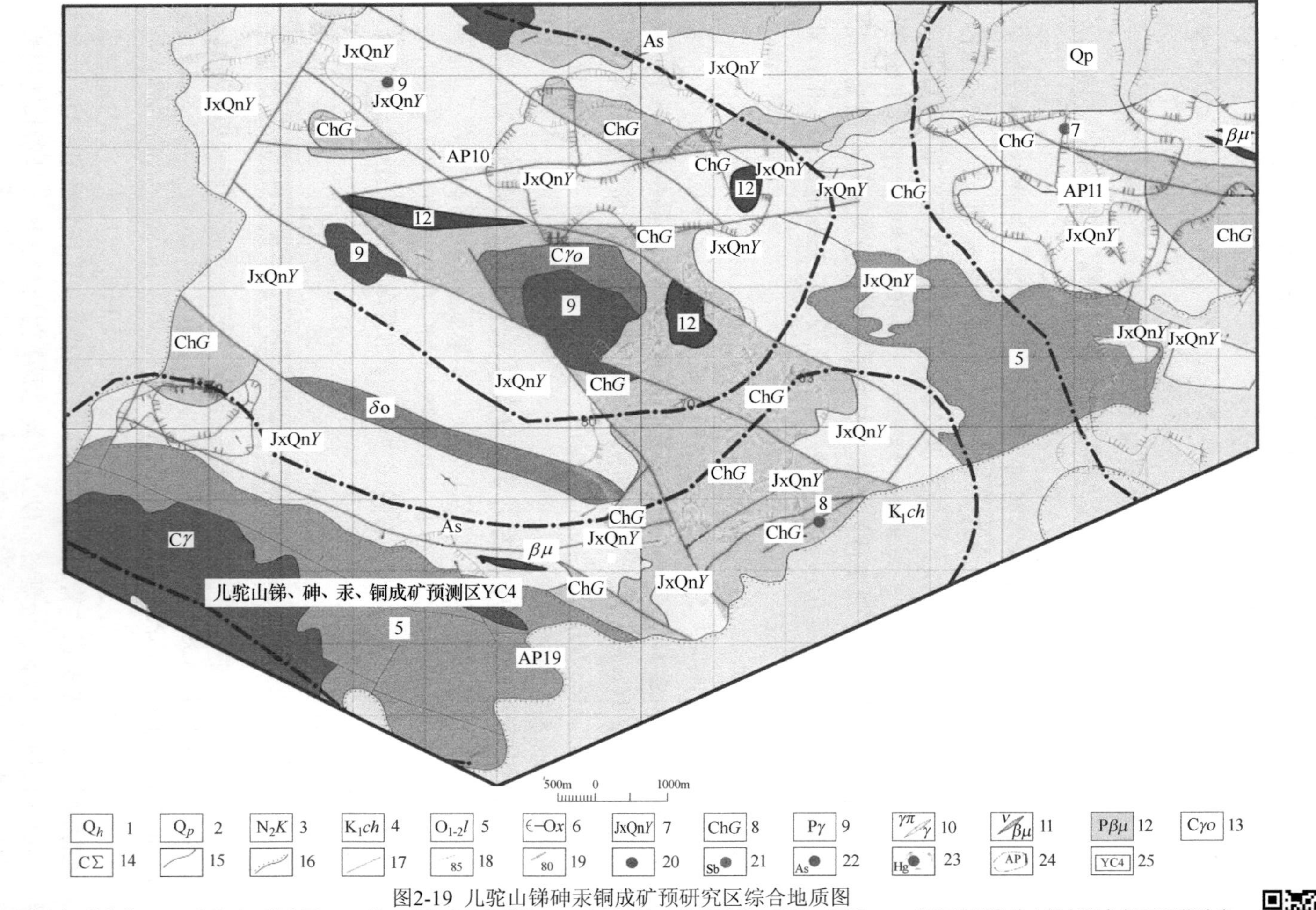

图2-19 儿驼山锑砷汞铜成矿预研究区综合地质图

1—第四系冲积-洪积物；2—砂砾石、黏土层；3—第三系苦泉组砂砾岩；4—白垩系赤金堡组砾岩、砂岩、泥岩；5—奥陶系罗雅楚山组灰绿色长石石英砂岩；6—寒武系西双鹰山组变质石英砂岩；7—圆藻山群泥晶灰岩、结晶灰岩；8—长城系古硐井群绢云母千枚岩；9—二叠纪钾长花岗岩；10—二叠纪辉绿岩；11—石炭系黑云母花岗岩；12—石炭系橄榄岩；13—花岗岩脉；14—灰绿岩脉；15—地质界限；16—不整合界限；17—性质不明断层；18—岩层产状；19—片理产状；20—赤铁矿点；21—1:50000化探锑元素四级异常范围；22—1:50000化探砷元素四三级异常范围；23—1:50000化探汞元素四级异常范围；24—1:50000化探综合异常及编号；25—预研究区范围及编号

扫一扫查看彩图

预研究区内分布有 1∶50000 化探综合异常 AP10、AP11、AP12、AP13、AP14、AP19 六处综合异常。元素组合以 Ni、Cu、As、Sb、Bi、Hg、W、Mo、Au 为主，以 Ni、As、Sb 为主要成矿元素。异常元素套合好、组合复杂、规模大、强度高、连续性好、衬度高、有明显浓集中心，Ni、Sb 等元素具四级以上浓度分带，是寻找火山-次火山岩型锑、镍多金属矿的有利靶区。

在该成矿预查区内根据异常分布特点及成矿地质条件精选出一处找矿远景区：儿驼山西找矿远景区。地质物化探特征介绍如下。

位于儿驼山成矿预研究区西部，面积约 68km^2。区内地层出露主要有长城系古硐井群、蓟县系—青白口系圆藻山群、奥陶系中下统罗雅楚山组、白垩系赤金堡组，以及第四系更新统、全新统。区内侵入岩有石炭纪石英闪长岩、黑云母斜长花岗岩、似斑状黑云母花岗岩、黑云母花岗岩（后二者为相变）。二叠纪辉长岩、辉绿岩、钾长花岗岩。岩体受近东西向断裂构造控制。脉岩不发育，有正长斑岩脉、石英斑岩脉、花岗斑岩脉和细晶花岗岩脉，以及细小的石英脉。其分布多与近东西向断层有关。受区域性断裂构造的影响，区内次一级构造主要为近东西-北西西向和北东向的破碎带构造，其规模大小不等，是区内的控矿构造。如 8 号赤铁矿化点，受近东西向构造控制；ⅣAP11、ⅣAP12、ⅣAP13 化探异常和 DJ9 、DJ11、DJ12 激电异常与北西西向构造有关。

2009 年在该成矿远景区局部布置了 1∶10000 物化探扫面研究，扫面区分为南北两部分，分别编号 1 研究区、2 研究区。从 1∶10000 土壤测量数据统计来看，1 研究区内金铜镍钼钨砷等元素背景含量较高，变异系数为强分异或分异型，有利于成矿；2 研究区内金铜镍钼砷锑汞等元素背景含量较高，变异系数为强分异或分异型，有局部富集成矿的可能。根据元素地球化学图的展布特征、元素间的相关关系，在 1 研究区元素地球化学场变化趋势受地层和岩体的控制，Cu、Pb、Zn、Mo、As、Hg 等元素异常主要分布在长城系古硐井群中，W、Sn、Bi、Sb 异常主要分布在钾长花岗岩体中。在 2 研究区元素地球化学场变化趋势受构造、地层和岩体的控制，Cu、Hg、As、Ni、Au、Mo 等元素异常主要分布在蓟县-青白口系圆藻山群与奥陶系罗雅楚山组的构造接触带附近，Sn、Bi 元素异常主要分布在石炭纪似斑状黑云母花岗岩中。Pb、Zn 元素异常主要分布在奥陶系罗雅楚山组中。

在本成矿远景区内发现儿驼山西褐铁矿点，地层为原藻山群结晶灰岩及长城纪古硐井变质石英砂岩粉砂岩。有北东东向断层。铁矿体位于浅紫红色粉砂岩中，金属矿物为赤铁矿。呈团块状、稠密浸染状，分布不均匀，局部较为致密。矿体产状 310°∠60°。宽为 0.5~2m，出露长约为 100m。化学基本分析：w(TFe) 为 39.93×10^{-2}。

综上所述，儿驼山锑砷汞铜成矿预研究区成矿地质条件有利，地球化学条件优越，化探异常组合、套合较好，异常规模大，并发现了矿化线索。同已知矿区对比，找矿潜力依然较大。从成矿系列理论分析，结合预研究区地球化学异常分析，Ni、

Cu、As、Sb、Bi、Hg、W、Mo、Au 等元素组合较好，异常规模大，强度高，具备形成贵金属矿产的良好地球化学背景，另外已发现的铁矿化点铁品位较高，规模有进一步扩大的可能。

依据地质背景、异常组合特征、已发现的矿化线索，认为该异常区内主攻矿床类型为构造蚀变岩型金、锌矿，热液型铁矿。

2.5.2.5 大红山-红山头锑钨砷成矿预研究区（YC5）

位于研究区西北部大红山-红山头一带，面积约 50km^2。区内主要出露长城系古硐井群、蓟县-青白口系圆藻山群、寒武系西双鹰山组及白垩系赤金堡组。

区内分布有 1∶50000 化探异常 AP15、AP16 两处，AP15 异常位于预研究区西侧，主要异常元素组合有 As、Sb、Bi、W 等，其中 Sb、Bi 达 4 级以上浓度分级，As、W 达 3 级以上浓度分级，其他多为 1~2 级。AP16 异常与 AP15 异常相邻，位于 AP15 东部，主要异常元素组合有 As、Sb、Hg、W、Mo 等，其中 As、Sb、Hg 达 4 级以上浓度分级，W、Mo 达 3 级以上浓度分级，其他多为 1~2 级。

本次研究在该预研究区内布置了 P3-1、P3-2、P3-3 三条综合剖面进行异常查证研究，从剖面研究成果来看：P3-1 剖面 210~230 点上金砷锑钨等元素含量明显高出背景值，且套合很好。推断钨锑有富集成矿的可能；P3-2 剖面 180~200 点上金砷锑汞钨等元素含量明显高出背景值，且套合很好。推断钨锑有富集成矿的可能；P3-3 剖面在 190~210 点呈低阻高极化特征，与此对应的土壤测量段砷锑钨等元素套合好、强度高，是成矿有利地段。

在大红山—红山头咸水井发育有铁铜矿点矿化点，出露地层为石炭系下统红柳园组灰绿色变质砂岩、灰绿色变质粉砂岩。矿体受北东向正断层控制。古硐井群主要岩性为浅紫红-灰黄色变质砂岩、变质粉砂岩；圆藻山群主要岩性为结晶灰岩、硅质灰岩，二者呈断层接触。断层走向北东，产状为（310°~350°）∠（53°~55°）。断层延长约 1km，西端不明显。断层带片理化发育，局部岩石破碎。具正断层的特征。断层上盘为圆藻山群地层，下盘为古硐井群。铁矿体赋存于正断层下盘古硐井群浅紫红色变质粉砂岩中。铁矿体呈脉状、扁豆状，侵入于紫红色变质粉砂岩层理或片理中。矿体宽为 0.5~2m，单层厚为 5~20cm，不连续。出露长约 100m。矿体产状（310°~170°）∠60°。矿石矿物为赤铁矿，团块状、稠密浸染状，分布不均匀，局部较为致密。脉石矿物为浅紫红色变质粉砂岩。具硅化、高岭土化、绿泥石化。认为属热液型赤铁矿。

综合上述，该预研究区内成矿地质条件有利，找矿标志较明显，结合近几年来地质研究的进展，在该区可进一步加强金砷锑汞钨成矿有利线索的发现，扩大找矿潜力。

大红山—红山头锑钨砷成矿预查区综合地质图如图 2-20 所示。

2.5.2.6 反帝山北钨锡铋成矿预研究区（YC6）

位于研究区中西部反帝山一带，面积约 90km^2。区内主要出露长城系古硐井群、白垩系赤金堡组以及二叠纪钾长花岗岩。区内构造不发育，仅在西南部见有两条小规模北西向断层，如图 2-21 所示。

区内分布有 1∶50000 化探异常 AP17、AP18 两处，Sb、Zn、As、Bi、W、Au 元素值高且分布面广，各元素异常套合好，浓集中心明显。是寻找钨锡铋矿的有利地段。

区内有小红山北磁铁矿点，出露地层为古硐井群硅质板岩，矿石矿物属钒钛磁铁矿，具硅化、绿泥石化。认为是热液型磁铁矿。

综上所述，该预研究区是一具有相当找矿前景的铁钨锡铋成矿远景区。

2.5.2.7 咸水井锌锑砷成矿预研究区（YC7）

位于研究区西部咸水井一带，面积约 140km^2。区内主要出露长城系古硐井群、蓟县系—青白口系圆藻山群、二叠系双堡塘组、石炭系绿条山组、白垩系赤金堡组，以及第四系更新统、全新统，如图 2-22 所示。

区内分布 1∶50000 化探异常 AP20、AP21 两处，元素组合以 Ni、Cu、Zn、Pb、As、Sb、Bi、Hg、W、Mo、Sn、Ag、Au 为主，主要成矿元素为锌锑砷。异常元素套合好、组合复杂、规模大、强度高、连续性好、衬度高、有明显浓集中心，Zn、Sb、As 等元素具四级以上浓度分带，是寻找沉积型锌锑砷多金属矿的有利靶区。

区内有三道明水南铜矿点，矿点附近出露地层为原藻山群结晶灰岩及长城古硐井变质石英砂岩粉砂岩。有北东东向断层。矿体最长为 50～70m，宽为 2～5m，分布范围 0.6km^2，有二十余条，有三条较大，局部含铜，品位最高为 0.41%～0.8%，一般为 0.15%。

2.5.2.8 咸水沟锡铋砷铅成矿预研究区（YC8）

位于研究区西南部咸水沟一带，面积约 95km^2。预研究区地层主要出露有长城系古硐井群、蓟县系—青白口系圆藻山群、石炭系红柳园组、白垩系赤金堡组、第四系更新统、全新统以及二叠纪钾长花岗岩。本区纵跨公婆泉—月牙山地体（$Ⅱ_2$）和马鬃山中间地块（$Ⅱ_3$），以前者为主。石板井—小黄山深大断裂横从研究区北侧通过。受深大断裂影响，区域内地质构造复杂，不同时期、不同规模、不同序次的构造形迹互相叠加，为成矿热液的运移、聚集及储存提供了良好的条件。区内断裂构造十分发育，根据断层走向及截切关系可分为三组，分别为近东西向、北西向及北东向（近南北向），如图 2-23 所示。

区内分布 1∶50000 万化探综合异常 AP23、AP24、AP25 三处，元素组合以 Ni、Cu、Zn、Pb、As、Sb、Bi、W、Mo、Sn、Ag、Au 为主，主要成矿元素为锡铋砷铅。异常元素套合好、组合复杂、规模大、强度高、有明显的浓集中心。锡铋砷铅等元素具四级以上浓度分带，是寻找热液型锡多金属矿有利靶区。

区内有小红山铁矿点，矿点出露地层为中上元古界古硐井群变质砂岩，矿石呈深紫红色，矿石矿物为赤铁矿，呈团块状、稠密浸染状。脉石矿物以石英为主，少量长石。矿体宽为 2～4m，延长 200m，露头不连续。产状 35°∠45°。化学基本分析：$w(\mathrm{TFe})$ $23.36\times10^{-2}\sim30.61\times10^{-2}$。

综上所述，本预研究区是一处相当具有找矿意义的成矿远景区。

找矿靶区特征表见表 2-11。

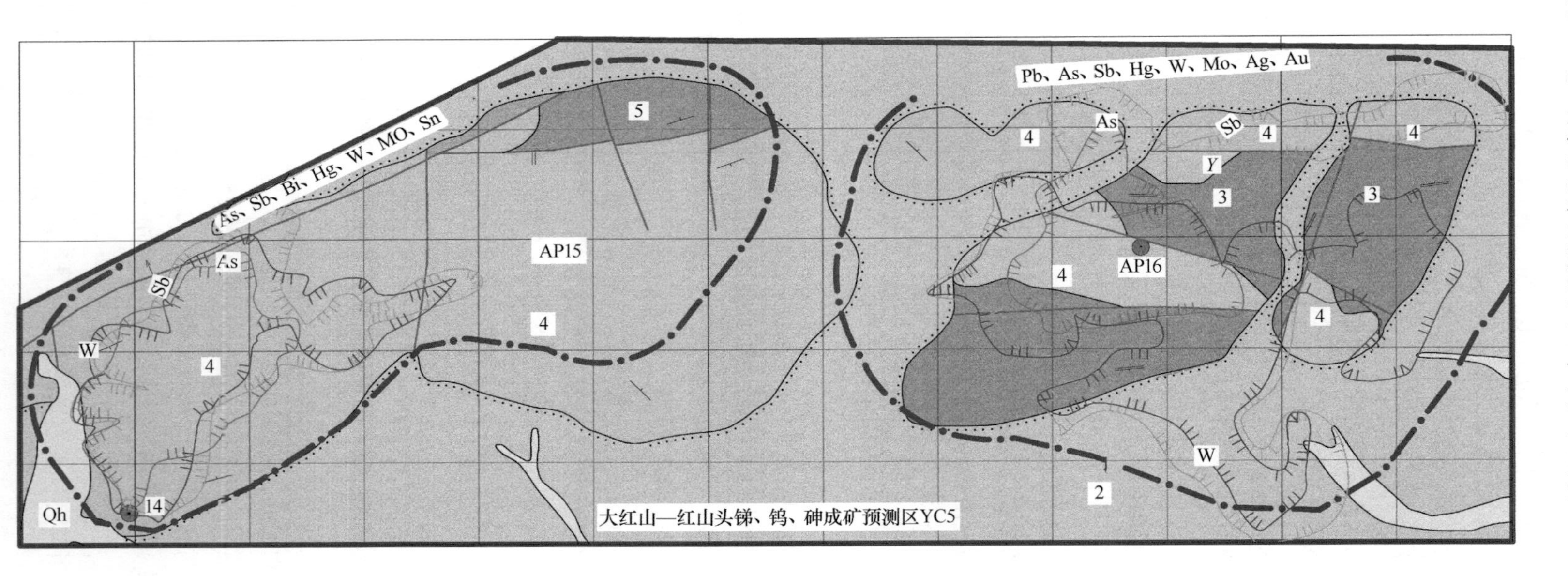

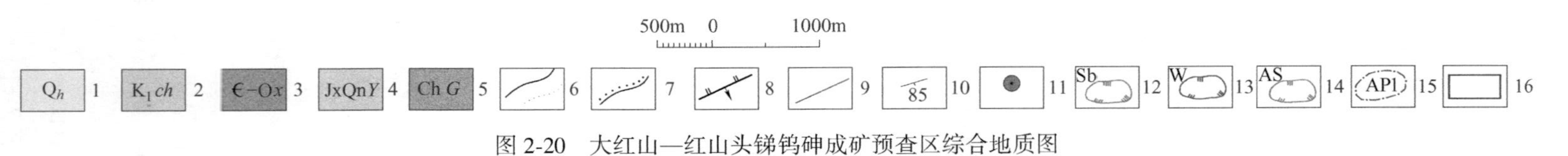

图 2-20　大红山—红山头锑钨砷成矿预查区综合地质图

1—第四系冲积-洪积物；2—白垩系赤金堡组砾岩、砂岩、泥岩；3—寒武系西双鹰山组变质石英砂岩；4—圆藻山群泥晶灰岩、结晶灰岩；5—长城系古硐井群绢云母千枚岩；6—地质界限；7—不整合界限；8—实测逆断层；9—性质不明断层；10—岩层产状；11—褐铁矿点；12—1:50000化探锑元素四级异常范围；13—1:50000化探钨元素三级异常范围；14— 1:50000 化探砷元素三级异常范围；15—1:50000 化探综合异常范围及编号；16—预研究区范围及编号

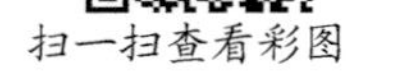
扫一扫查看彩图

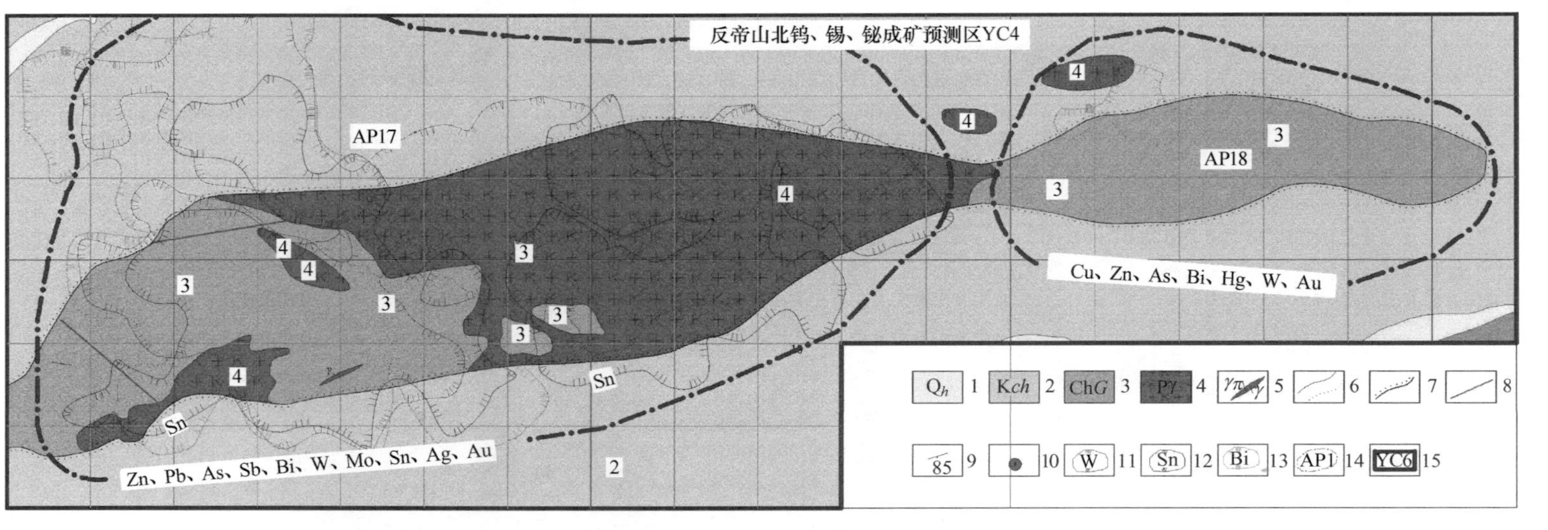

图 2-21 反帝山北钨锡铋成矿预研究区综合地质图

1—第四系砂砾石、黏土层；2—白垩系赤金堡组砾岩、砂岩、泥岩；3—长城系古硐井群绢云母千枚岩；4—二叠纪钾长花岗岩；5—花岗岩脉；6—地质界限；7—不整合界限；8—性质不明断层；9—岩层产状；10—赤铁矿点；11—1∶50000化探钨元素四级异常范围；12—1∶50000化探锡元素四三级异常范围；13—1∶50000化探铋元素四级异常范围；14—1∶50000化探综合异常及编号；15—预研究区范围及编号

扫一扫查看彩图

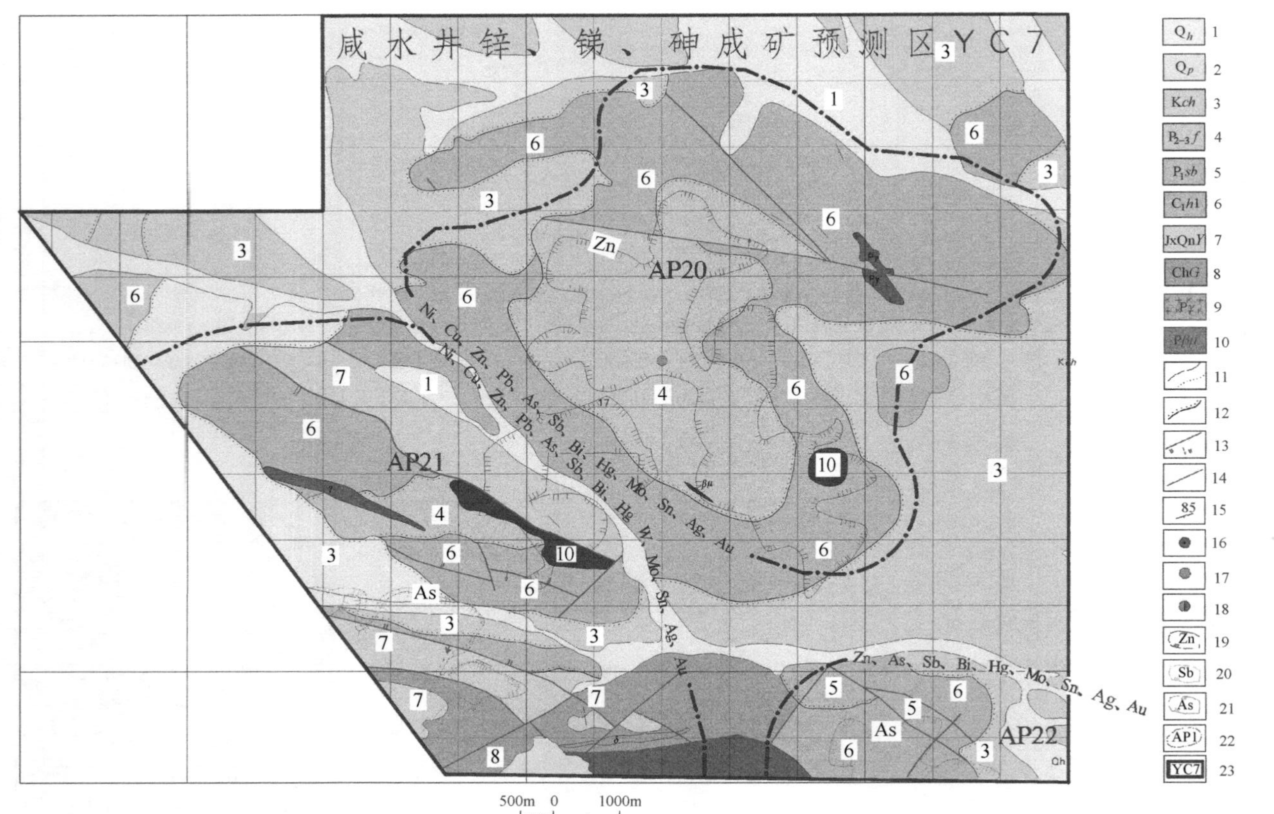

图2-22 咸水井锌锑砷成矿预研究区综合地质图

1—第四系冲积-洪积物；2—砂砾石、黏土层；3—白垩系赤金堡组砾岩、砂岩、泥岩；4—二叠系方山口组安山岩；5—二叠系双堡塘组砂岩；6—石炭系红柳园组变质砂岩；7—圆藻山群泥晶灰岩、结晶灰岩；8—古硐井群绢云母千枚岩；9—二叠纪钾长花岗岩；10—二叠纪灰绿岩；11—地质界限；12—不整合界限；13—实测逆断层；14—性质不明断层；15—岩层产状；16—赤铁矿点；17—铜矿化点；18—铜铅矿化点；19—1∶50000化探锌元素四级异常范围；20—1∶50000化探锑元素四级异常范围；21—1∶50000化探砷元素四级异常范围；22—1∶50000化探综合异常范围及编号；23—预研究区范围及编号

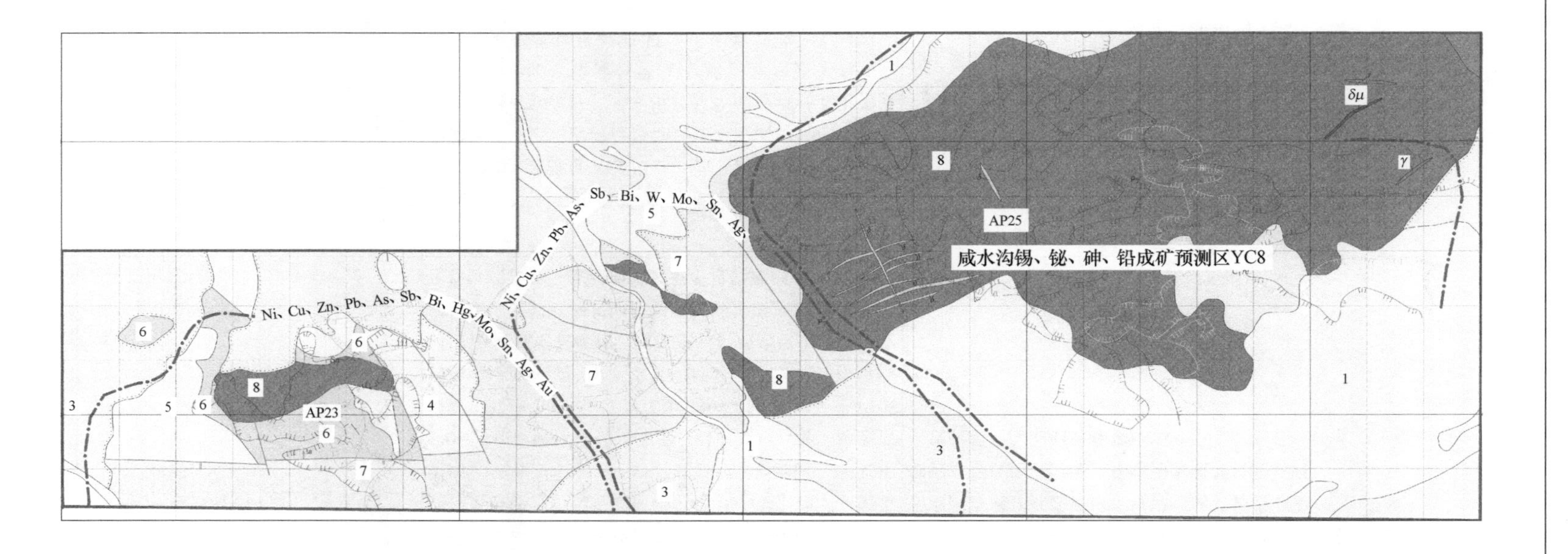

图 2-23 咸水沟锡铋砷铅成矿预研究区综合地质图

1—第四系冲积-洪积物；2—砂砾石、黏土层；3—白垩系赤金堡组砾岩；4—二叠系方山口组安山岩；5—圆藻山群结晶灰岩；6—古硐井群绢云母千枚岩；7—石炭系红柳园组变质石英砂岩；8—二叠纪钾长花岗岩；9—闪长玢岩脉；10—地质界限；11—不整合界限；12—实测逆断层；13—实测正断层；14—性质不明断层；15—岩层产状；16—赤铁矿点；17—1∶50000 化探综合异常范围及编号；18—预研究区范围及编号

扫一扫查看彩图

表 2-11 找矿靶区特征表

找矿靶区名称	找矿靶区编号	位置	地质特征	矿化蚀变依据	物探异常	成矿类型	主攻矿种
月牙山铁多金属矿找矿靶区	YC3-1	月牙山金砷铋镍铁成矿预研究区(编号YC3)中部	主要为中上元古界古硐井群安山质玄武岩、安山玄武质凝灰熔岩和圆藻山群硅质灰岩、大理岩。赋矿岩性主要为安山质玄武岩、安山玄武质凝灰熔岩及变质粉砂岩	圈定有两条磁铁矿体，Ⅰ号矿体为磁铁矿体，呈层状，其形态、产状都严格受地层控制，矿体与围岩产状一致，走向一般为北西30°左右，倾南西，倾角62°矿体宽约8m，长大于300m，矿体厚度较稳定，在该矿体部位布置了ⅠTC2-1一条探槽工程。其中mFe品位介于5.93%~37.6%，平均值16.8%；TFe品位介于6.65%~41.5%，平均值20.49%属磁性铁矿体。赋矿围岩岩性为深灰绿色蚀变安山质玄武岩，深灰绿色安山玄武质凝灰熔岩夹灰黑色粉砂质板岩、灰绿色绢云母千枚岩薄层。Ⅱ号矿体位于Ⅰ号矿体南部约300m处，呈层状，产状与赋矿围岩产状一致，北西-南东走向，倾角为57°~65°。矿体宽约45m，长大于500m，在该矿体部位，布置了ⅠTC13一条探槽进行揭露，其中mFe品位介于6.79%~33.64%，平均值17.88%；TFe品位介于11.92%~39.2%，平均值24.14%。属磁铁矿体，赋矿围岩岩性为深灰绿色蚀变安山质玄武岩，深灰绿色安山玄武质凝灰熔岩夹灰黑色粉砂质板岩、灰绿色绢云母千枚岩薄层	1∶10000高精度磁法测量在月牙山重点研究区（Ⅰ）圈定了5个高磁异常带C1、C2、C3、C4、C5，两条磁铁矿体均分布在高磁异常C3内，C3异常呈带状近东西向展布，最高值205.4nT，一般值在20~100nT，此异常区地表出露古硐井群绢云母千枚岩、变质长石石英砂岩。结合地质情况，推断为古硐井群绢云母千枚岩所引起的弱磁异常	海相火山—侵入型铁矿	Fe
月牙山镍钴多金属矿找矿靶区	YC3-2	月牙山金砷铋镍铁成矿预研究区（编号YC3）东部	上元古界古硐井群安山质玄武岩、安山玄武质凝灰熔岩和圆藻山群硅质灰岩、大理岩以及二叠系辉绿岩、辉长岩	区内蚀变—矿化有褐铁矿化、黄铁矿化。圈定有1∶50000土壤测量AP9以镍、钴、铜、锌为主成矿元素的高—中温元素组合异常，该异常面积较小、强度较高，具有套合好、元素组合复杂的特点，为甲类异常；1∶10000土壤测量将AP9综合异常分解为9个1∶10000土壤测量综合异常，依次定名为：AP1~AP9。本找矿靶区位于1∶10000化探综合异常AP9内	1∶10000激电中梯测量在月牙山重点研究区（Ⅰ）圈定DJ1、DJ2、DJ3、DJ4四个激电异常，经分析镍、钴矿体与激电异常关系不大。1∶10000高精度磁法测量在月牙山重点研究区（Ⅰ）圈定了5个高磁异常带C1、C2、C3、C4、C5，该镍、钴矿体位于高磁异常C4处，最高值1949nT，最低值-406.8nT一般值为20~200nT，近东西向展布，面积约$1km^2$，结合化探中镍异常与此重合，推断主要为辉长岩中镍矿体引起的弱磁性	后期热液型	Ni、Co

3 内蒙古额济纳旗清河沟金多金属矿调查与研究

额济纳旗清河沟金多金属矿属内蒙古高原西缘，是一处具有大型规模远景的金属矿床，探讨该地区金属矿床的成矿原因并明确找矿标志对今后该地区金属矿床的勘探开发具有重要的地质意义。对研究区内取得的地质、矿床、矿石、物化探等资料进行了全面综合整理、研究，结合区域演化特点，以 1∶250000 土壤地球化学测量成果为依据，分析了 Ag、As、Au、Co、Cu、Mo、Ni、Pb、Sb、Sn、W、Zn 共 12 个元素，结合异常的地质成因等进行综合异常圈定，全区共圈定综合异常 6 处，并对主要异常进行成矿潜力评价（张善明等，2018）。讨论了额济纳旗清河沟金多金属矿的矿体成因，明确了主要矿体的找矿标志（胡二红等，2020；侯朝勇等，2022）。调查研究表明，该区域矿床的形成与普遍发育的韧性剪切带、断裂和接触带等构造以及该区域的岩浆岩关系密切。韧性剪切带内由于岩石普遍片理化、线理化，存在虚脱空间，从而为热液活动提供通道（吕凤玉等，2009）。另一方面由于各种蚀变，此地段往往是以铁为主的多金属矿成矿的有利部位（刘俊杰等，2018）。断裂构造内往往有石英脉填充，形成有一定走向和规模的区域性适应脉带，其部分石英脉内往往含金铜钼铅锌矿化，即构造为成矿提供了空间。接触带构造中侵入体与围岩间的复杂接触，形成各种蚀变，广泛的水-岩反应往往伴随着铁铜等矿化的形成。岩浆不但是成矿元素的源泉，而且由于岩浆热液的活动，给成矿物质的搬运、富集成矿创造了有利条件。

额济纳旗清河沟金多金属矿位于塔里木板块（Ⅱ）塔里木板块东部陆缘增生带（$Ⅱ_1$），属内蒙古自治区阿拉善盟额济纳旗马鬃山苏木管辖，整体为低山丘陵及戈壁荒漠区（霍明宇等，2020）。该地区古生界出露广泛、深大断裂纵横交错、各类侵入岩充分发育并形成了金属矿床，是我国重要的矿化集中区之一（苗壮，2019；聂凤军等，2003）。近年来，在该成矿带已发现铁、铜、钼、金及多金属矿床（点）多处（宝音乌力吉等，2011），并对其进行了一定程度的研究，如盘陀山—鹰嘴红山一带的钨矿（杨合群等，2010）、黑山咀南金矿（张善明等，2018）、黑鹰山中型富铁矿（杨冰林，2010）、流沙山钼金矿（边鹏，2015）等。但是，目前额济纳旗清河沟金多金属矿的总体研究程度相对较低，许多矿（床）点没有进行系统研究工作。通过对区域地质背景和矿床地质特征的全面总结，对研究区内取得的地质、矿床、矿石、物化探等资料进行了全面综合整理、研究，结合区域演化特点，讨论了额济纳旗清河沟金多金属矿的矿体成因，明确了主要矿体的找矿标志，以期为区域上进一步找矿提供信息，对区域找矿具有重要的指导意义。

3.1 区域地质背景

额济纳旗清河沟多金属矿属内蒙古高原西缘，位于塔里木板块（Ⅱ）塔里木板块东部陆缘增生带（Ⅱ$_1$）。内蒙古成矿区带图如图 3-1 所示。

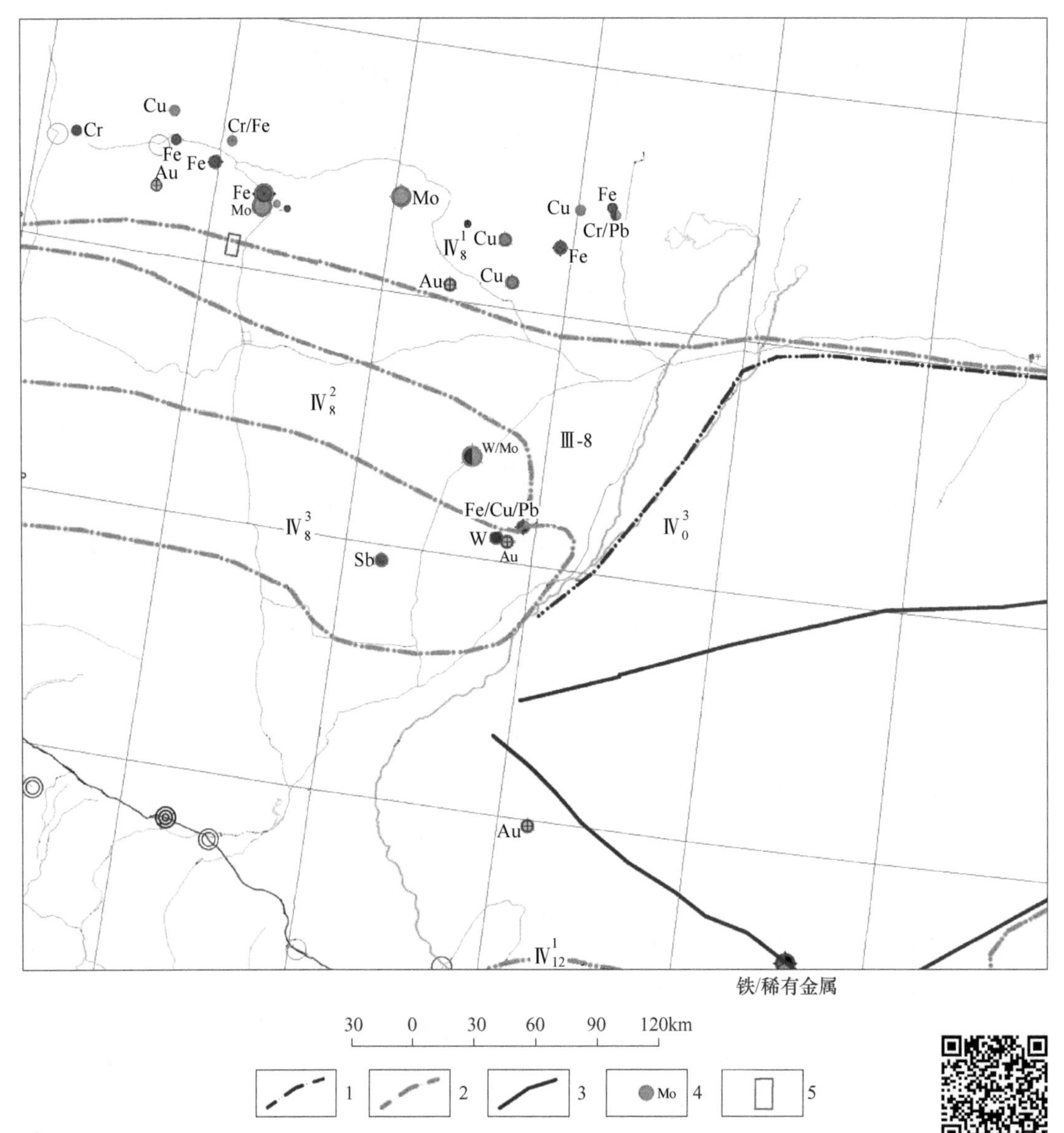

图 3-1　内蒙古成矿区带图

1—新生代蒸发盐类界限；2— Ⅳ级成工作区带界线；
3— Ⅲ级成工作区带界线；4—矿点及编号；5—工作区范围

3.1.1　区域地层

研究区出露地层主要有：古生界下石炭统白山组（C_1b）；中生界下白垩纪赤金堡组（$K_1\hat{c}$）；新生界上新统苦泉组（N_2k）；全新统（Q_h^{apl}）（Q_h^{al}）。其中，下石炭统白山组（C_1b）在区域上广泛分布，总体上呈北西西向展布，为一套中酸性夹中基性火山岩，以中酸性火山岩为主，岩性组合为灰黑-灰绿色安山岩、粉色流纹岩、灰紫-暗紫色流纹质熔结凝灰岩，顶部产有黑鹰山式铁矿。岩石由于后期中酸性岩体侵入，接触变质作用强烈发育；下白垩统赤金堡组（$K_1\hat{c}$）分布于区域南部，面积较小，岩性组合为砖红色、灰黄色凝灰质砂砾岩、粉砂质泥岩、砾岩，夹灰绿色长石岩屑砂岩、灰黑色炭质页岩、石膏层等。角度不整合覆盖于下元古界北山群及三叠纪中粗粒二长花岗岩体之上，被苦泉组、第四系角度不整合覆盖；上新统苦泉组（N_2k）在区域中部有小面积出露，岩石组合为：砖红-灰黄色粉砂岩、粉砂质泥岩、砂岩、砾岩，偶夹有铁质结核、薄石膏层。该地层角度不整合覆盖于中二叠世中粒花岗闪长岩之上；全新统在区域内广泛分布，成因类型有冲洪积物（Q_h^{apl}）、冲积物（Q_h^{al}）。冲洪积物分布最广，为间歇性水流洪冲积成因，岩性为灰黄色、浅黄色松散砂砾石、砂、粉砂。冲积物在区域西北角有小面积分布，岩性为砂、粉砂、淤泥。

3.1.2 区域构造

工作区大地构造位于天山地槽褶皱系（Ⅳ），北山晚华力西地槽褶皱带（$Ⅳ_1$），六驼山复北斜（$Ⅳ_1^1$），构造活动较为频繁。区域上构造形迹主要为断裂构造，韧性剪切带，褶皱，构造线方向以北西向为主，次为北东向，如图 3-2 所示。

研究区褶皱展布方向以北西向为主，次为近东西向。主要分布于区域的北部、西北部及西南部。北部和西北部褶皱，呈北西 300°方向展布。中部褶皱南西翼产状较陡，北东翼较舒缓，呈向北东斜卧背斜。北东部向斜呈北西向展布，多被华力西期侵入岩和断裂破坏而不完整。西南部褶皱发育于下元古界北山岩群中，展布方向为 260°左右。

研究区韧性剪切带主要呈北西向、近东西向展布，北东向次之，以左行剪切为主。白梁韧性剪切带发育于下石炭统绿条山组、白山组及石炭纪花岗闪长岩、二叠纪二长花岗岩中，北西走向，宽 1~2km，长大于 20km，向西伸出幅外；苦泉沟南韧性剪切带发育于下元古界北山岩群中，宽约 1.5km，长大于 25km，近东西走向。白梁韧性剪切带与苦泉沟南韧性剪切带相交于小红山南，向东延伸部分被第四系冲洪积物所覆盖。

研究区断裂构造发育，以北东向和北西向为主，近东西向次之，近南北向较少见。北西向和近东西向断层多数为高角度逆断层，倾角为 55°~70°。北东向和近南北向断层具有右行对冲断层组合的特点，错断北西和近东西向断层。

3.1.3 区域岩浆岩

3.1.3.1 侵入岩

区域侵入岩十分发育，广泛分布于图幅大部分地区，形成于华力西期中晚期，岩石类型包括辉长岩、石英闪长岩、花岗闪长岩、斑状黑云二长花岗岩、二长花岗岩等。

3.1.3.2 火山岩

区内火山岩较发育，其中白山组是以火山岩为主的地层，呈孤岛状分布于区内。白山组以变质安山岩、变质流纹岩、变质流纹质熔结凝灰岩为主，夹少量流纹质或英安质凝灰熔岩、斜长流纹质熔角砾凝灰岩，色调以暗紫色、黑绿色为主。岩石多具有变余斑状结构、变余熔结凝灰结构，块状或定向构造，蚀变明显。

3.1.3.3 脉岩

区域岩脉较发育，走向多为北西向，主要类型有石英脉（q）、细粒花岗岩脉（xγ）、

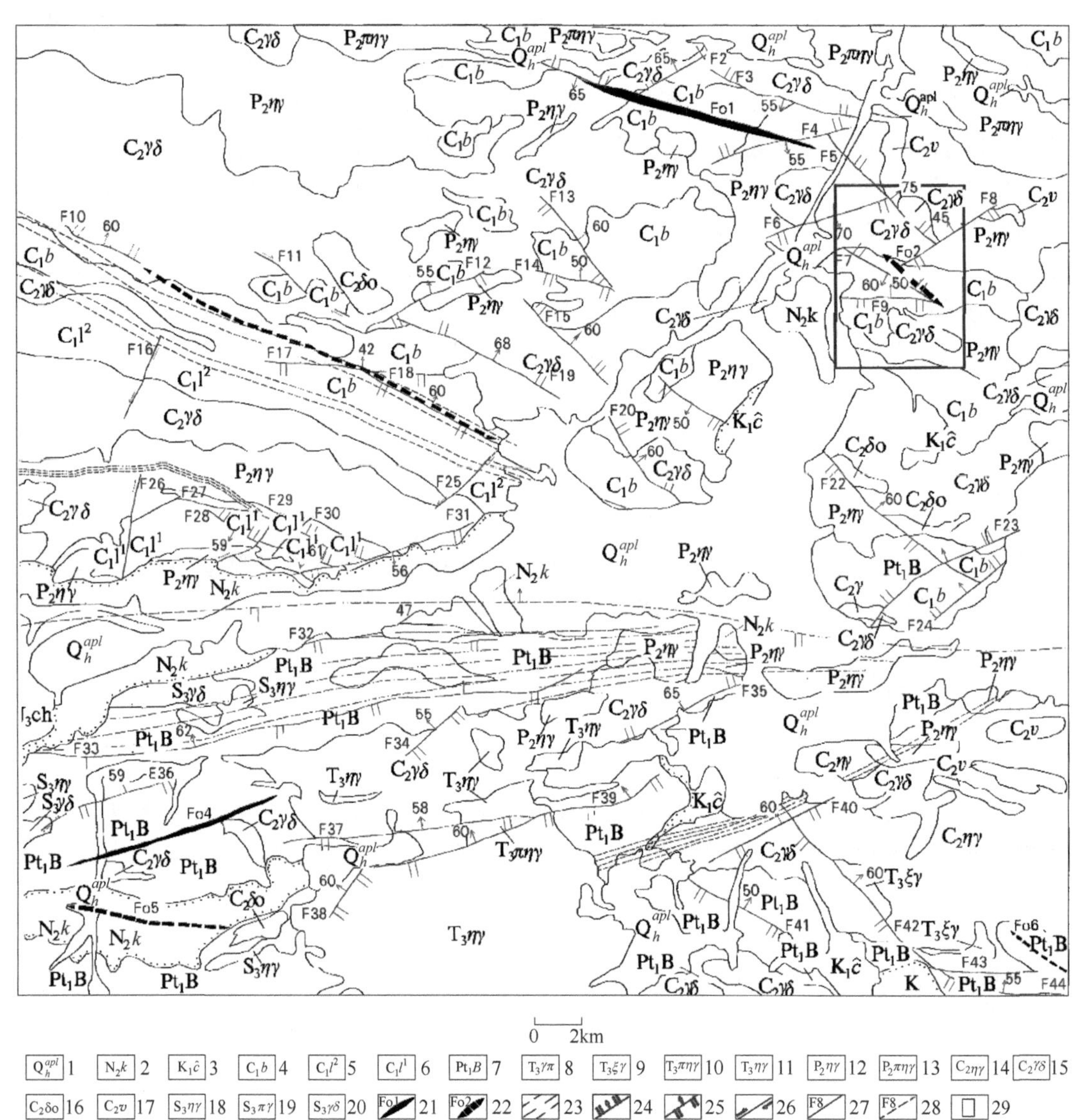

图 3-2　区域构造纲要图

1—全新统冲积物；2—上新统苦泉组；3—下白垩统赤金堡组；4—下石炭统白山组；5—下石炭统绿条山组二段；6—下石炭统绿条山组一段；7—古元古界北山群；8—三叠纪花岗斑岩；9—三叠纪钾长花岗岩；10—三叠纪斑状二长花岗岩；11—三叠纪二长花岗岩；12—二叠纪二长花岗岩；13—二叠纪斑状二长花岗岩；14—石炭纪二长花岗岩；15—石炭纪花岗闪长岩；16—石炭纪石英闪长岩；17—石炭纪辉长岩；18—志留纪二长花岗岩；19—志留纪斑状花岗闪长岩；20—志留纪花岗闪长岩；21—背斜构造；22—向斜构造；23—韧性剪切带；24—正断层；25—逆断层；26—平移断层；27—推测断层；28—断层编号；29—研究区

扫一扫
查看彩图

花岗斑岩脉（γπ）、花岗细晶岩脉（γτ）、细粒钾长花岗岩脉（xξγ）、细粒二长花岗岩脉（xηγ）、闪长玢岩脉（δμ）、辉绿玢岩脉（βμ）。

黑鹰山铁矿区地质略图如图 3-3 所示。

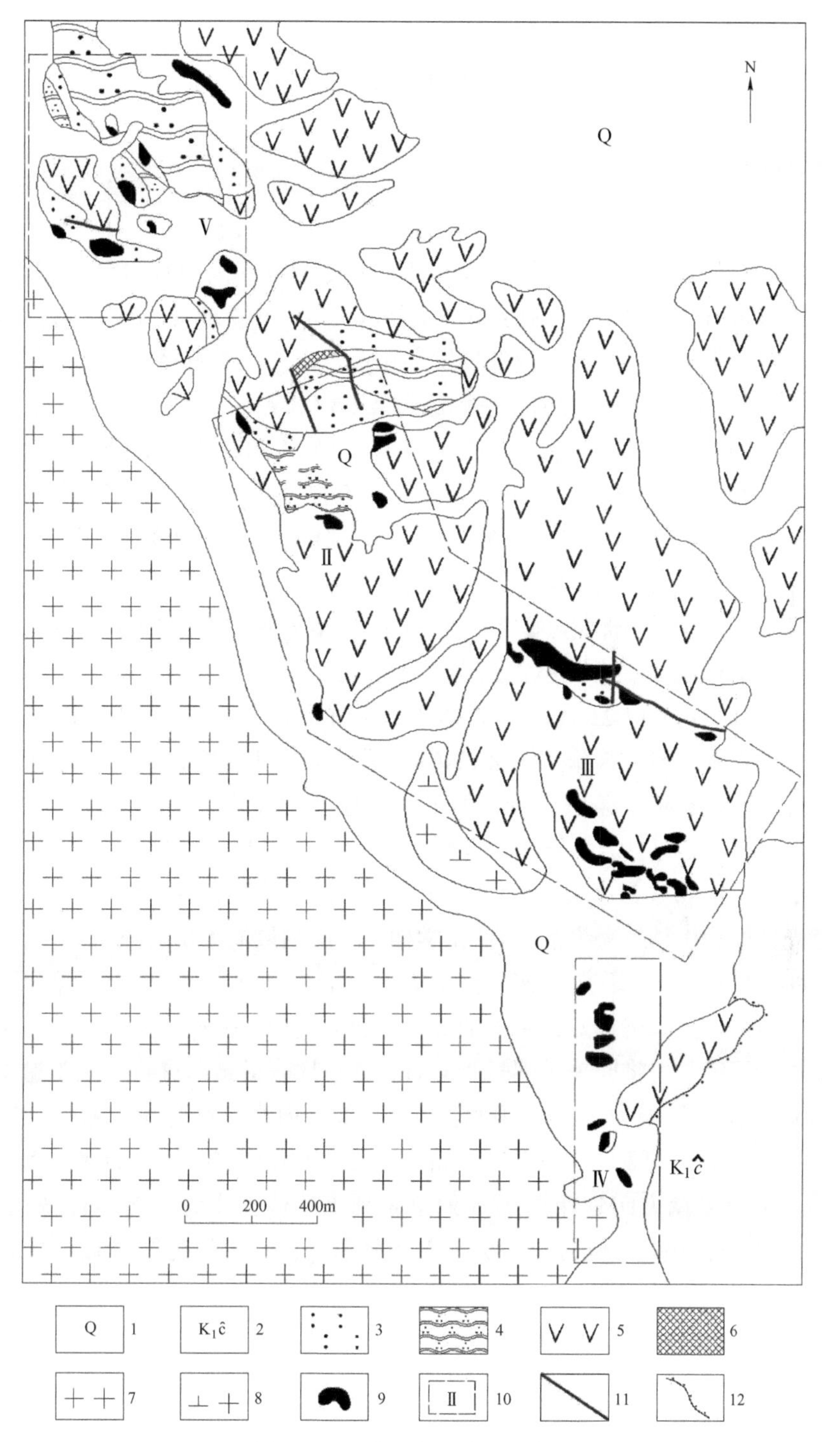

图 3-3 黑鹰山铁矿区地质略图

1—第四系；2—下侏罗统赤金堡组；3—下石炭统白山组凝灰岩；
4—下石炭统白山组次生石英岩；5—下石炭统白山组中酸性火山熔岩；
6—下石炭统白山组赤铁矿化碧玉岩；7—花岗岩；8—花岗闪长岩；
9—铁矿体；10—矿段位置及编号；11—断层；12—不整合界限

扫一扫
查看彩图

3.2　矿床地质特征

3.2.1　矿体特征

研究区共圈定矿体共 3 条，编号为 Cu-Ag-Au1、Cu1、Fe1。

Cu-Ag-Au1 矿体：该矿体位于研究区南部石炭纪中粒花岗闪长岩区，该矿体由 TC15 探槽揭露，长约 80m，宽约 3m，倾向 35°，倾角 65°，矿体赋存于石英脉内，围岩中粒花岗闪长岩内也有矿化显示，石英脉及围岩发育孔雀石化、褐铁矿化蚀变。矿化体由 3 个样品控制，Cu 品位为 0.2%～13.12%，平均品位 4.66%，Ag 品位 0.77～110g/t，平均品位 40g/t，Au 品位 0.07～0.17g/t，平均品位 0.11g/t。经 ZK1801 钻孔验证，深部虽发现 3 条石英脉，但质地较干净，无矿化显示，钻孔光谱样显示 Cu、Ag、W 有较显著异常，$w(\mathrm{Cu})$ 最高值为 1168×10^{-6}，$w(\mathrm{Ag})$ 最高值为 2.32×10^{-6}，$w(\mathrm{W})$ 最高值为 240×10^{-6}，在光谱样含量高部位采取了化学样，但未发现矿化体。

Cu1 矿体：该矿体位于研究区南部，由 TC21 探槽揭露，长约 70m，宽约 2.3m，倾向 40°，倾角 68°，矿体赋存于石英脉内，围岩中粒花岗闪长岩内亦有矿化显示，均具较强的孔雀石化、褐铁矿化。TC21 探槽内矿体由 3 个样品控制，Cu 品位为 0.25%～3.11%，平均品位 1.22%，针对该矿体施工了 ZK2401 钻孔，孔内主要岩性为中粒花岗闪长岩，黄铁矿十分发育，孔内发育多条破碎带，但未见与地表对应的矿化石英脉，全孔采集光谱样，Cu、Mo、Au、Ag 有一定的异常含量显示，$w(\mathrm{Cu})$ 最高值为 358×10^{-6}，$w(\mathrm{Mo})$ 最高值为 48.1×10^{-6}，$w(\mathrm{Au})$ 最高值为 10.5×10^{-9}，$w(\mathrm{Ag})$ 最高值为 6.51×10^{-6}，针对孔内破碎带，结合光谱样分析结果采集了 37 件化学样，样品结果均无矿化显示。

Fe1 矿体：该矿体位于研究区中部下石炭统白山组凝灰熔岩中，岩石绿帘石化、褐铁矿化强烈。矿体由一民采坑揭露，由于地形限制暂无法施工探槽、钻孔，故本次预查仅对采坑的西壁进行了编录，将此采坑编号为 CK1，并在地表沿走向进行了人工追索。该矿体长约 27m，宽约 2m，倾向为 351°，倾角为 64°。采坑内由 2 个化学样控制，TFe 品位为 26.69%～28.72%，平均品位 27.7%，mFe 品位为 13.22%～22.66%，平均品位为 17.94%，从采坑往西南方向延伸约 27m 处追索到该矿体，此处宽约 1m，采集一捡块样 TFe 品位为 17.35%，mFe 品位为 10.8%。矿体北东向被开矿简易路覆盖，往北东向未追索到。

流沙山钼金矿地质略图如图 3-4 所示。

3.2.2　矿石特征

铁矿化：半自形—它形假象粒状结构。稠密浸染构造（块状构造）。金属矿物为赤铁矿：灰白微带蓝色，半自形—它形板条状、粒状，非均质，粒度小于 0.25mm，呈聚集体状，聚集体堆积呈块状（见图 3-5）。赤铁矿含量为 80%～85%。矿石围岩为英安质晶屑凝灰熔岩，围岩与矿（化）体界线清晰。

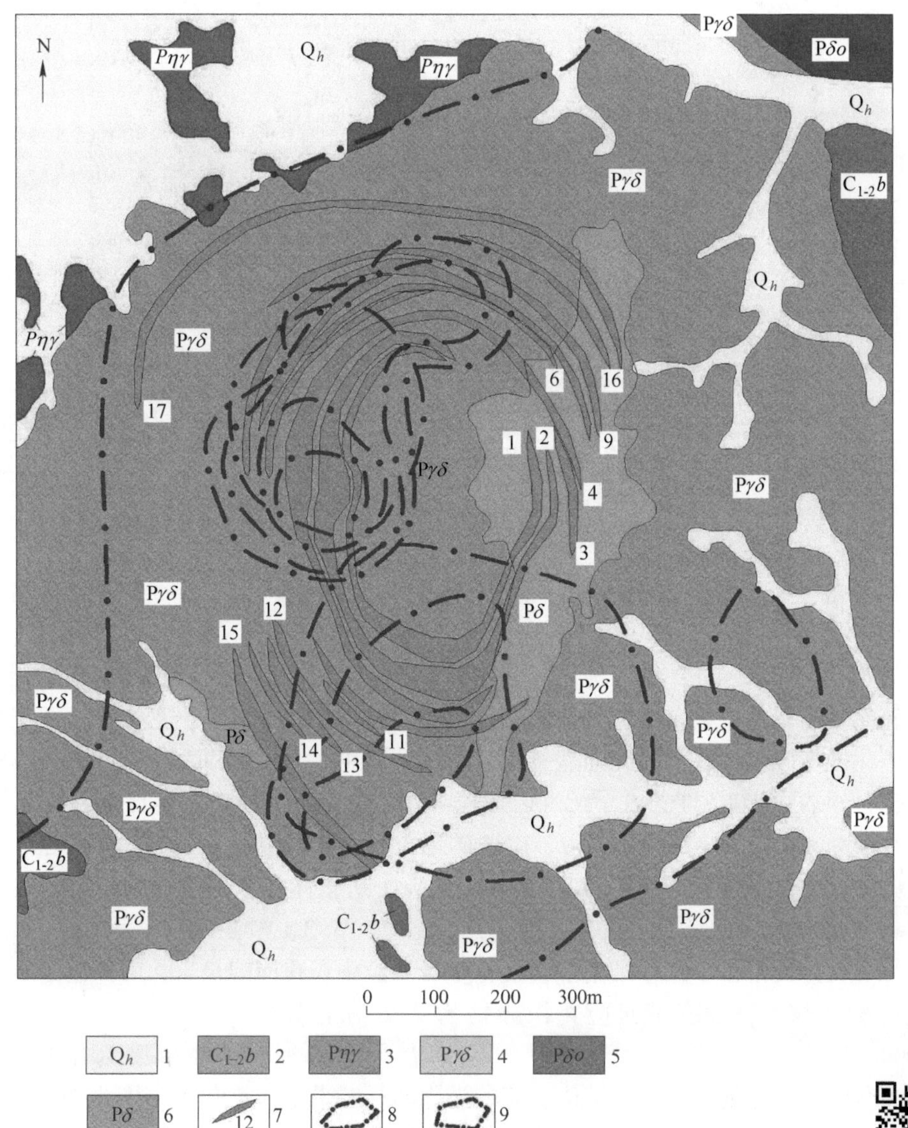

图 3-4 流沙山钼金矿地质略图

1—第四系；2—石炭系白山组；3—二叠纪二长花岗岩；
4—二叠纪花岗闪长岩；5—二叠纪石英闪长岩；6—二叠纪闪长岩；
7—矿体及编号；8—钼原生晕异常；9—钨原生晕异常

扫一扫
查看彩图

3.2.3 矿化蚀变带

Ⅰ号矿化蚀变带位于研究区北部，发育于晚石炭世中粒花岗闪长岩内，北部出露中二叠世中细粒石英闪长岩，对应化探异常为 AP1 综合异常，Mo、W、Au、Cu 等异常显著。1∶10000 高精度磁法测量在蚀变带所处地段显示高背景场特征，场值范围为 100~200nT。激电中梯测量中，视极化率（η_s）为 1.2%~2.2%，视电阻率为 500~1000Ω·m，激电测深剖面显示，在 AB/2=190m 到 AB/2=720m 处，视极化率出现产状较陡的弱的极化体，视

扫一扫
查看彩图

图 3-5 光片下赤铁矿（Hem）特征

电阻率为 600～3500Ω · m；结合地质、化探异常特征分析，可能是石英脉上涌过程中，局部金属硫化物富集的结果。该矿化蚀变带走向约 280°，长约 400m，宽约 50m，花岗闪长岩褐铁矿化蚀变强烈，风化破碎强烈，蚀变带内石英脉发育，宽度均不足 1m，具较强的褐铁矿化，地表由 TC2、TC2-2、TC2-3、TC2-4、TC22-1、TC22-2 探槽揭露，圈定 4 条矿化体，编号为 Mo-1、Mo-2、Au-Mo-1、W-1 矿化体。经 ZK3101、ZK3201、ZK3601 钻孔对蚀变带内的矿化体进行验证，Mo-2、Au-Mo-1、W-1 矿化体在深部被控制住，新发现 Mo、Au、W 等矿化体 15 条，编号为 Mo-5～Mo-13、Au-1～Au-3、W-1～W-3。

Ⅱ号矿化蚀变带位于工作区南部，发育于石炭纪中粒花岗闪长岩，南部出露岩性为白山组晶屑凝灰熔岩，蚀变带对应化探异常为 AP6 综合异常，Cu、Mo、Au 异常显著。1∶10000高精度磁法测量在蚀变带处显示高背景场特征，场值范围为 100～200nT，1∶10000激电中梯测量显示蚀变带位于高的极化率梯度带上，极化率范围为 2%～3%，电阻率显示低的特征，总体上具有高极化率、低电阻率异常特征。蚀变带总体呈东西向，长约 500m，宽约 60m，岩石褐铁矿化蚀变较强，风化破碎多呈颗粒状。该蚀变带地表由 TC19-1、TC19-2、TC19-3、TC19-4、TC19-5、TC23、TC23-2、TC23-3 控制，地表确定两条 Mo 矿化体和 1 条 Cu 矿体，编号为 Mo-3、Mo-4、Cu-4，Mo-3、Mo-4 矿化体经 ZK3401 验证，在孔内 37. 1～38. 1m 见 Mo-4 矿化体，Cu-4 矿化体经 ZK3501 孔验证，深部未见矿化。

Ⅲ号矿化蚀变带位于研究区西南部，发育于花岗闪长岩与晶屑凝灰熔岩的接触带部位。对应化探异常为 AP5，Pb、Zn、Ag 异常显著，1∶10000 高精度磁法测量在蚀变带处显示背景场特征，场值范围为 0～50nT。针对岩体、地层接触部位布设的激电测深断面显示，视极化率在下部 AB/2＝1100m 处增高，最大值 2. 28%，向下、向北未闭合；视电阻率为 100～250Ω · m，可能与底部地层或岩体接触部位局部富集硫化物有关。矿化蚀变带走向约 120°，长约 400m，宽约 45m，地表可见较强褐铁矿化蚀变。该蚀变带地表经 TC13、

TC13-2、TC13-3、TC13-4、TC13-5 控制，地表确定 1 条 Zn 矿化体，编号为 Zn-1。

3.3 地球物理特征及化学特征

3.3.1 地球物理特征

据内蒙古 1∶50 航空磁力异常图和 1∶1000000 布格重力异常图综合研究报告可知，重力场总体呈南西西向展布，场值由北东东到南西西呈下降趋势。布格重力异常等值线显示工作区处于疏缓重力梯度带，等值线的北东东向弧形弯曲显示了上侏罗统赤金堡组和大面积花岗岩体相对于石炭纪和古元古代的地层具有稍低的地层密度。

研究区内高值区主要分布在东北部、东南部，正值异常位于中粒花岗闪长岩体、石英闪长岩中，磁异常一般为 100~500nT，有时达到 1000nT，最高强度为 1912.6nT。高精度磁异常向上延拓 100m、300m、500m 等值线图上，高值区仍然存在，说明这些高值区所反映的磁性地质体规模较大，且向下有较大的延伸。测区第四系分布区、石炭系下统凝灰熔岩酸性火山岩磁场较为平稳、宽缓、等值线稀疏，显示为负异常区，强度一般为-100~-200nT。依据磁异常的特点（如极值、梯度、正负相伴生关系、走向、形态、分布范围等）和异常分布区的地质情况，共圈定出局部高磁异常 3 处，编号为 C1、C2、C3。

C1 异常区出露岩性为石炭纪中粒花岗闪长岩，且花岗闪长岩内发育一条北东向断层，部分磁异常被第四系冲洪积砂砾石覆盖。异常呈不规则状，整体北东-南西向展布，长约 600m 左右，宽约 400m 左右，北部梯度大，并有负异常相伴，南部等值线宽缓，峰值 1792ΔT。异常位于石炭纪中粒花岗闪长岩体；物性测定中，花岗闪长岩的磁化率为 1170（$K \cdot 10^{-6} \times 4\pi SI$），说明该异常由石炭纪中粒花岗闪长岩引起。

C2 异常区出露地层为下石炭统白山组英安质晶屑凝灰熔岩，侵入体为二叠纪花岗斑岩和石炭纪中粒花岗闪长岩，异常区内见闪长岩脉、闪长玢岩脉及石英脉。异常长约 800m，宽约 600m，异常面积约 0.5km^2，等值线宽缓、稀疏，北北东向带状分布，峰值 841ΔT。异常区北部侵入二叠世石英闪长岩，南部被中粒花岗闪长岩侵入。从物性测定可知，石英闪长岩、花岗闪长岩磁化率较高，推测由花岗闪长岩引起。

C3 异常区出露岩性主要为石炭纪中粒花岗闪长岩，异常区内见多条闪长玢岩脉及石英脉。异常长约 1000m，宽约 400m，异常面积约 0.4km^2，等值线宽缓、稀疏，北西向带状分布，峰值 614.5ΔT。异常区北部侵入二叠世石英闪长岩，南部被中粒花岗闪长岩侵入。从物性测定可知，石英闪长岩、花岗闪长岩磁化率较高，推测由花岗闪长岩引起。

3.3.2 地球化学特征

区域元素呈强分异型、平均值高的元素有 Mo、Bi、Pb、Ag、W，这些元素异常分布范围大，有利于成矿。强分异型，平均值低的元素有 Cu、Ni、Au、As、Sb，这类元素虽然背景低，但分异性强，在有利的地质背景条件下，也易成矿。

区域出露地层主要有新生界苦泉组、上侏罗统赤金堡组、下石炭统白山组，现对各个地层单元元素分布及富集特征总结如下。

新生代苦泉组（N_2K）从富集程度来看，Sb 富集，Au 富集与贫化特征不明显。从元素分异强度来看，Cv 值为 0.8~1.2，呈强分异型的元素有 Au、Bi。由此可见，苦泉组具备形成 Au 矿的地球化学条件。

上侏罗统赤金堡组（T_3ch）从富集程度来看，Sb 具弱富集。从元素的分异强度来看，As、W、Bi 具强分异、Mo 具极强分异。由此可见，赤金堡组具备形成 Mo 矿的地球化学条件。

下石炭统白山组（C_1b）从富集程度来看，Sb、As、Zn 呈富集型。从元素分异强度来看，Sb、Cu、Pb、W、Ni 呈强分异型、Au、Ag、As、Bi 呈极强分异型。从蚀变-矿化强度来看，Pb 较强，Au、As、Sb、Bi、Ni 呈极强型。由此可见，该套地层 Au、Ag、Cu、Pb、W、Bi、Mo 具有较好的成矿地球化学条件。

本次预查在全区展开 1：25000 土壤测量 35km^2，分析了 Ag、As、Au、Co、Cu、Mo、Ni、Pb、Sb、Sn、W、Zn 共 12 个元素，在单元素异常的基础上，根据各元素异常的空间组合特征，结合异常的地质成因等进行综合异常圈定，全区共圈定综合异常 6 处，编号为 AP1~AP6。

AP1 异常由 Au-Cu-Mo-Ni-W 等元素组成，高中低温元素均有涉及，说明该区有多期含矿热液作用。总体来看，异常受石英闪长岩控制。单元素异常 Au、Mo、W 最高达四级浓度分带，Co、Ni、Cu 最高达三级浓度分带，Ag、Zn 最高达二级浓度分带。Au、Ag、Cu、Mo、Co、Ni、Zn 在异常区西南呈同心圆状分布，并形成统一的浓集中心；W、Mo、Co、Cu、Zn 等元素在异常区东北部套合，多元素异常套合在一起未形成明显的浓集中心，异常北部未封闭，空间上位于中二叠世的石英闪长岩与晚石炭纪中粒花岗闪长岩的接触带上。

AP2 异常由 Au-Cu-Zn-Ni-Co 等元素组成。单元素异常 Au 最高达四级浓度分带，Ni 最高达三级浓度分带，Cu、Zn、Co、Mo 最高达二级浓度分带。异常内元素分组复杂，多呈面状分布，异常面积大，但无明显的浓集中心。

AP3 异常由 Au-Cu-Mo-Sb-Ag 等元素组成，高中低温元素均有涉及。总体来看，异常受断裂构造控制。单元素异常 Au、Ag、As、Cu、Mo、Ni、Sb 最高达四级浓度分带，Zn、Pb、Co 最高达三级浓度分带，Sb 最高达二级浓度分带。异常内元素分组复杂，出现四个浓集中心，各浓集中心呈北西向沿断裂构造分布。Au、Ag、Cu、Mo、Sb 在异常区西北呈面状、同心圆状分布，并形成统一的浓集中心；As、Ag、Cu、Pb、Mo 等元素在异常区北部套合较好，浓集中心明显；Au、Mo、Pb、Cu 等元素在异常区南部呈面状分布，浓集中心不明显；Mo、Au、Cu、Ag 在异常区的西北无明显的浓集中心。空间上均位于石炭系下统的凝灰熔岩与断裂构造的接触带上。

AP4 异常由 Ag-Cu-Zn-Sb-As 等元素组成，高中低温元素均有涉及。总体来看，异常受构造控制。单元素异常 Mo 最高达四级浓度分带，Sb、Pb、Cu、Ni、As 最高达三级浓度分带，Zn、Sn、Co、Au 最高达二级浓度分带。异常内元素分组复杂，出现两个浓集中心。As、Ni、Cu、Co、Zn 在异常区东南呈同心圆状分布，并形成统一的浓集中心；Au、Co、Ni、Zn、Cu 等元素在异常区西北套合较好，浓集中心明显。空间上均位于石炭系下统的凝灰熔岩与断裂构造的接触带上。

AP5 异常由 Ag-Cu-Zn-Sb-Au 等元素组成，高中低温元素均有涉及。单元素异常 Zn、Cu、Ag 最高达四级浓度分带，Pb 最高达三级浓度分带，Co、Ni 最高达二级浓度分带。

异常内元素分组复杂，出现三个浓集中心。Ag、Ni、Cu、Co、Zn在异常区西北呈同心圆状分布，并形成明显统一的浓集中心，空间上位于石炭系下统的凝灰熔岩中。Pb、Ag、Zn、Cu等元素在异常区中部套合较好，浓集中心明显，空间上位于石炭系下统的凝灰熔岩与晚石炭世中粒花岗闪长岩的接触带。Pb、Au、Zn在异常区的西南呈面状分布，浓集中心不明显。空间上位于晚石炭世的中粒花岗闪长岩与闪长岩脉的接触带上。

AP6异常由Ag-Cu-Mo-Ni-Au等元素组成，高中低温元素均有涉及。单元素异常Sn、Cu、Ni最高达四级浓度分带，Sb、Pb、Mo、Au、As最高达三级浓度分带，Co、Zn、Ag最高达二级浓度分带。异常内元素分组复杂，可进一步分解为三个浓集中心。Cu、Co、Zn在异常区北部呈同心圆状分布，并形成明显统一的浓集中心，空间上位于晚石炭世的中粒花岗闪长岩中。Au、Mo、Cu等元素在异常区中部呈面状套合，浓集中心明显，空间上位于晚石炭世的中粒花岗闪长岩中。Cu、Au、Ag、Pb、As、Sn、Sb、W在异常区的西南呈面状分布，浓集中心明显。空间上位于晚石炭世的中粒花岗闪长岩与石炭系下统的凝灰熔岩的接触带。

3.4 主要矿体成因及找矿标志

3.4.1 Ⅰ号矿化蚀变带

3.4.1.1 矿床成因

Ⅰ号蚀变带矿化元素为Mo、W、Au，矿化体赋存于石英脉及中粒花岗闪长岩内，矿化段地表特征为褐铁矿化强烈，石英脉发育，深部矿化段最明显特征为黄铁矿富集，与区域上流沙山钼金矿地质特征进行了对比，初步认为该类矿化属深成岩型斑岩钼-金矿床。

3.4.1.2 找矿标志

地表花岗闪长岩褐铁矿化强烈且石英细脉发育是最直接的找矿标志。化探异常发育地段，尤其是Pb、Zn含量值高，且高含量值集中分布的地段，是寻找此类矿化非常有效的地球化学标志。

3.4.2 Ⅱ号矿化蚀变带

3.4.2.1 矿床成因

Ⅱ号蚀变带矿化元素为Mo、Cu，矿化体赋存于中粒花岗闪长岩内，矿化段地表特征为褐铁矿化强烈，石英脉发育，深部矿化段最明显特征为黄铁矿富集，初步认为该类矿化属深成岩型斑岩钼-金矿床。

3.4.2.2 找矿标志

地表花岗闪长岩褐铁矿化强烈且石英细脉发育是最直接的找矿标志。化探异常发育地段，尤其是Mo、Cu含量值高，且高含量值集中分布的地段，是寻找此类矿化非常有效的地球化学标志。

3.4.3 Ⅲ号矿化蚀变带

3.4.3.1 矿床成因

Ⅲ号蚀变带矿化元素为Zn，矿化体主要赋存于石英脉的围岩中粒花岗闪长岩内，伴随发育绿泥石、绿帘石、褐铁矿化，初步认为该类矿化属热液型。

3.4.3.2　找矿标志

沿中粒花岗闪长岩与凝灰熔岩的内接触带，褐铁矿化、绿泥石化强烈并发育石英脉是最直接的地质标志。化探异常发育地段，尤其是 Pb、Zn 高含量值多且分布集中的地段，是找矿非常有效的地球化学标志。

3.4.4　清河沟 Fe1 矿体

3.4.4.1　矿床成因

研究区内 Fe 矿体主要赋存于下石炭统白山组晶屑凝灰熔岩内，围岩蚀变为主要为绿帘石化、绿泥石化、硅化、褐铁矿化，认为属中高温热液成因，形成于晚石炭世后期，东西向构造及二长花岗岩的侵入为矿体的形成提供了空间、物质及热量的来源。该矿点磁铁矿含量虽高，但规模较小。

3.4.4.2　找矿标志

凝灰熔岩具有强绿帘石化、褐铁矿化发育，地表可见磁铁矿脉地段属找矿最直接的地质标志。地面高精度磁法测量异常是确定找矿靶区非常有效的地球物理标志。化探异常发育地段，尤其是以 Ni、Ag、Pb、Zn 为主的多元素化探异常组合，且与热液蚀变配套的地段。

3.4.5　清河沟 Cu 矿（化）体

3.4.5.1　矿床成因

研究区内发现的 Cu 矿化体主要赋存石英脉内，且伴生 Au、Pb、Zn 矿化，初步认为该类矿化属热液型。

3.4.5.2　找矿标志

沿石英脉发育强褐铁矿化、孔雀石化是最直接的地质标志。化探异常发育地段，主要是以 Cu、Au 为主的化探异常组合，是找矿非常有效的地球化学标志。

3.5　结　　论

（1）研究区矿床的形成与普遍发育的韧性剪切带、断裂和接触带等构造以及该区域的岩浆岩关系密切。韧性剪切带内由于岩石普遍片理化、线理化，存在虚脱空间，从而为热液活动提供通道。另外由于各种蚀变，此地段往往是以铁为主的多金属矿成矿的有利部位。断裂构造内往往有石英脉填充，形成有一定走向和规模的区域性适应脉带，其部分石英脉内往往含金铜钼铅锌矿化，即构造为成矿提供了空间。接触带构造中侵入体与围岩间的复杂接触，形成各种蚀变，广泛的水—岩反应往往伴随着铁铜等矿化的形成。岩浆不但是成矿元素的源泉，而且由于岩浆热液的活动，给成矿物质的搬运、富集成矿创造了有利条件。该区成矿地质条件有利，矿化信息明显，前期找矿效果较好。

（2）在全区展开 1∶25000 土壤测量 35km^2，分析了 Ag、As、Au、Co、Cu、Mo、Ni、Pb、Sb、Sn、W、Zn 共 12 个元素，在单元素异常的基础上，根据各元素异常的空间组合特征，结合异常的地质成因等进行综合异常圈定，全区共圈定综合异常 6 处。其中 AP1、

AP3、AP5、AP6 均发现有不同程度的成矿，具有一定的找矿潜力。

（3）对主要矿体的成因进行了初步总结，明确了找矿标志，初步确定区内优势矿种为 Mo、Cu、Au，矿床类型主要为热液型矿床。认为本区具有进一步工作的价值，可开展预普查工作，有希望找到有经济价值的工业矿床。

4 内蒙古额济纳旗卡路山一带综合方法找矿

额济纳旗卡路山一带矿床位于内蒙古自治区与甘肃省交界处内蒙古一侧，属北山山系，大部分为低山丘陵区和戈壁滩，是一处具有大型规模远景的金属矿床带。以发现具有大型、超大型远景的矿床为目标，注重寻找隐伏、半隐伏矿床，为自治区矿产勘查提供后备基地（李宝友等，2022）。通过对区域和矿床的地质特征分析，对矿床的成矿原因及成矿规律进行了初步探讨，并明确了找矿标志。研究表明，受石板井—小黄山深大断裂和马莲井—通畅口—碱泉子断裂影响，工作区及周围地质构造复杂，不同时期、不同规模、不同序次的构造形迹互相叠加，为成矿热液的运移、聚集及储存提供了良好的条件（冯罡等，2015；邓申申，2016）。区域岩浆活动强烈，侵入岩及岩石蚀变矿化发育，主要分布在西北部和中南部地区，时代为晚古生代，为成矿创造了有利条件（姜亭等，2012）。从现有的矿产地质资料和数据看，额济纳旗卡路山一带矿床主要以金、银、铜和铁为主，其次为铬、镍、钨、锡和稀有—放射性矿产（宋健等，2012）。通过对区域地质背景和矿床地质特征的全面总结，对研究区内取得的地质、矿产、物化探等资料进行了全面综合整理、研究，结合区域演化特点，讨论了内蒙古额济纳旗卡路山一带矿床成矿原因，对额济纳旗卡路山一带矿床的成矿规律进行总结，进行成矿预测，以期为区域上进一步找矿提供信息，对区域找矿具有重要的指导意义。

额济纳旗卡路山一带矿床位于西伯利亚板块与哈萨克斯坦碰撞汇聚带南侧，哈萨克斯坦板块与塔里木—华北板块碰撞汇聚带北侧，为古亚洲成矿域北山成矿带中带铁、铜、钨、锡、金、钼、铅、锌多金属成矿带中段，石板井—小黄山深大断裂从研究区北侧通过（卢进才等，2018）。其南侧为马莲井—通畅口—碱泉子断裂。受两断裂影响，工作区及周围地质构造复杂，不同时期、不同规模、不同序次的构造形迹互相叠加，为成矿热液的运移、聚集及储存提供了良好的条件（咎路军，2015）。研究区岩浆活动强烈（许伟，2019），侵入岩及岩石蚀变矿化发育，主要分布在西北部和中南部地区，时代为晚古生代，为成矿创造了有利条件（卫彦升等，2020）。从现有的矿产地质资料和数据看，额济纳旗卡路山一带矿床主要以金、银、铜和铁为主，其次为铬、镍、钨、锡和稀有—放射性矿产（康建飞，2019）。但是，额济纳旗卡路山一带矿床总体研究程度相对较低。许多矿（床）点没有进行系统研究工作。通过对区域地质背景和矿床地质特征的全面总结，对研究区内取得的地质、矿产、物化探等资料进行了全面综合整理、研究，结合区域演化特点，讨论了内蒙古额济纳旗卡路山一带矿床成矿原因，总结了该成矿区的成矿规律，并对内蒙古额济纳旗卡路山一带矿床进行成矿预测，以发现具有大型、超大型远景的矿床为目标，注重寻找隐伏、半隐伏矿床，为自治区矿产勘查提供后备基地。

4.1 区域地质背景

研究区位于西伯利亚板块与哈萨克斯坦板块碰撞汇聚带南侧，哈萨克斯坦板块与塔里木—华北板块碰撞汇聚带北侧，为古亚洲成矿域北山成矿带中带铁、铜、钨、锡、金、钼、铅、锌多金属成矿带中段，主要出露石炭系下统红柳园组、二叠系下统双堡塘组碎屑岩、三叠系中下统二断井组碎屑岩、侏罗系中下统龙凤山组含煤碎屑岩、白垩系下统赤金堡组碎屑岩、新近系上新统苦泉组碎屑岩及第四系冲洪积物。侵入岩较为发育，构造以脆性断裂为主，区域构造线总体呈北西向展布。

工作区内地层较为发育，出露有中上元古界蓟县系—青白口系圆藻山群（JxQnY）、石炭系下统红柳园组（C_1hl）、二叠系下统双堡塘组（$P_1\hat{s}b$）、三叠系中下统二断井组（$T_{1\text{-}2}er$）、侏罗系中下统龙凤山组（Jl）、白垩系赤金堡组（$K_1\hat{c}$）、新近系上新统苦泉组（N_2k）、第四系全新统（Q_h）。中上元古界蓟县系—青白口系圆藻山群（JxQnY）主要为一套碳酸盐岩组合，有灰白色大理岩、深灰色结晶灰岩、硅质条带状灰岩、黑色薄层状泥质条带状灰岩、灰色厚层状白云质大理岩、上部夹深灰色硅化结晶灰岩；石炭系下统红柳园组（C_1hl）下部为灰黄—灰绿色长石砂岩、粉砂岩夹砾岩、大理岩上部为灰—灰黑色板岩、千枚岩；二叠系下统双堡塘组（$P_1\hat{s}b$）主要岩性为灰绿色—黄绿色砾岩、砂岩、粉砂岩夹泥岩，上部页岩夹灰岩透镜体，岩性复杂。三叠系中下统二断井组（$T_{1\text{-}2}er$）为紫灰色、灰绿色砾岩，紫灰色、灰白色长石石英砂岩夹粉砂岩、细砂岩；侏罗系中下统龙凤山组（Jl）为紫灰色、灰绿色砾岩，紫灰色、灰白色长石石英砂岩夹粉砂岩、细砂岩，含煤层；白垩系赤金堡组（$K_1\hat{c}$）为紫灰色—砖红色砾岩，砂岩、粉砂质泥岩夹煤层；新近系上新统苦泉组（N_2k）主要为灰红色砾岩、砂岩砂质泥岩等；第四系全新统（Q_h）为由砾石、砂土等松散堆积物组成的冲积—洪积物（Q_h^{al-pl}）和砂质黏土组成的湖积物（Q_h^l）。

工作区侵入岩出露较为广泛，其面积约 276km^2。主要分布在西北部和中南部地区，时代为晚古生代。岩石类型以中—酸性侵入岩为主，多呈岩基或岩株产出，基性岩只在工作区西北角以马蹄形岩墙少量出露。岩体总体受近东西向断裂构造控制。根据侵入岩与地层的接触关系、岩体之间侵入关系及 1：200000 资料，将工作区侵入岩划分见表 4-1。

表 4-1 侵入岩划分一览表

侵入时代		代号	主要岩石类型	产状	侵入关系	分　布
华力西期	二叠纪	Pγo	黑云母斜长花岗岩	岩株、岩基	侵入于园澡山群（JxQnY）与二叠纪似斑状黑云母花岗岩、二长花岗岩呈相变关系	工作区西部、中南部
		Pγb	似斑状黑云母花岗岩、二长花岗岩	岩株、岩基	侵入于红柳园组（C_1hl）古生代（Cγ）	工作区西北部、西部、南部
	石炭纪	Cv	辉长岩	岩墙	侵入于白山组（C_1b）园澡山群（JxQnY）	工作区西北部

区域上工作区位于西伯利亚板块与哈萨克斯坦碰撞汇聚带南侧，哈萨克斯坦板块与塔里木—华北板块碰撞汇聚带北侧，为古亚洲成矿域北山成矿带中带铁、铜、钨、锡、金、钼、铅、锌多金属成矿带中段，石板井—小黄山深大断裂横从工作区北侧通过。其南侧为马莲井—通畅口—碱泉子断裂。受两断裂影响，工作区及周围地质构造复杂，不同时期、不同规模、不同序次的构造形迹互相叠加，为成矿热液的运移、聚集及储存提供了良好的条件。

研究区断裂构造十分发育，分布于不同的地质体中。根据断层走向及截切关系可分为三组，分别为近东西向、北西向及北东向（近南北向）。北西西—南东东向断裂形成早，最为发育，以平行褶皱轴走向的逆断层为主，正断层少见，此组断层延长较远，规模较大。断层走向与地层走向基本一致，该组断裂形成时代较早，被后期北西及南北向断层所错动，与该组断裂相伴形成的裂隙中局部可见石英脉及花岗岩脉充填，可见有褐铁矿化、孔雀石化，并发育多处金矿化点。北东向—南西向断裂形成较晚，断层不发育，一般以规模较小的正断层、平推断层为主。断层又具平推性质，切割了北西西—南东向断层。该组断层出露于不同时期的地质体之中，错动不同时代的地质体及构造形迹，局部对已形成的矿体起破坏作用。北西向断裂形成最晚，或与上组断层同时形成，该组断层最少，以规模较小的平推断层为主，以斜切褶皱轴和北西西—南东东向断层为特征，大多与地层产状一致，形成本区北西向主要的构造格架，该组断裂也是区域主要控岩控矿构造，沿断裂带褐铁矿化、硅化发育，为金矿的成矿有利地段。

4.2　矿产资源概况

4.2.1　区域矿产概况

工作区及周围断裂构造发育，岩浆活动强烈，为成矿创造了有利条件，特别是发育于工作区北侧的明水—小黄山及工作区南侧的马莲井—碱泉子深大断裂为成矿进一步提供了条件，其附近的次级断裂及裂隙为成矿热液提供了运移的通道及赋矿的场所。因此该工作区周围及与之处于同一构造区域内或相邻地段各类矿床发育，矿点、矿化点星罗棋布，该区北侧有黑鹰山铁矿、流沙山钼金矿、额勒根乌兰乌拉钼矿、下勒陶来铁铜矿、小红山钒钛磁铁矿、白云山铜多金属矿。该区西侧于甘肃省境内有公婆泉铜多金属矿床、花牛山铅—锌—银多金属矿床、拾金坡金矿床、南侧有新场金多金属矿床、南东侧有白山堂铜多金属矿，以上矿床与工作区处于相似的构造背景，具有相同或相近的地质背景，如图 4-1 所示。

4.2.2　矿产资源概况

工作区以往仅开展过 1∶200000 区域地质调查，大于 1∶200000 的地质、物化探工作均未进行，为空白区。1∶200000 区调在工作区内发现的矿产有炭窑井北赤铁矿点（编号 1）、炭窑井北锰矿点（编号 2）、红旗泉南金矿化点（编号 3）及野马泉煤矿化点（编号 4）。1∶50000 综合方法找矿发现 2 条金矿化体，为热液型和沉积型矿床。

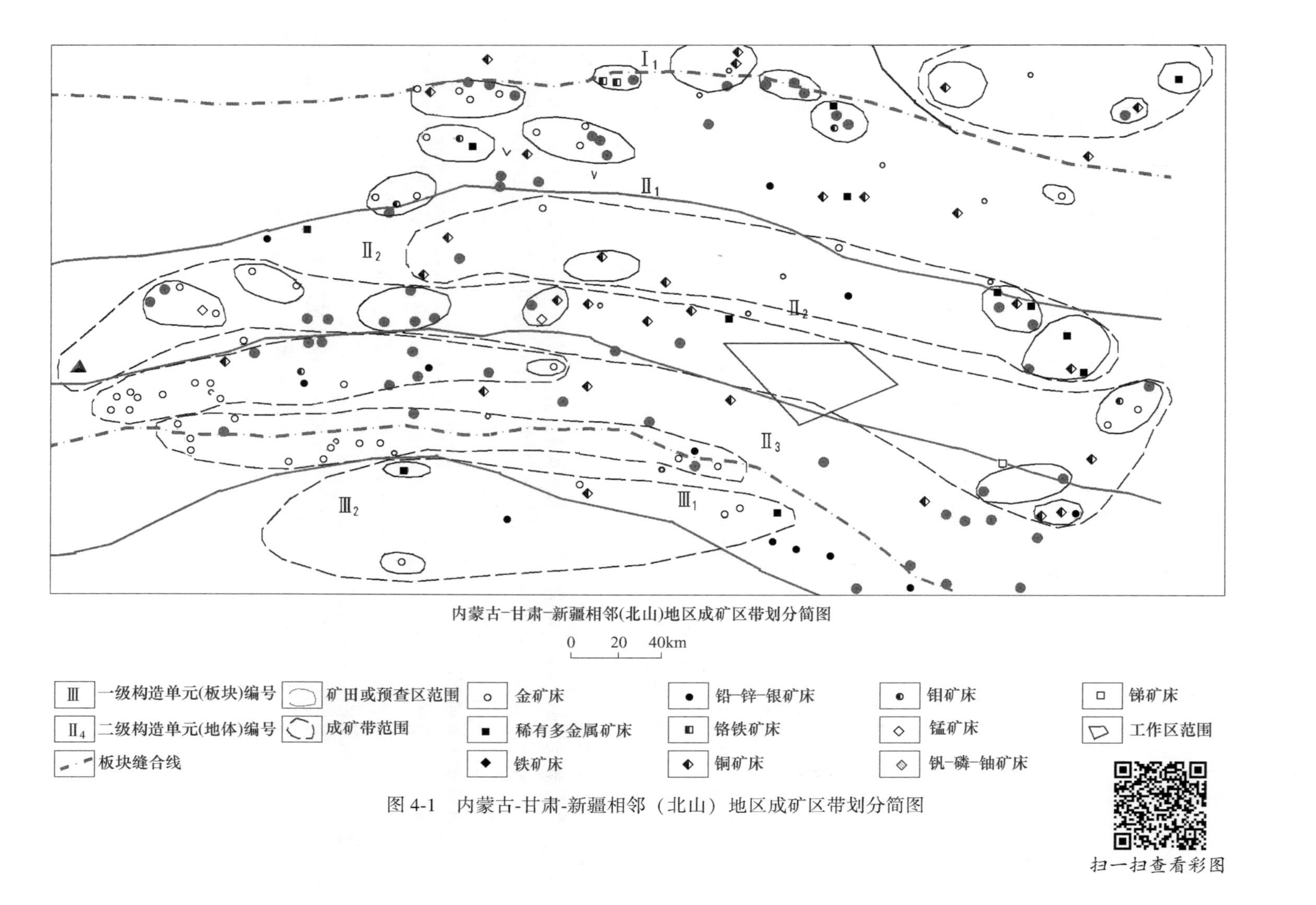

图 4-1 内蒙古-甘肃-新疆相邻（北山）地区成矿区带划分简图

炭窑井北赤铁矿点矿体产于大理岩内，受北西向裂隙控制，断续出露有个4矿体，主矿体为不规则透镜状，沿走向厚度变化稳定，仅在两端有分支尖灭现象。由两端向中间，矿石品位由富变贫，矿石呈网格状、蜂窝状、皮壳状，为块状构造，矿物以赤铁矿为主，其次为褐铁矿及钛铁矿，伴有少量黄铁矿和黄铜矿；炭窑井北锰矿点出露于白垩系赤金堡组底部灰绿色粉砂岩、细砂岩，砾岩内局部有含锰砾岩，含锰砾岩为不规则透镜状；红旗泉南金矿化点出露于二叠纪灰白色似斑状黑云母二长花岗岩中石英脉或伟晶岩脉内，含金石英脉为不规则透镜状；野马泉煤矿化点煤层出露于白垩系赤金堡组底部灰绿色粉砂岩与泥岩之间，共见有6层煤，最大厚度1.81m，断续长50~100m。本次1：50000综合方法找矿发现2条金矿化体。

4.3 地球物理特征及化学特征

4.3.1 地球物理特征

研究区各类岩矿石的视极化率都比较低，小于0.6%；视电阻率为200~500Ω·m，辉绿玢岩、安山玢岩的电阻率稍高一些。测区出露的岩石可分为四类：大理岩、角砾岩、硅质千枚岩基本上没有磁性；凝灰岩、千枚岩、砂岩等属微磁性岩石；闪长岩、中酸性岩磁化率分别为 $100\times4\pi\times10^{-6}$SI ~ $1000\times4\pi\times10^{-6}$SI，属弱磁性；玄武岩、辉绿岩的磁化率在 $1000\times4\pi\times10^{-6}$SI 以上，属强磁性。

工作区位于阿拉善断裂与横峦山—乌兰套海断裂之间（见图4-2）。航磁异常图上为一平静的负磁场区，沿红柳大泉—天仓一线分布有规模不大的不规则片状或狭长带状局部正磁异常，强度为100~200nT，走向呈北西向。区内广泛出露的地层为中上元古界古硐井群、圆藻山群及早古生界，其中奥陶—志留系中，局部层位以中—中基性火山岩为主，是引起不规则片状磁异常的主要因素，沿红柳大泉—天仓一线见有较广泛的石炭纪花岗岩（Cγ）、闪长岩（Cδ），其出露范围和延伸方向与狭长带状局部磁异常相对应，花岗岩类是引起磁异常的主要原因。

布格重力异常图上为一重力低值区，场值由北东（$-170\times10^{-5}m/S^2$）向南西逐渐降低（$-200\times10^{-5}m/S^2$），局部重力异常呈不规则椭圆形或者长椭圆形，与局部正磁异常相对应，呈北西西向延伸。沿红柳大泉—天仓一线见有较广泛的华力西期花岗岩（Cγ）、闪长岩（Cδ），其出露范围和延伸方向与狭长带状局部重力异常相对应。由于该时期的地壳活动以差异性升降活动为主，因此在工区范围内形成了一系列的中新生界断陷盆地。这些盆地由于低密度陆源物质的沉积和基底凹陷，通常产生明显的重力低异常特征。

卡路山重点检查区及外围主要地层采集了物性标本，标本测定结果从电性标本测定结果可知，区内二叠系砂岩、石炭系硅质板岩、圆藻山群大理岩及灰岩视极化率平均值为0.38%~0.46%，页岩为0.69%；视电阻率一般为265~298Ω·m，硅质板岩、大理岩较高，分布为486、412。但都显示为低极化中低电阻特性。磁性标本测定结果中，工作区内各岩性磁化率变化范围为 $113\times4\pi\times10^{-6}$SI ~ $181\times4\pi\times10^{-6}$SI。剩余磁化强度变化范围为123~142（$10^{-3}$A/m），显示为弱磁性地质体。

北山地区布格重力异常（网格化）平面图如图4-2所示。

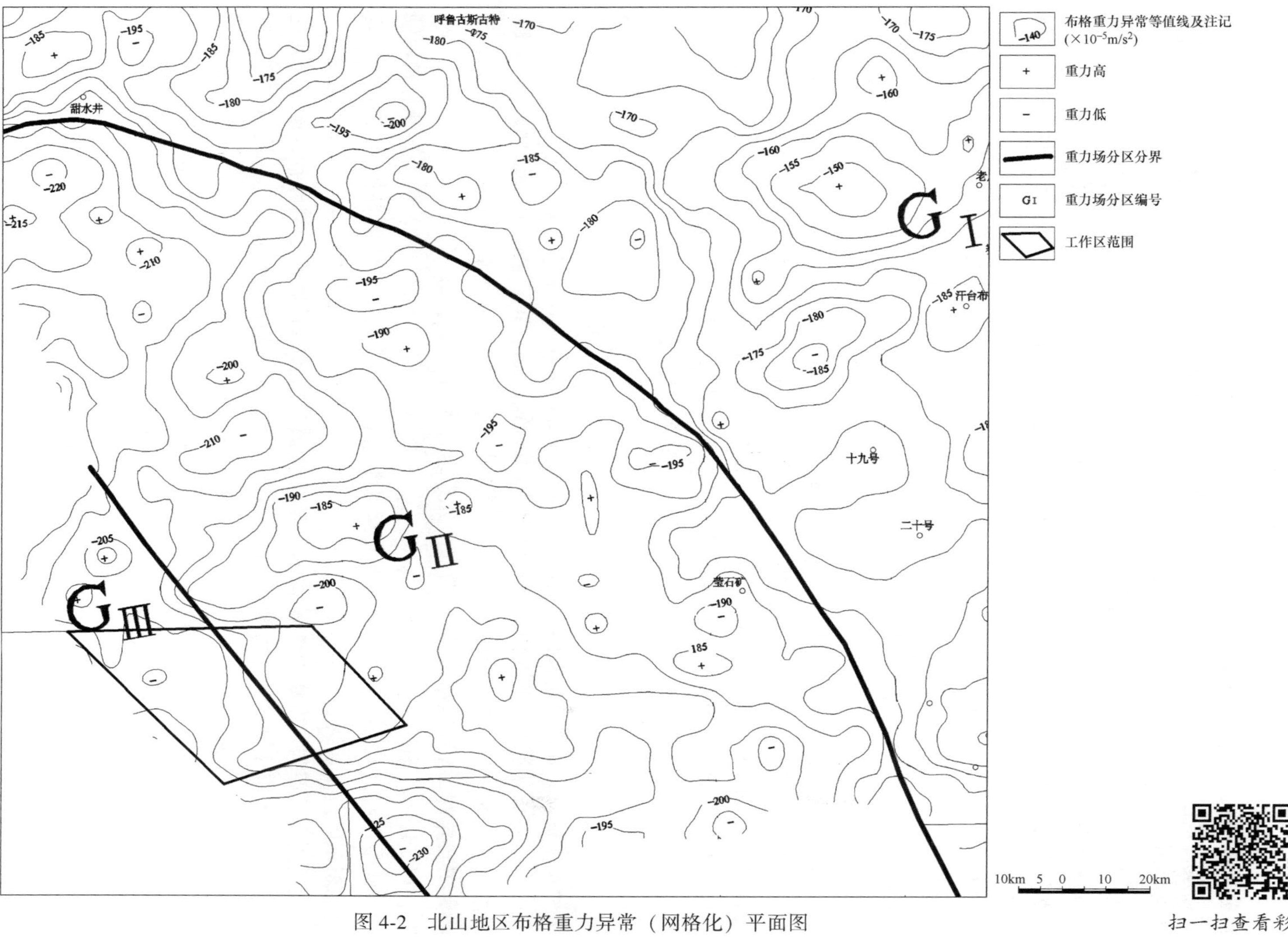

图 4-2　北山地区布格重力异常（网格化）平面图

4.3.2 地球化学特征

研究区为强分异型、区域平均值高的元素有 As、Sb、Hg、Au、Ag、Pb，这些元素异常分布范围大，有利于成矿。强分异型，区域平均值低的元素有 Mo、W、Cu、Zn，这类元素虽背景低，但分异性强，在有利地质条件下，也易成矿。Au、Cu 元素的高值区主要分布于黑大山东西向挤压带、白云山断裂构造的志留系、中元古界中，$w(\mathrm{Au})$ 的最高值为 85.5×10^{-9}，$w(\mathrm{Cu})$ 的最高值为 419.6×10^{-6}，空间上与 As、Hg 元素异常吻合好。Sb、As 元素在本工作区强度高，分布面积大。尤其 Sb 元素更为明显，最高值为 146.5×10^{-6}，是离散程度最大富集能力最强的元素，异常区位于黑大山附近，与 As 元素的高背景区吻合较好。

在单元素异常的基础上，根据各元素异常的空间组合特征，结合异常的地质成因等进行综合异常圈定，全区共圈定综合异常 19 处（AP1～AP19）。属乙 1 类异常，即未见矿化但推断可能发现大型矿的异常有 AP7、AP17，其中 AP7 异常走向北北东向。元素组合为 Au、Sb、Mo、Ag、Zn、Ni，以 Au、Sb、Mo 元素为主。为一高、中、低温元素组合；AP17 异常走向北西向。元素组合为 Au、Ag 、Hg、Zn、Mo、Sb，以 Au、Ag 元素为主。为一种温元素组合。异常元素组合为 Au-Ag 组合，并有前缘低温元素 Hg、Sb 相伴生，Au 元素规模大，浓集中心明显，衬值较高，异常所处地质条件较好；属乙 2 类异常，即未见矿化但推断可能发现中型矿的异常有 AP1、AP5、AP9、AP15、AP16，其中 AP1 异常走向北北东向。元素组合为 Mo、Cu、Hg 、Sn，以 Mo、Cu 元素为主，为高-中温元素组合。异常组合为 Mo-Cu 元素组合，且伴有 Hg、Sn，在该区应注意热液型隐伏矿体的寻找；AP5 异常走向北西向。元素组合为 Bi、Sn、Pb、W、Sb，以 Bi、Sn、Pb 元素为主，为高中温元素组合。异常产于岩体内侧，中心点与构造相吻合，在该区注意寻找矽卡岩型多金属矿床；AP9 异常走向北西向。元素组合为 Sb、Ag、Au、Mo、Hg，以 Sb、Ag、Au、Mo 元素为主。为一高、中、低温元素组合。该异常 Ag、Au、Mo 元素衬度值高，规模大，推断为矿质异常。AP15 异常走向北西向。元素组合为 Sb、Hg、Bi、Sn、As、Au、Pb、Mo、Zn，以 Sb、Bi、Sn、Au、Mo 元素为主。为一高、中、低温元素组合。初步推断异常由断裂破碎带引起，元素组合为低温前缘元素异常组合，注意隐伏矿体的寻找。AP16 异常走向北东东向。元素组合为 Bi、Sn，为高温元素组合。异常元素组合为典型的高温组合，严格受断裂带控制，推断为热液型 Bi、Sn 多金属矿质异常；属乙 3 类异常，即未见矿化但推断可能发现小型矿的异常的有 AP6、AP10、AP13，其中 AP6 异常走向北西向。异常元素组合为 Au、Sb、Mo、Zn、Ni、Ag、As、Bi，以 Au、Sb、Mo、Zn 元素为主。为一高、中、低温元素组合；AP10 异常走向北东向。元素组合以 Au、Ag 元素为主。为一种温元素组合。异常有断裂带引起，伴有 Ag、Au 异常，且相互套合好；AP13 异常走向北西向。元素组合为 Cu、Au、Ag、Hg、Sb、As、Mo、Bi、Ni、Zn，以 Cu、Au、Ag、Sb、Mo 元素为主。为一高、中、低温元素组合。推断异常由东西向断裂带次级构造引起，异常元素组合较多，Cu、Au、Ag 元素异常规模较大；丙类异常，即性质和前景不明的异常有 AP2、AP8、AP11、AP14、AP18；丁类异常，即无找矿意义和前景的异常有 AP3、AP4、AP12、AP19。

4.4 讨　论

4.4.1 成矿原因

4.4.1.1 *构造活动对成矿的影响*

成矿前构造常常具有控岩、控矿的作用，它能提供成矿流体的运移通道及容矿空间（陈科，2011；辛杰，2018）。位于西伯利亚板块与哈萨克斯坦碰撞汇聚带南侧，哈萨克斯坦板块与塔里木—华北板块碰撞汇聚带北侧，为古亚洲成矿域北山成矿带中带铁、铜、钨、锡、金、钼、铅、锌多金属成矿带中段，石板井—小黄山深大断裂横从工作区北侧通过。其南侧为马莲井—通畅口—碱泉子断裂。受两断裂影响，工作区及周围地质构造复杂，不同时期、不同规模、不同序次的构造形迹互相叠加，为成矿热液的运移、聚集及储存提供了良好的条件。

4.4.1.2 *岩浆活动与成矿的关系*

研究区及周边构造岩浆活动剧烈，且具有多期次的特征。岩浆活动是地壳活动的主要形式之一，许多内生矿床，特别是金属矿床的形成和分布都不同程度地受岩浆活动因素所控制（王伏泉，1991；辛杰，2018）。与石炭纪超基性岩有关的矿产，有晚期岩浆型铬铁矿；与石炭纪黑云母石英闪长岩、黑云母斜长花岗岩和二叠纪斜长花岗岩有关的矿产，有接触交代型铁、铜矿，热液型铜、铅矿；稀有—放射性矿产为伟晶岩型；石英脉型金、铜、铋矿产。与二叠纪花岗岩有关的矿产，有接触交代型铁、铜、等。

4.4.1.3 *地层原因*

研究区内地层较为发育，沉积变质型铁、锰矿产于下石炭统绿条山组中；放射性异常产于白垩系赤金堡组炭质页岩中，可作为找矿线索。

4.4.2 成矿规律

4.4.2.1 *成矿时间演化规律*

北山地区在成矿时代上，前寒武纪形成的矿床数量有限，主要形成沉积型铁、锰矿；早古生代形成沉积型磷钒矿点；铜镍硫化物矿床主要分布于加里东晚期基性—超基性岩中；斑岩型铜铁矿床主要产于志留纪和二叠纪火山—岩浆岩带中；矽卡岩型铜矿床主要分布于加里东、华里西期、印支期中酸性岩浆岩与碳酸盐岩的接触带上；火山沉积型铁矿主要产出于石炭系火山岩中；钨矿床主要产于加里东期、华力西期酸性岩体与围岩的内接触带上；锑矿床产与华力西期韧性剪切带有关；金矿床多产于不同时代的剪切带和构造破碎带中。中上古生界为区内热液型铁矿产的主要成矿期；上古生界为沉积岩型金矿产的主要成矿期；中生界为沉积型锰及非金属煤矿产的主要成矿期。

4.4.2.2 *成矿空间分布规律*

测区内地层中褶皱、断裂较为发育，岩浆活动强烈，特别是工作区北侧的明水—小黄山及工作区南侧的马莲井—碱泉子深大断裂为成矿进一步提供了条件，其附近的次级断裂及裂隙为成矿热液提供了运移的通道及赋矿的场所，如产于变质岩、火山岩、沉积岩中的矿床主要分布于公婆泉，白山堂、黑山、辉铜山等地区；金矿主要分布于白山—狼娃山东省、南金山—马庄山、小西弓—金庙沟、老硐沟—盘陀山地区；金矿主要分布于红尖兵、红山井、东七一山、鹰咀红山一带，钨矿主要分布于玉山、华窑山、大口子等地；近年来在炮台山，盘陀山一带发现了多处钨矿（化）点；铅锌多金属矿主要分布于花牛山、月牙山一带；铁矿成因类型多样，分布较为广泛，岩浆熔离型铁矿分布于不同时期的蛇绿岩带中，与超基性岩有关；矽卡岩型铁矿床主要分布于不同时代中酸性岩体与碳酸盐岩的接触带附近；沉积型铁锰矿点主要分布于古硐井群与蓟县—青白口系的界面上及蓟县系平头山组内部；沉积型磷钒矿点主要分布于寒武—奥陶系西双鹰山组硅质岩中。

4.4.3 矿产预测

根据已取得的地、物、化、遥新资料和新成果及已知的、新发现的矿（床）点、矿化线索为基础，结合收集到以往本地区地质成果及科研成果，对地、物、化、遥信息进行综合分析研究，根据成矿地质背景、成矿规律、物化探异常特征、矿产特征，圈定成矿远景区（带），明确找矿方向和目标，初步预测其找矿前景。

4.4.3.1 卡路山（Ⅰ区）金、银、铜、锡成矿预测区

卡路山（Ⅰ区）金、银、铜、锡成矿预测区面积 118.4km^2，在工作区的中部，为一东西长南北短的多边形，包括 1∶50000 综合异常 6 个（AP6、AP7、AP8、AP9、AP10、AP11），其中综合异常 AP7、AP8、在卡路山（Ⅰ区），异常及矿化显示为金异常，区内发现一条金矿化蚀变带，矿化蚀变带长度约 800m，宽度为 10~90m，Au 元素品位为 0.1~0.24g/t，显示出良好的找矿前景。推测该预测区是寻找金矿床的有利地段。

卡路山（Ⅰ区）金、银、铜、锡成矿预测区综合地质图如图 4-3 所示。

4.4.3.2 卡路山（Ⅱ区）金成矿预测区

卡路山（Ⅱ区）金成矿预测区位于工作区东南，面积 19km^2，包括卡路山Ⅱ区及综合异常 AP16 综合异常为一典型的以 Au 为主的低温元素组合，异常位于北西向断裂和北东向断裂的交汇处，Au 元素最高值 186.80×10^{-9}，与 As、Sb、Hg 元素异常套合好，且强度大，具明显的浓集中心，具备良好的成矿条件。

4.4.3.3 白石山（Ⅰ区）金、铜成矿预测区

白石山（Ⅰ区）成矿预测区分布于工作区东，面积 51km^2，主要出露三叠系二断井组灰绿、紫红色砾岩、含砾长石砂岩；分布的 1∶50000 万化探综合异常有 AP12、AP13 等 2 处。区内 Cu、Au、Mo、Sb 异常组合明显，套合好，分布面积大。化探已显示良好的找矿前景。

4.4.3.4 白石山（Ⅱ区）金成矿预测区

白石山（Ⅱ区）成矿预测区位于卡路山（Ⅰ区）成矿预测区东南，面积 65km^2，出露地层为圆藻山群（JxQn*Y*）和二叠系下统双堡塘组（$P_1\hat{s}b$）。分布的 1∶50000 化探综合异常有 AP14、AP15 等 2 处。目前该项目在Ⅱ区 AP1 综合异常区已发现一条 Au 矿化体，在该区继续工作找到小—中型金矿床是完全有可能的。

4.4.3.5 东三羊井东赤铁矿成矿预测区

东三羊井东赤铁矿成矿预测区位于工作区西部南侧、省界东侧，面积约 104km^2，预测区出露地层主要为中上元古界蓟县系—青白口系圆藻山群（JxQn*Y*）结晶灰岩、大理岩，新近系上新统苦泉组灰红色砂砾岩、砂质泥岩、泥质粉砂岩，新近系侵入岩为二叠纪

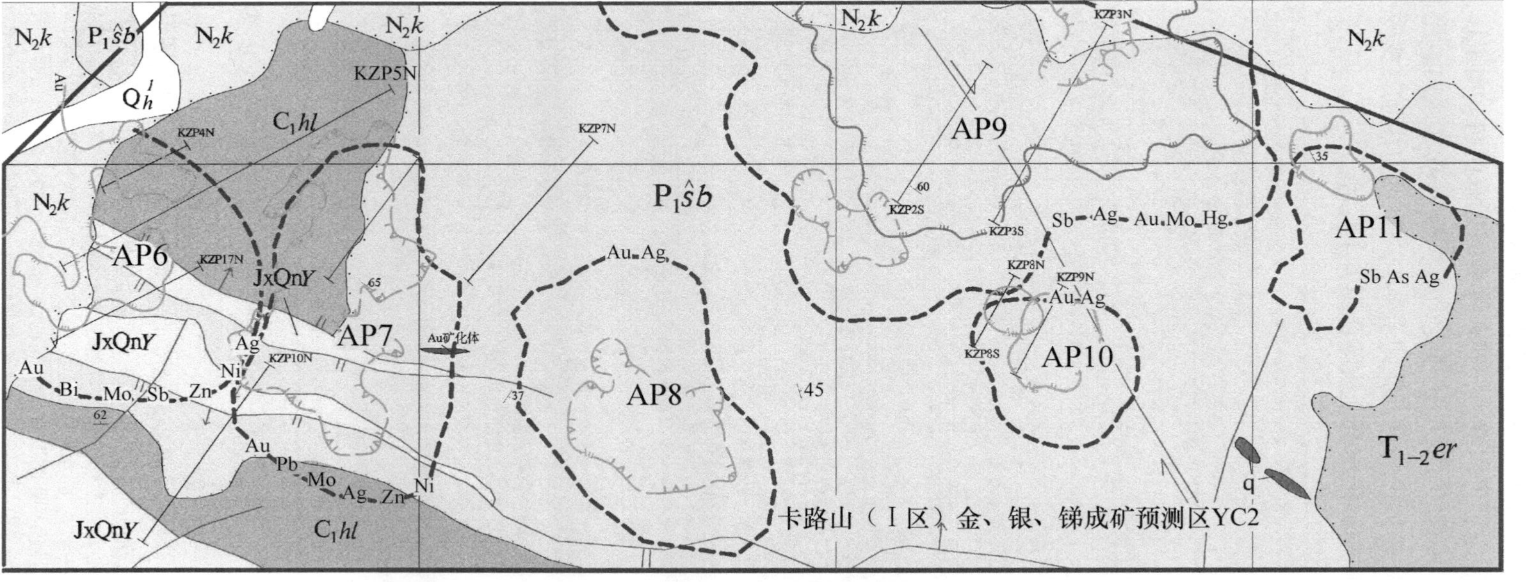

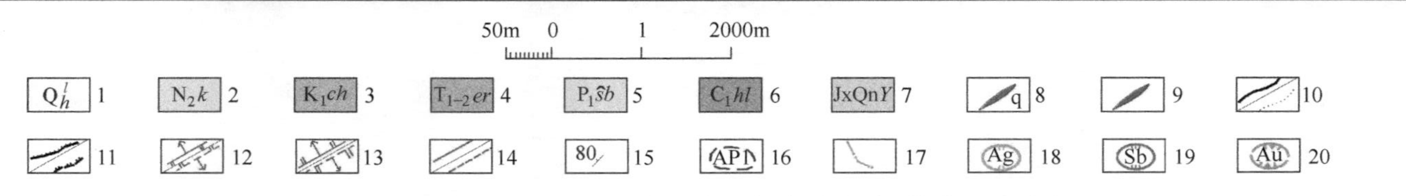

图4-3 卡路山（Ⅰ区）金、银、铜、锡成矿预测区综合地质图

1—第中系湖积物；2—新近系上统苦泉组灰红色砂砾岩、砂质泥岩、泥质粉砂岩；3—白垩系下统赤金堡组砖红色砂砾岩、泥质粉砂岩、砂质泥岩；4—三叠系中下统二断井组灰绿、灰紫色砾岩、含砾长石砂岩；5—二叠系下统双堡塘组灰色生物碎屑灰岩、灰绿色、浅绿色砾岩、灰黄色砾岩；6—石炭系红柳园组灰黄色、黄绿色长石石英砂岩夹砾岩及大理岩；7—蓟县-青白口系圆藻山群黄褐色大理岩、结晶灰岩、粉砂质板岩；8—石英脉；9—酸性岩脉；10—辉绿岩脉、辉长岩脉；11—地质界线及不整合界线；12—逆断层及推测逆断层；13—正断层及推测正断层；14—性质不明断层、推测性质不明断层；15—产状；16—综合异常及编号；17—省界线；18—单元素二级异常；19—单元素三级异常；20—单元素四级异常

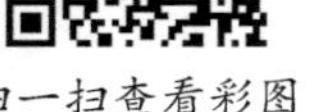

扫一扫查看彩图

黑云母花岗岩，二叠纪黑云母斜长花岗岩，构造以北西向、北东向断层为主。预测区内发现一条铁矿体，矿体产于圆藻山群灰岩与花岗岩体的接触带上，为矽卡岩型，走向北西向，矿石呈网格状、蜂窝状、皮壳状结构，块状、粉末状构造，矿物以赤铁矿为主，其次为褐铁矿，有进一步工作的必要。从地表采坑可以看出，该矿体走向近东西向，向工作区延伸，因地表覆盖未见矿体露头。Fe1、Fe1-1、Fe1-2 矿体走向近东西向或北西向，受北西向和北东向裂隙控制，极有可能为一条矿体，且靠近花岗岩体，在该区应注意寻找矽卡岩型多金属矿床。东三羊井东赤铁矿成矿预测区综合地质图如图 4-4 所示。

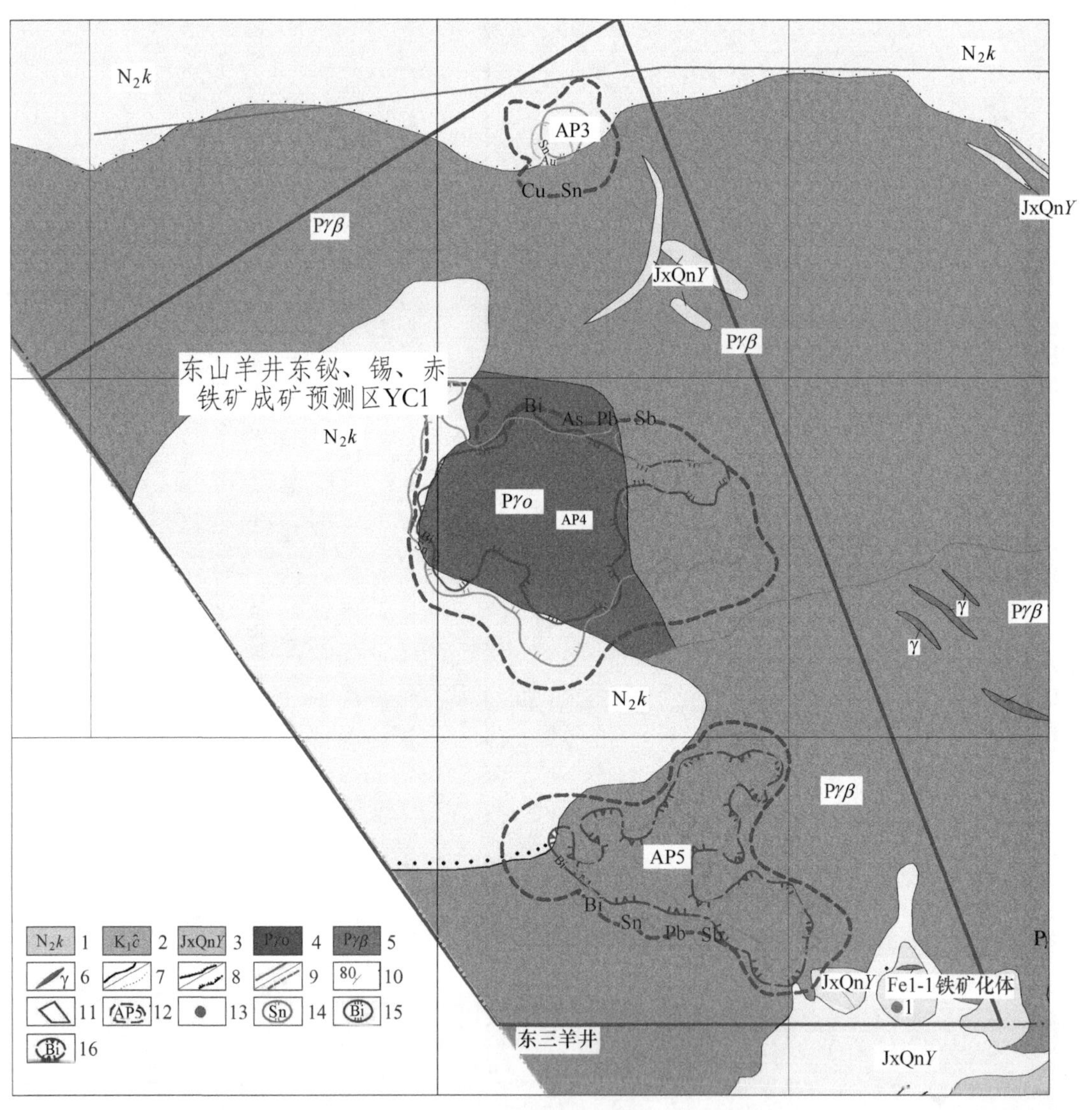

图 4-4 东三羊井东赤铁矿成矿预测区综合地质图

1—新近系上统苦泉组灰红色砂砾岩、砂质泥岩、泥质粉砂岩；2—白垩系下统赤金堡组砖红色砂砾岩、泥质粉砂岩、砂质泥岩；3—蓟县-青白口系圆藻山群黄褐色大理岩、结晶灰岩、粉砂质板岩；4—二叠纪似斑状黑云母花岗岩；5—二叠纪黑云母二长花岗岩；6—酸性岩脉；7—地质界线及不整合界线；8—辉绿玢岩脉、辉长岩；9—性质不明断层、推测性质不明断层；10—产状；11—预测区；12—综合异常及编号；13—赤铁矿点及编号；14—单元素二级异常；15—单元素三级异常；16—单元素四级异常

4.5 结　　论

（1）受石板井—小黄山深大断裂和马莲井—通畅口—碱泉子断裂影响，工作区及周围地质构造复杂，不同时期、不同规模、不同序次的构造形迹互相叠加，为成矿热液的运移、聚集及储存提供了良好的条件。区域岩浆活动强烈，侵入岩及岩石蚀变矿化发育，主要分布在西北部和中南部地区，时代为晚古生代，为成矿创造了有利条件。

（2）研究区内共有矿化点6处，炭窑井北赤铁矿点、炭窑井北锰矿点、红旗泉南金矿化点及野马泉煤矿化点、卡路山Ⅰ区金矿化点、白石山Ⅱ区金矿化点等。矿（床）点、矿化点较多，分布广泛，成因类型多样。中上古生界为区内热液型铁矿产的主要成矿期；上古生界为沉积岩型金矿产的主要成矿期；中生界为沉积型锰及非金属煤矿产的主要成矿期。

（3）对矿产成矿原因进行了初步总结，明确了成矿规律，对研究区进行矿产预测，初步确定区内优势矿种为金、银、铜，其次为铬、镍、钨、锡和稀有—放射性矿产。圈定成矿远景区（带），明确找矿方向和目标，初步预测其找矿前景，希望找到有经济价值的工业矿床。

5　内蒙古额济纳旗小红山东铅锌银多金属矿

内蒙古额济纳小红山东铅锌银多金属矿位于内蒙古高原西部，天山-北山成矿带，是内蒙古近年来地质找矿的一大突破。矿体产于北山群中晚二叠世二长花岗岩体，其形态、产状、规模受大型断裂之次级断裂、韧性剪切带控制。通过分析额济纳小红山东地质背景及矿床地质特征，初步认为该类型矿床找矿标志为：中晚二叠世二长花岗岩体，大型断裂之次级断裂、韧性剪切带处（异常部位多见硅化、碳酸盐化、绿帘石化、绿泥石化、褐铁矿化），矿化蚀变（褐铁矿化、钾化、硅化、绿帘石化、孔雀石化、蛇纹石化）、低阻高极化激电异常。通过对额济纳小红山东铅锌银多金属矿床地质特征及找矿标志研究，旨在为额济纳小红山东类似矿床提供找矿思路，也为该区寻找隐伏矿体提供一种有效的勘查模型。

区域上位于天山地槽褶皱系之北山晚华力西地槽褶皱带，三级构造单元横跨六驼山复北斜和北山隆起两个构造单元，构造活动较为频繁。北山造山带位于中亚造山带南缘，是中亚成矿域的重要组成部分，其中蕴藏着丰富的矿产资源，是我国西北地区重要的金矿集中区（杨建国等，2015；郝智慧等，2022）。北山地区基性-超基性岩较发育，自北向南，分布红石山—黑鹰山—咸水井、沙泉子—芨芨台—红柳丘井—路井、红柳河—牛圈子—月牙山—洗肠井、玉石山—黑山—小红山—老洞沟、头吊泉—花牛山—将军台、古堡泉—红柳井—俞井子 6 条规模较大的基性—超基性岩带，众多的研究者对各岩带岩体特征、岩石地球化学特征、成岩构造环境等做了大量研究，取得了丰硕成果（何国琦等，1994；左国朝等，1996；白云来，2000；秦克章等，2002；何世平等，2002；杨合群，2008）。然而，位于额济纳旗小红山东一带地处偏远，工作程度较低。2009 年，内蒙古自治区第八地质矿产勘查开发院在本区开展了白梁四幅 1∶50000 区域地质矿产调查找矿工作，区内发现矿（化）点共计为 16 处，其中 AP17 异常位于研究区内，浓集中心明显，强度较高，经异常查证该异常系矿质异常，地表矿化蚀变较好。

额济纳小红山东铅锌银多金属矿不仅经济价值巨大，同时也为今后在额济纳地区找矿勘查提供了新思路和方向。本章结合区域成矿地质背景，详细分析了额济纳小红山东铅锌银多金属矿床地质特征，为区域勘查找矿提供参考借鉴。

5.1　区域地质概况

额济纳位于塔里木板块（Ⅱ）东部陆缘增生带（$Ⅱ_1$）如图 5-1 所示（邵和明，1999）。大地构造位置位于华北板块、塔里木板块和哈萨克斯坦板块的交汇部位（郝智慧等，2022）。前中生代地层区划属塔里木—南疆地层大区，觉罗塔格—黑鹰山分区；中、新生代地层区划属天山地层大区，北山地层分区。出露地层主要为下元古界北山群第一岩组（Pt_1B^1）、下元古界北山群第二岩组（Pt_1B^2）；古生界下石炭统绿条山组一段

(C_1l^1)、古生界下石炭统白山组（C_1b）；中生界上侏罗统赤金堡组（J_3ch）；新生界上新统苦泉组（N_2k）；全新统（Q_h^{apl}）（Q_h^{al}）（Q_h^l），见表 5-1。

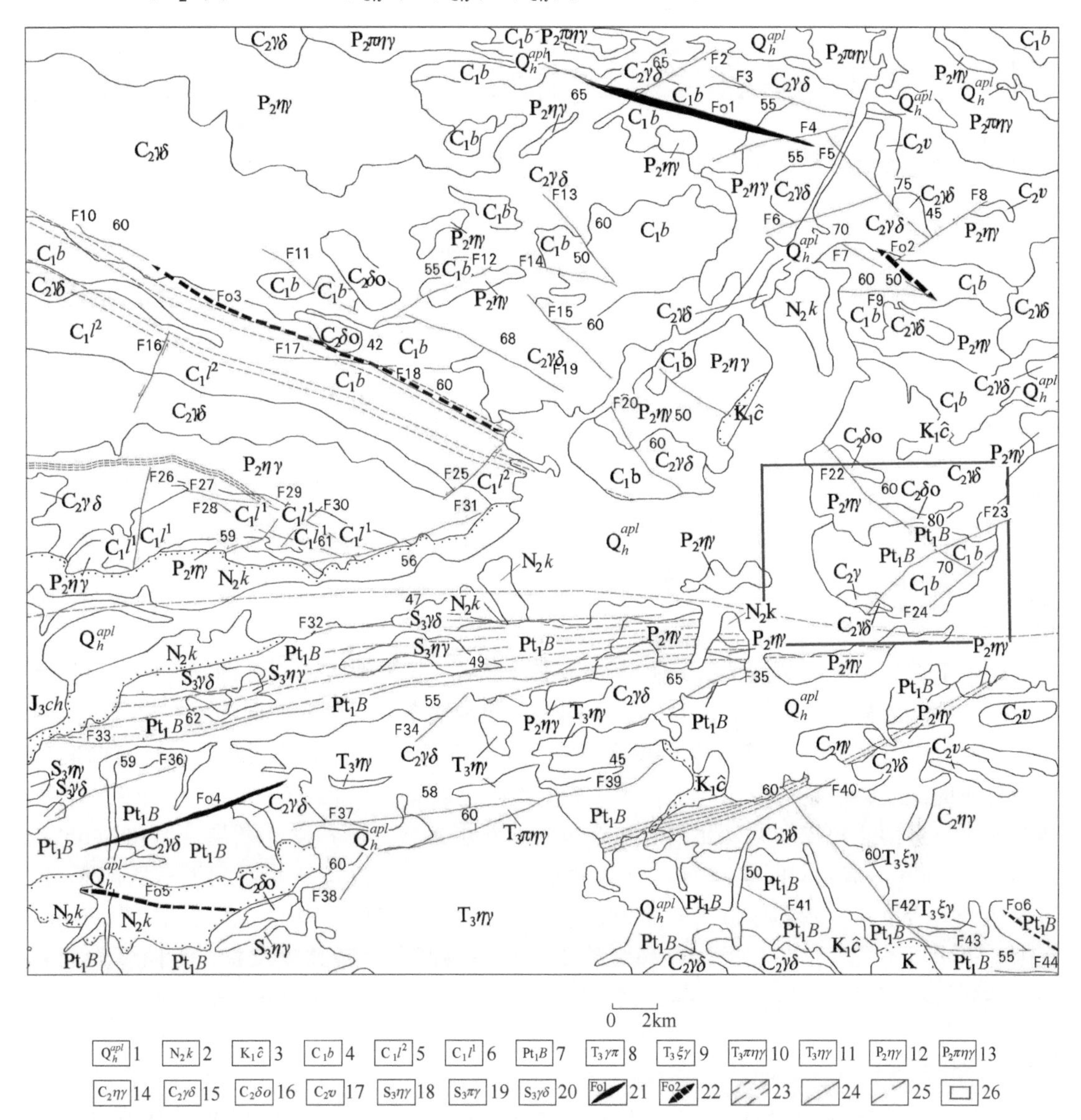

图 5-1 区域构造纲要图

1—全新统冲积物；2—上新统苦泉组；3—上侏罗统赤金堡群；4—下石炭统白山组；5—下石炭统绿条山组二段；6—下石炭统绿条山组一段；7—古元古界北山群；8—三叠纪花岗斑岩；9—三叠纪钾长花岗岩；10—三叠纪斑状二长花岗岩；11—三叠纪二长花岗岩；12—二叠纪二长花岗岩；13—二叠纪斑状二长花岗岩；14—石炭纪二长花岗岩；15—石炭纪花岗闪长岩；16—石炭纪石英闪长岩；17—石炭纪辉长岩；18—志留纪二长花岗岩；19—志留纪斑状花岗闪长岩；20—志留纪花岗闪长岩；21—背斜构造；22—向斜构造；23—韧性剪切带；24—实测断层；25—推测断层；26—预查区范围

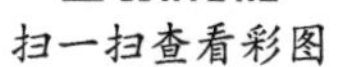

扫一扫查看彩图

表 5-1　区域地层划分一览表

界	系	统	群	组	段	代号	岩　性
新生界	第四系	全新统	—	—	—	Q_h^l	湖积黑灰色淤泥、亚砂土、亚黏土
			—	—	—	Q_h^{al}	冲积砂、粉砂、淤泥
			—	—	—	Q_h^{apl}	冲洪积砾石、砂砾石、砂、粉砂
	新近系	上新统	—	苦泉组	—	N_2k	砖红色粉砂岩、细砂岩、含砾粗砂岩
中生界	侏罗系	上统	—	赤金堡组	—	J_3ch	灰黄色砂岩、杂砂岩、含砾粗砂岩、粉砂岩、泥岩
前中生界	石炭系	下统	—	白山组	—	C_1b	灰黑色安山岩、粉色流纹岩、流纹质熔结凝灰岩夹砂岩
				绿条山组	一段	C_1l^1	灰色、土黄色砂岩、细砂岩、岩屑长石砂岩夹大理岩
	—	—	北山群	第二岩组	—	Pt_1B^2	灰褐、灰黑、灰白色变质砂岩、石英砂岩、石英岩
				第一岩组	—	Pt_1B^1	灰色、灰褐色、褐黄色灰岩、大理岩、砂岩、石英片岩

区域上构造主要为断裂构造，韧性剪切带，褶皱，构造线方向以北西向为主，次为北东向，这些断裂构造是区内的控岩、控矿构造。褶皱展布方向以北西向为主，次为近东西向。主要分布于区域的北部、西北部及西南部。韧性剪切带主要呈北西向、近东西向展布，北东向次之，以左行剪切为主。区域内断裂构造发育，以北东向和北西向为主，近东西向次之，近南北向较少见。北西向和近东西向断层多数为高角度逆断层，倾角为 55°~70°。北东向和近南北向断层具有右行对冲断层组合的特点，错断北西和近东西向断层。区域内侵入岩发育，主要分布于南部和北部，形成时代为加里东晚期、华力西中晚期、印支期；火山岩不发育，在北山岩群和绿条山组呈夹层产出；岩脉较发育，走向多为北西向，主要类型有闪长玢岩脉（$\delta\mu$）、正长斑岩脉（$\xi\pi$）、辉长岩脉（υ）等。

5.1.1　地层

小红山东出露地层主要为下石炭统绿条山组一段（C_1l^1）、下石炭统白山组二段（C_1b^2）、新生界第三系苦泉组（N_2k）、新生界第四系全新统冲洪积物（Q_h^{apl}）。

下石炭统绿条山组一段（C_1l^1）主要分布于研究区中部，岩性组合为变质砂岩，变质粉砂岩、夹薄层大理岩、方解石硅质岩极少量的变质流纹质熔结凝灰岩。为一套海相—滨浅海相沉积建造。多金属矿化赋存于此类岩石中。地层倾向总体为北东，倾角为 30°~50°。大理岩层褐铁矿化、绿帘石化、硅化化蚀变强烈；部分变质砂岩被石炭纪中粒二长花岗岩及二叠纪闪长玢岩侵入，呈捕虏体分布于岩体中，Cu-Pb-Zn 矿（化）体与该岩性相关性较强；变质粉砂岩被石炭纪、二叠纪岩体侵入，岩石裂隙发育，破碎强烈，地表可见沿裂隙发育；英安玢岩位于铅银异常边界；变质安山岩、变质英安岩被石炭纪，第四纪岩体侵入。

下石炭统白山组二段（C_1b^2）主要分布于研究区中东部。岩性为流纹质熔结凝灰岩、变质砂岩、变质粉砂岩、变质安山岩等。区域内褐铁矿化、硅化、绿帘石化较明显。地层倾向总体为北东，倾角为30°~50°。流纹质熔结凝灰岩出露面积较小；变质砂岩夹变质粉砂岩与绿条山组呈不整合接触，出露区地势相对平坦，局部风成沙覆盖较厚，岩石破碎强烈。

第三系苦泉组（N_2k）零星分布于研究区中部、西部，出露区地势平坦，露头差，岩石组合为砖红-灰黄色粉砂岩、粉砂质泥岩、砂岩、砾岩，偶夹有铁质结核、薄石膏层。

研究区内全新统沉积物沿沟谷、洼地及湖盆展布，多为现代松散堆积物，成因类型为冲洪积。第四系全新统冲洪积物（Q_h^{apl}）主要分布于研究区西部、南部、东部，呈马蹄状。岩物质成分主要由砂、砾石和沙土组成，河谷及沟谷中多为冲洪积砂砾石层。

5.1.2 构造

按板块构造观点小红山东位于红柳峡—哈珠南山挤压带内，挤压带内东西及近东西向压性断裂发育，普遍具多次活动特征，带内近东西及北西西走向的冲断层较多，近平行分布，断面舒缓，呈向南突出的弧形。沿断层动力变质和蚀变现象显著，岩石强烈挤压破碎及片理化等，具明显挤压特征，北西西向断层还具顺时针扭动性质，此类断层与铅锌银多金属矿点的形成关系紧密，且对热液型铁矿的形成有一定控制作用。

5.1.2.1 褶皱构造

区域地层总体呈北西—南东向展布，为向北东陡倾的单斜构造，倾向15°~35°，倾角为35°~80°。仅在区域中西部绿条山组变质砂岩夹大理岩内小型背斜构造。背斜南翼地层产状倾向南西，倾角为30°~85°，北翼地层产状倾向北东，倾角均为30°~80°。

5.1.2.2 断裂构造

区域内断层较为发育，发现的断层有十条，发育于下石炭统，由北向南编号为F1~F10。主要断层为：

F1断层位于研究区中部，呈320°方向延伸，断层出露长度约3.6km，宽度为10~50m，断层性质为逆断层，断层北西端发育于晚石炭世花岗闪长岩，南东端延伸至绿条山组变质砂岩夹变质粉砂岩，断层南侧褐铁矿化、硅化、孔雀石化、蛇纹石化强烈，在断层带南侧施工的探槽内见多条破碎带倾向约50°，倾角为60°~70°，该断层与F5断层控制了Ⅲ号矿化蚀变带的分布，矿化蚀变主要产出在断层下盘。

F5断层位于研究区中东部，走向北东60°，长约4.2km，该断层为正断层，断层北东至南西见晚石炭世花岗闪长岩，白山组变质砂岩、变质粉砂岩，绿条山组变质砂岩、变质粉砂岩及大理岩。局部断层附近见较强的硅化，绿帘石化及褐铁矿化，岩性上表现为：断层泥和破碎带，断层倾向约330°，倾角约75°。该断层与F1断层主要控制了Ⅲ号矿化蚀变带的分布，与F4断层主要控制了Ⅳ号矿化蚀变带的分布与走向。

5.1.3 岩浆岩

小红山东侵入岩较发育，主要分布在区域内北部，在南部零星分布。侵入时代为石炭纪、二叠纪。岩性以中酸性为主。主要岩体有：石炭纪花岗闪长岩；石炭纪二长花岗岩；二叠纪石英闪长岩；二叠纪闪长玢岩。区域内火山岩分布少，主要岩性为英安质晶屑凝灰熔岩，于区域中东部小面积出露。区域内脉岩发育，主要有闪长岩脉（δ）、石英脉（q）、辉绿玢岩脉（βμ）、大理岩脉（mb）中细粒二长花岗岩脉、花岗岩脉、钾长花岗岩脉及萤石脉。闪长玢岩脉规模均较大，形成高耸的线状山脊，普遍具黄铁矿化，绿帘石化。石英脉多见孔雀石化、褐铁矿化蚀变，采样化验发现具铜铅锌矿化。

5.1.4 变质岩

研究区变质作用类型可分为区域变质作用、接触变质作用、动力变质作用三种。

5.1.4.1 区域变质作用

志留纪的片理化二长花岗岩具有强烈变形和绿片岩相变质特征，标志性变质矿物为绢云母、绿泥石、绿帘石、钠长石、阳起石、黑云母、白云母、方解石等。

5.1.4.2 接触变质作用

区内岩浆岩发育，各岩体与石炭系的接触带形成了规模不一的不规则变质晕及混染带、接触蚀变带。在接触部位形成的蚀变带类型有矽卡岩化带、角岩化带、大理岩化、硅化、绿泥石化、云英岩化、混合岩化等。

5.1.4.3 动力变质作用

区内动力变质作用主要分布在石炭系的断裂中，断裂破碎带内则形成各种碎裂岩、构造角砾岩等。

5.2 矿体地质特征

5.2.1 蚀变带特征

5.2.1.1 Ⅰ号矿化蚀变带

Ⅰ号矿化蚀变带位于研究区西北部，发育于晚石炭世中粒花岗闪长岩内，对应1∶50000化探异常为Mo42，二级异常，P3综合剖面Mo、W异常套全好，具再现性。走向近南北向，长约400m，宽约80米，蚀变带内褐铁矿化、钾化强烈，地表由TC14控制，圈定1条Mo矿化体，矿化体赋存于褐铁矿化、钾化花岗闪长岩内，初步认为矿化体属中温岩浆热液矿床。

5.2.1.2 Ⅱ号矿化蚀变带

Ⅱ号矿化蚀变带位于研究区西北部，发育于晚石炭世中粒花岗闪长岩及中粒二长花岗岩内。走向近南北向，长约700m，宽约80m，蚀变带内褐铁矿化、钾化强烈，地表由TC13控制，圈定1条Mo矿化体，矿化体赋存于褐铁矿化、钾化二长花岗岩内，初步认为矿化体属中温岩浆热液矿床。

5.2.1.3 Ⅲ号矿化蚀变带

Ⅲ号矿化蚀变带位于研究区中部，发育于石炭系上统绿条山组地层内，岩性主要为：变质砂岩、变质粉砂岩及大理岩，其中大理岩以脉体形态呈北西向密集展布。走向约113°，长约3.2km，宽约300m，蚀变带内变质砂岩破碎强烈，具较强的褐铁矿化、硅化及绿帘石化，局部见孔雀石化及蛇纹石化发育，蚀变带中断层较为发育，该蚀变带为矿化集中区，地表由19条探槽控制，圈定19条矿化体，矿化体均赋存于褐铁矿化、硅化及绿帘石化变质砂岩、变质粉砂岩内，地表矿化体走向严格受断裂构造控制。

5.2.1.4 Ⅳ号矿化蚀变带

Ⅳ号矿化蚀变带位于研究区中东部，发育于石炭系上统白山组地层内，岩性主要为：流纹质熔结凝灰岩、变质砂岩及变质粉砂岩。矿化蚀变带走向约125°，长约750m，宽约300m，对应1：50000化探异常为Pb27、Zn54异常，通过综合剖面显示异常较差，但在地表岩石中可见绿帘石化、褐铁矿化及孔雀石化，经TC8、TC29、TC30、TC31探槽揭露控制，地表只发现1条Cu-Pb-Zn矿化体，矿化体均赋存于绿帘石化、褐铁矿化及孔雀石化流纹质熔结凝灰岩内。

5.2.2 矿体特征

Ag-Pb-Zn-1矿体：该矿化体位于Ⅲ号矿化蚀变带内，通过TC1、TC2、TC3-2揭露发现，地表控制长度约330m。矿体赋存于碎裂化、褐铁矿化、孔雀石化的石英脉内，该石英脉严格受北西向构造控制，在石英脉内可见有方铅矿。

Ag-Cu-Pb-Zn-1矿体：该矿体位于Ⅲ号矿化蚀变带内，该矿体通过TC28揭露发现，地表长度约220m，由TC28、BT1、YcH050控制。该矿体赋存在北西向破碎带内，带内岩性以大理岩为主，褐铁矿化、孔雀石化发育。

Cu-Pb-Zn-2矿体：该矿体位于Ⅳ号矿化蚀变带内，该矿体通过TC8、TC30揭露发现，地表控制长度约宽约120m。该矿体赋存在北西向破碎带内，带内岩性以变质安山岩为主，褐铁矿化、孔雀石化发育。

Pb-Zn-2矿体：该矿体位于Ⅲ号矿化蚀变带内，通过TC4、TC5、TC23揭露发现，地表控制长度约400m。矿体赋存于碎裂化、褐铁矿化的大理岩内，其内发育的破碎带有明显的矿化显示。

Zn-26矿体：该矿体位于Ⅲ号矿化蚀变带内，为一隐伏矿体。矿体赋存于碎裂化、褐铁矿化、蛇纹石化的大理岩内。

Zn-28矿体：该矿体位于Ⅲ号矿化蚀变带内，为一隐伏矿体。矿体赋存于碎裂化、褐铁矿化、蛇纹石化的大理岩内。

Cu-Pb-Zn-1矿体：该矿化体位于Ⅲ号矿化蚀变带内，矿化体通过TC3-2揭露发现，该矿化体宽约3m。该矿体赋存在北西向破碎带内，带内岩性以大理岩为主，褐铁矿化、孔雀石化发育。

5.2.3 矿石质量

5.2.3.1 铅锌（铜）矿化

矿石结构主要为半自形—他形晶板状、粒状结构，交代结构，固溶体分布结构。矿石构造为稀疏浸染状构造。金属矿物类型有方铅矿、闪锌矿、黄铁矿、黄铜矿等。

方铅矿：纯白色，他形粒状集合体，均质，粒度小于0.5mm，星散分布，交代闪锌矿和黄铁矿。

闪锌矿：灰色，他形粒状集合体，均质，粒度小于0.5mm，星散分布，部分被方铅矿交代呈残余状。

黄铁矿：浅黄白色，半自形—他形粒状，均质，粒度小于0.2mm，零星分布。

黄铜矿：铜黄色，他形粒状集合体，弱非均质性，粒度小于 0.01mm，呈乳滴状零星分布于闪锌矿中。

光片下金属矿物特征如图 5-2 和图 5-3 所示。

图 5-2　光片下闪锌矿、黄铜矿、黄铁矿特征

扫一扫查看彩图

图 5-3　光片下闪锌矿、方铅矿特征

扫一扫查看彩图

5.2.3.2　铁矿化

多以半自形—他形晶片状、粒状结构，他形假象粒状结构，交代结构为主，呈块状构造 。不透明矿物有赤铁矿、磁铁矿、针铁矿、黄铁矿。

赤铁矿：灰白色，半自形—他形叶片状、粒状集合体，非均质，粒度小于 0.1mm，聚集或星散分布，交代磁铁矿。

磁铁矿：灰色微带棕色，半自形—他形粒状及其集合体，均质，粒度小于0.5mm，星散分布，被赤铁矿交代呈残余状。

针铁矿：灰色，他形假象粒状，均质，粒度小于0.1mm，星散分布，交代黄铁矿。

黄铁矿：浅黄白色，他形粒状，均质，粒度小于0.05mm，零星分布，被针铁矿交代呈残余状。

脉石矿物以绢云母化、褐铁矿化变质砂岩为主，与矿（化）体界限不清。

光片下金属矿物特征如图5-4和图5-5所示。

图5-4 光片下赤铁矿、磁铁矿特征

扫一扫查看彩图

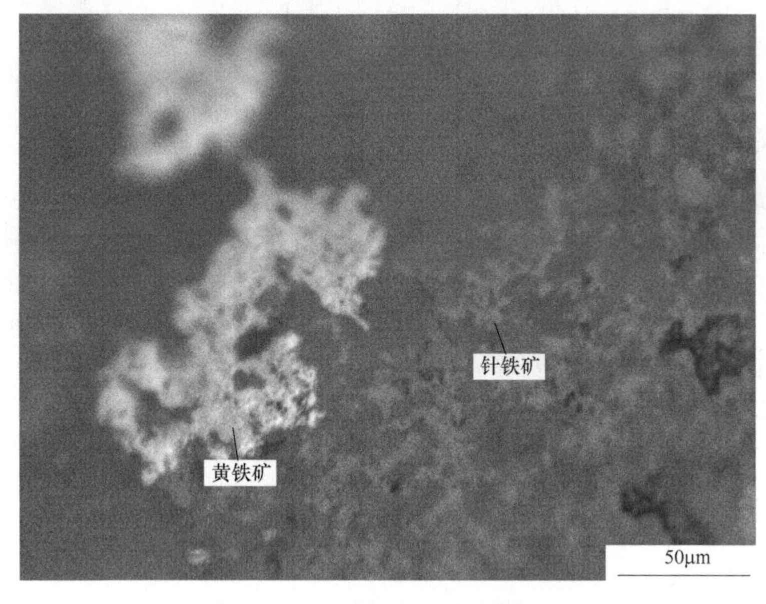

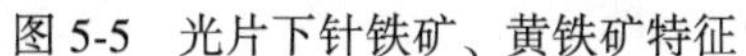

图5-5 光片下针铁矿、黄铁矿特征

扫一扫查看彩图

5.2.4　矿床成因及找矿标志

5.2.4.1　矿床成因

Ⅰ号矿化蚀变带矿化体赋存于花岗闪长岩内，伴随发育褐铁矿化、钾化，矿化元素为Mo，初步认为该类矿化属蚀变岩性，矿化体属中温岩浆热液矿床。Ⅱ号矿化蚀变带矿化体赋存于二长花岗岩内，伴随发育褐铁矿化、钾化，初步认为该类矿化属蚀变岩性，矿化体属中温岩浆热液矿床。Ⅲ号矿化蚀变带矿化体均赋存于变质砂岩、变质粉砂岩及大理岩内，伴随发育褐铁矿化、硅化及绿帘石化，局部见蛇纹石化、孔雀石化，矿化元素Ag、Pb、Zn、Cu均有涉及，初步认为该类矿化属构造热液型。Ⅳ号矿化蚀变带矿化体赋存于流纹质熔结凝灰岩内，伴随绿帘石化、褐铁矿化及孔雀石化发育，矿化元素Pb、Zn、Cu均有涉及，初步认为该类矿化属构造热液型。

5.2.4.2　找矿标志

Ⅰ号矿化蚀变带中花岗闪长岩具强褐铁矿化、钾化发育最直接的地质标志。Ⅱ号矿化蚀变带中二长花岗岩中发育的强褐铁矿化、钾化是最直接的地质标志。Ⅲ号矿化蚀变带岩石发育强褐铁矿化、绿帘石化、硅化、蛇纹石化、孔雀石化为最直接的地质标志。Ⅳ号矿化蚀变带流纹质熔结凝灰岩内绿帘石化、褐铁矿化及孔雀石化发育是找矿最直接的地质标志。其中，Ⅰ号、Ⅱ号矿化蚀变带化探异常发育地段，对应单元素异常Mo为二级异常，是寻找此类矿化非常有效的地球化学标志。Ⅲ号矿化蚀变带化探异常发育地段，主要是以Cu、Pb、Zn、Ag为主的多元素化探异常组合，尤其是Pb、Zn高含量值多且分布集中的地段，是找矿非常有效的地球化学标志。Ⅳ号矿化蚀变带p13综合剖面上布置的激电测深点来看，在7~9点AB/2=750~1000m极距范围有一明显高极化率异常，近直立，范围较小，呈半椭球状，向深未封闭，向下有明显的延伸，异常中心处视极化率极大值为2.2%，推测该断面可能有浸染状矿化存在，是找矿非常有效的地球物理标志。

5.3　地球物理特征

5.3.1　区域地球物理特征

研究区位于塔里木板块东部陆缘增生带，区域内地质条件复杂，构造运动强烈，岩浆活动频繁，各时代地层和各类岩浆岩分布广泛。根据1∶50000航磁异常特征可以看出，区域图上分布12个磁异常，包括地质部航空物探大队九〇五队1967年航空磁测在本区域内发现的磁异常3处，中国国土资源航空物探遥感中心2005年在内蒙古石板井地区所做的1∶50000航磁测量在本区域发现的磁异常6处。分布在预查区的磁异常编号为蒙C-2005-38、蒙C-2005-40、蒙C-2005-41、蒙C-2005-42、蒙C-1967-M605。小红山区域航磁异常特征见表5-2。

5.3.2　研究区地球物理特征

5.3.2.1　物性特征

在研究区采集测定了48块电性标本，统计结果见表5-3和表5-4。

表 5-2 区域航磁异常特征表

图幅	异常编号	面积	高值点	异常特征与地质背景	解释推断
小红山幅	蒙 C-2005-41	0.52km^2	446nT	东西向椭圆状，二叠纪中细粒二长花岗岩和绿条山组地层接触带	绿帘石化、矽卡岩化引起
	蒙 C-2005-56	0.51km^2	78nT	椭圆状，发育于石炭纪中粒花岗闪长岩中	性质不明
	蒙 C-1967-M605	9.21km^2	740nT	不规则半环状，石炭纪中粒花岗闪长岩、二叠纪中细粒二长花岗岩和石炭系白山组地层接触带，北西、北东向断层发育	绿帘石化或安山岩引起
	蒙 C-2005-40	0.84km^2	67nT	东西向长条状，二叠纪中细粒二长花岗岩侵入石炭系绿条山组地层中	绿帘石化、矽卡岩化引起
	蒙 C-2005-38	1.88km^2	91nT	东西向椭圆状，二叠纪中细粒二长花岗岩和第四系发育	性质不明
	蒙 C-2005-42	1.45km^2	451nT	近东西向长条状，白山组地层呈捕虏体状存在于二叠纪中细粒二长花岗岩中，北西向断裂发育	绿帘石化、安山岩和构造破碎带内褐铁矿化、多金属矿化引起
	蒙 C-1967-M606	0.86km^2	289nT	北西西向长条状，石炭纪中细粒斑状二长花岗岩和石炭纪辉长岩发育	辉长岩引起
	蒙 C-1967-M607	1.55km^2	434nT	北西西向长条状，石炭纪中细粒斑状二长花岗岩和石炭纪辉长岩发育	辉长岩引起

表 5-3 小红山地区标本电性特征

岩（矿）石名称	标本块数	电阻率$\rho_S/\Omega \cdot m$		极化率$M_1/\%$	
		变化范围	平均值	变化范围	平均值
大理岩	11	23.2~252.1	156	0.17~0.63	0.34
变质砂岩	13	48~489	285	0.19~0.97	0.35
变质安山岩	11	242~1269	318	0.42~0.92	0.51
变质粉砂岩	6	128~422	172	0.62~1.10	0.66
花岗闪长岩	7	45.9~625.1	205.2	0.51~1.42	0.98

表 5-4　小红山地区标本磁性特征

岩（矿）石类型	块数	磁化率/4πSI		剩余磁化强度/$A \cdot m^{-1}$	
		平均值	变化范围	平均值	变化范围
变质安山岩	6	58×10^{-6}	$(16\sim152)\times10^{-6}$	220×10^{-3}	$(112\sim364)\times10^{-3}$
大理岩	5	46×10^{-6}	$(0\sim77)\times10^{-6}$	186×10^{-3}	$(124\sim272)\times10^{-3}$
花岗闪长岩	9	489×10^{-6}	$(139\sim1395)\times10^{-6}$	702×10^{-3}	$(154\sim1967)\times10^{-3}$
变质砂岩	9	225×10^{-6}	$(184\sim338)\times10^{-6}$	320×10^{-3}	$(168\sim484)\times10^{-3}$

根据表 5-4 可知区域各类岩石电性特征不太明显，磁性特征很明显。本次采集的各类岩石各项物性参数值较低，与岩石风化较强有关。相较而言，变质安山岩和变质粉砂岩的极化率较高。磁性特征花岗闪长岩磁性较强，磁化率平均值达到 489（$4\pi\times10^{-6}$SI），远远高于其他岩类。

5.3.2.2　1：10000 高精度磁法测量

矿区 1：10000 高精度磁法测量发现 8 处磁异常。异常具再现性，例如：高精磁异常 C1（极大值 905nT）、C2（极大值 755nT）、C3（极大值为 973nT）、C5（极大值 649nT）、C6（极大值 837nT）、C7（极大值 672nT）、C8（极大值 712nT），其中 C5、C6、C8 异常经地表检查，其与褐铁矿化、赤铁矿化沿断裂破碎带分布有关。其余异常除 C4 外，均分布于晚石炭纪花岗闪长岩体内，经地表检查，局部具褐铁矿化，异常附近晚石炭世花岗闪长岩体及安山岩较发育，也不排除与磁性较高的安山岩有关。

5.3.2.3　1：1 激电中梯测量特征

根据矿区电法资料，该区激电异常显示视极化率 ηs 幅值最小在 0.91%左右，最大可达 3%，一般为 1.5%~1.7%。以（ηs）2.1%等值线圈定的异常主要分布在该区西部，可分解为两个局部异常，异常强度较弱，规模较小，其中南西部异常面积约 $0.4km^2$，与 ηs 异常对应的电阻率值较低，ρs 值为 $50\sim250\Omega \cdot m$。异常区的范围与绿条山组中的大理岩层的分布有一定的相关性，而大理岩和灰岩的物性测定结果均显示低极化率的特点，因此推测异常区下部可能有隐伏岩体，与大理岩层的接触带形成了极化体。

A　JD1 激电异常

异常位于研究区的中部，异常形态为近等轴状，异常走向为北西向。异常宽为 120m，长为 170m，面积小，为 $0.004km^2$。异常中心 ηs 最大值为 2.8%，属低阻高极化。该异常位于石炭纪中粒二长花岗岩与上石炭统绿条山组接触附近，异常区出露岩性有二长花岗岩、变质砂岩及大理岩脉，异常的形成可能与岩体与围岩的矽卡岩化有关。

B　JD2 激电异常

异常位于研究区的中南部，异常形态为狭长状，异常走向近东西向，异常长为 400m，宽为 100m。异常中心 ηs 最大值为 3%，属低阻高极化。该激电异常对应的地质体为变质砂岩、大理岩，岩石中未见明显的矿化蚀变，但异常内 F7 断层通过，断层为硫化物矿物质的形成提供了运移通道，因此初步认定该异常可能由断层引起。

白梁东 50000 矿调 1：10000 磁测 ΔT 等值线平面图如图 5-6 所示。

小红山东 AP17 激电异常等值线平面图如图 5-7 所示。

AP17 异常剖析图如图 5-8 所示。

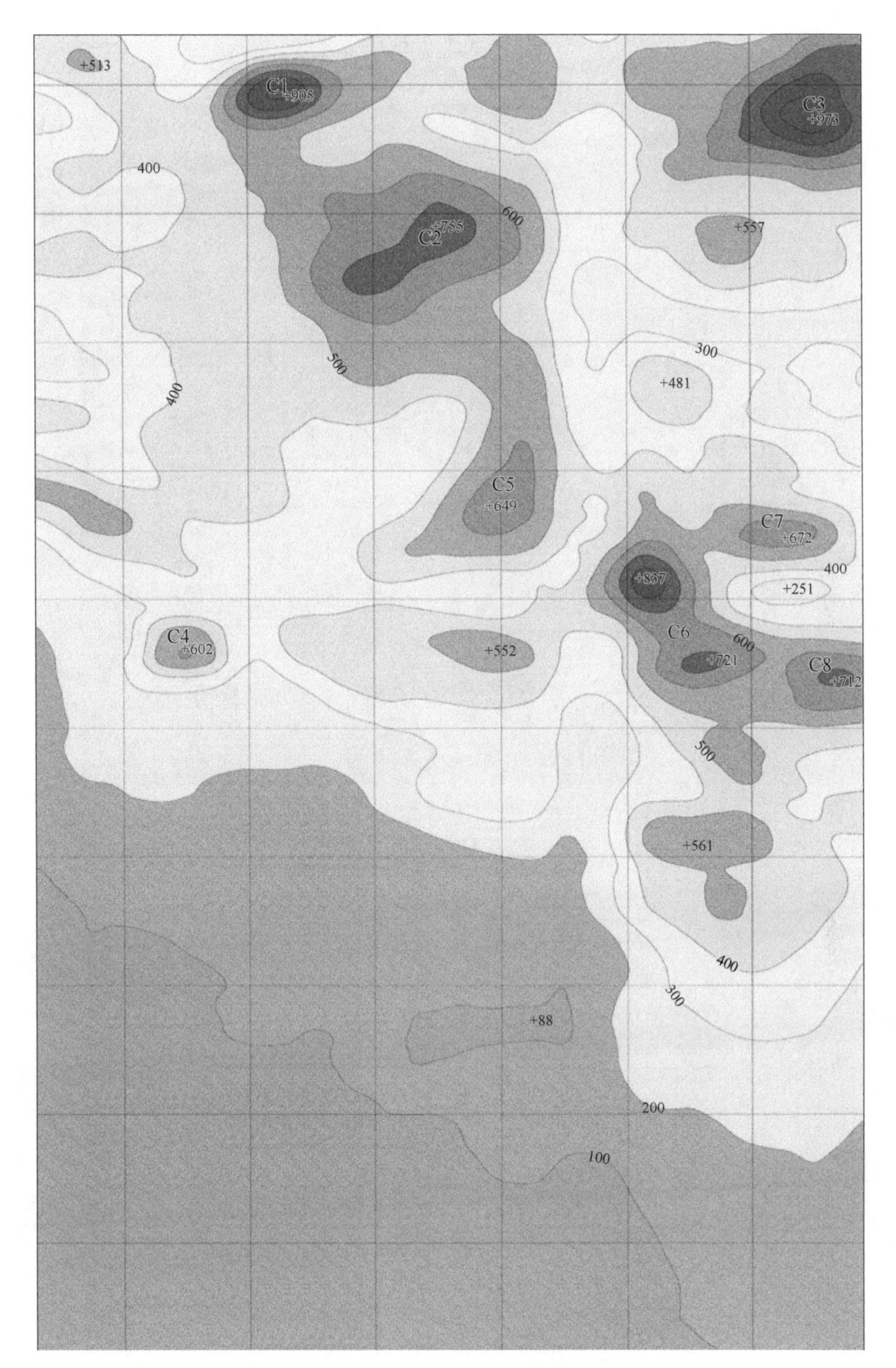

图 5-6 白梁东 50000 矿调 1∶10000 磁测 ΔT 等值线平面图

图例 C1 磁异常范围及编号 色区 1000 900 800 700 600 500 400 300 200 100

扫一扫查看彩图

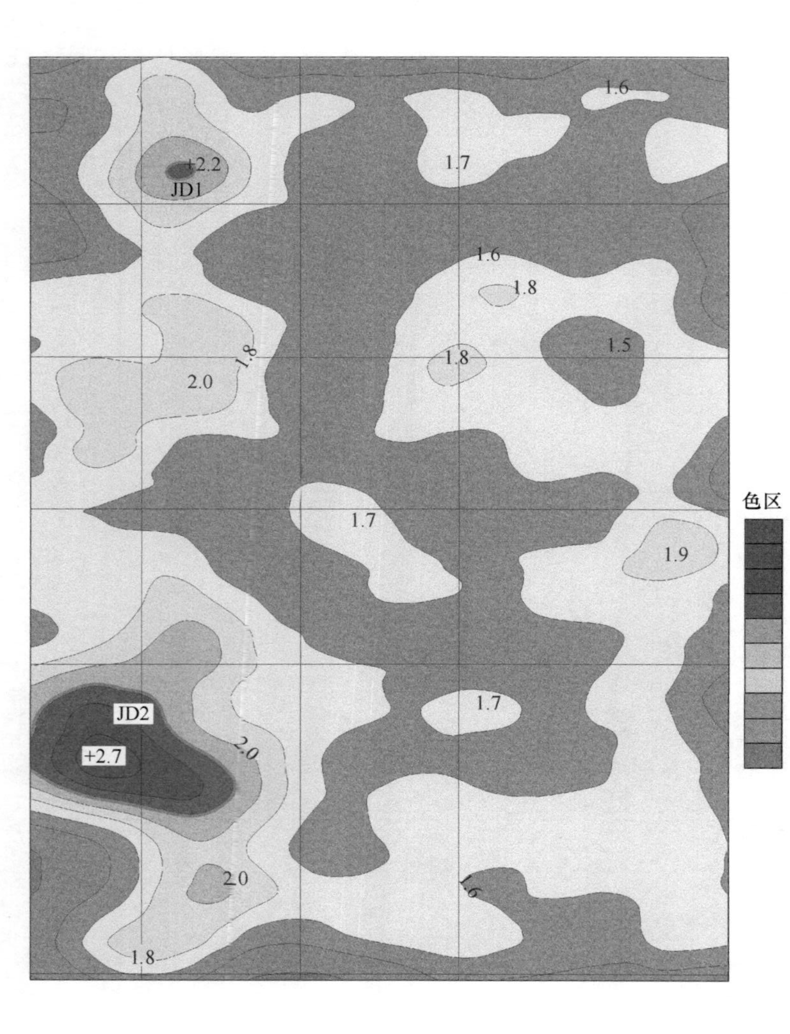

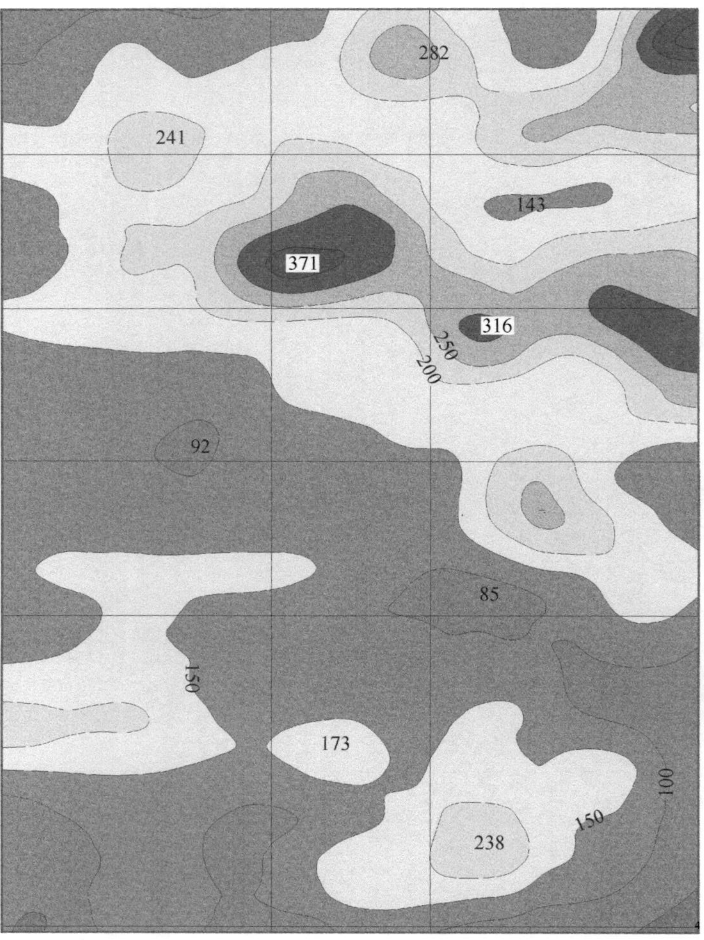

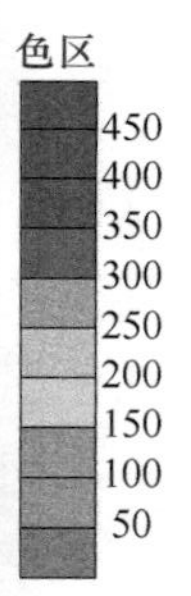

1 : 10000

100m 0　200　400m

图 5-7　小红山东 AP17 激电异常等值线平面图

扫一扫查看彩图

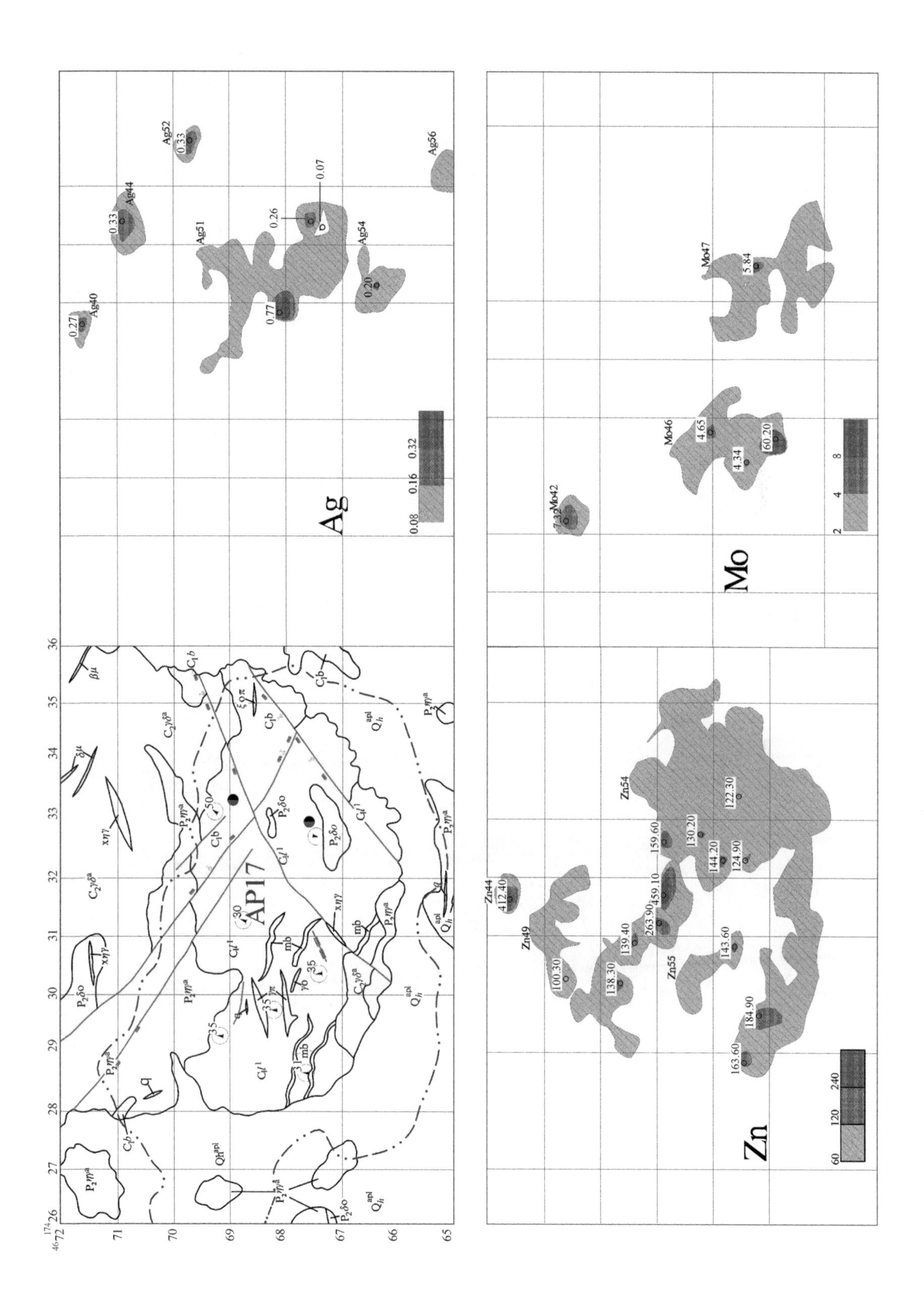
AP17
Ag
Mo
Zn
Ag40
Ag44
Ag51
Ag52
Ag54
Ag56
Mo42
Mo46
Mo47
Zn44
Zn49
Zn54
Zn55

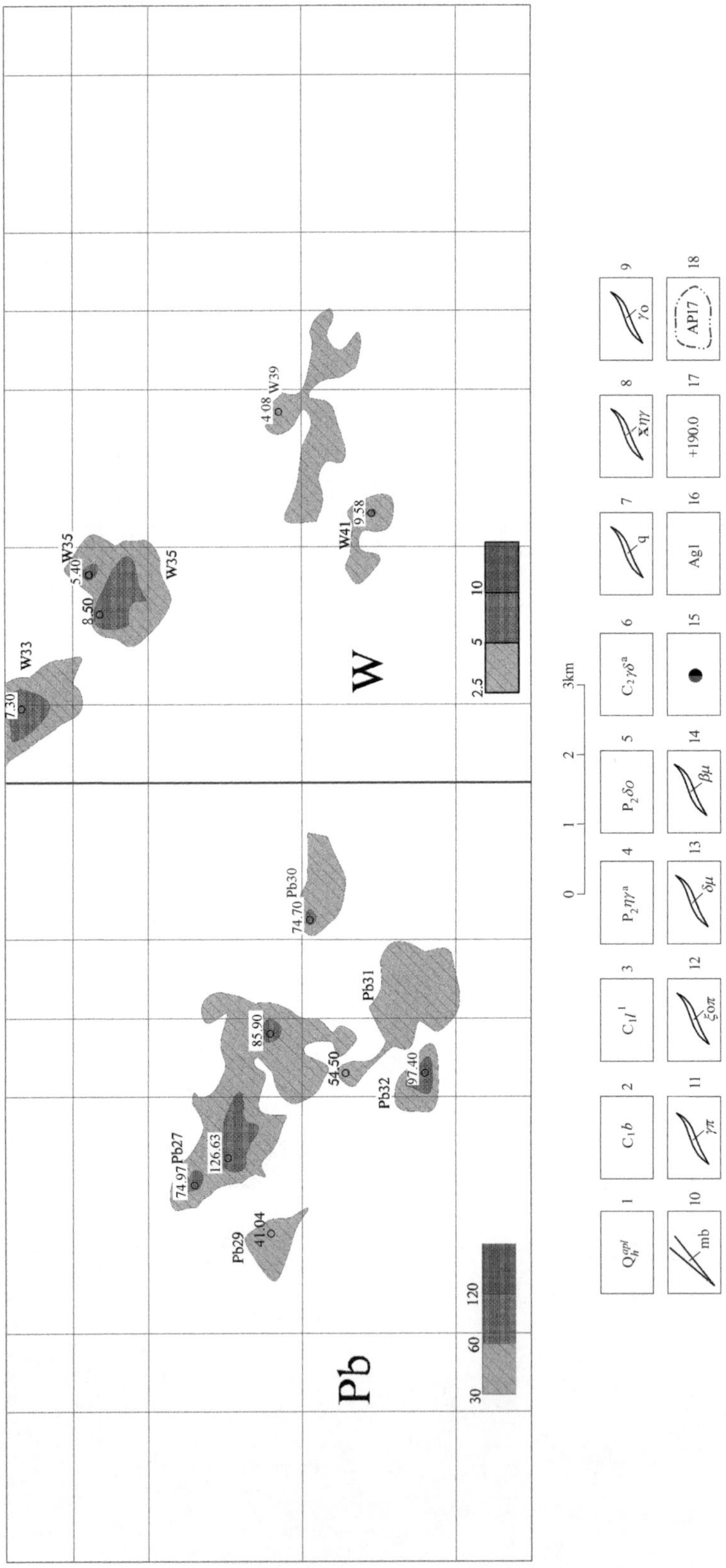

图5-8 AP17异常剖析图

1—第四系冲洪积；2—白山组凝灰岩夹砂岩；3—绿条山组杂色砂岩夹大理岩；4—中细粒二长花岗岩；5—细粒石英闪长岩；6—中粒花岗闪长岩；7—石英脉；8—细粒二长花岗岩脉；9—斜长花岗岩脉；10—大理岩；11—花岗斑岩脉；12—石英正长斑岩脉；13—闪长玢岩脉；14—辉绿玢岩脉；15—多金属矿化点；16—异常编号；17—异常点位置及含量值；18—综合异常及编号

扫一扫查看彩图

5.4 地球化学特征

5.4.1 区域地球化学特征

1∶50000 区域地球化学异常 AP17 主要分布在下石炭统绿条山组一段、下石炭统白山组二段、第三系苦泉组、第四系全新统冲洪积物。异常呈不规则椭圆状，面积约 29km^2，元素组合为 Cu、Pb、Zn、Au、Ag、W、Mo。元素异常强度高，规模大，套合性好，主成矿元素 Zn、Cu、Pb、Ag、Au、Mo 元素离差大，衬度高，浓度分带达三级以上，且浓集中心明显。为了查清该异常成矿地质条件，在该异常上布置三条 1∶10000 地化剖面查证，异常再现性良好。主要表现在 AP17P2、AP17P3 剖面 Zn、Cu、Pb、Mo 元素，最高值分别是：w(Zn) 为 0.15%、w(Cu) 为 544.7×10^{-6}、w(Pb) 为 867.6×10^{-6}，并且分布集中，与 1∶10000 地质剖面中发现的矿化区段基本吻合。而 AP17P1 剖面除 As、Sb 异常再现较好外，其余元素表现一般。

5.4.2 研究区地球化学特征

5.4.2.1 地质背景

1∶50000 土壤测量在研究区圈定了化探异常 AP17 综合异常，分析了 Ag、As、Au、Bi、Cu、Mo、Ni、Pb、Sb、Sn、W、Zn 12 种元素。异常区距嘉峪关 300 余千米，出露地层为下石炭统绿条山组一段、白山组二段。绿条山组一段，岩性组合为变质砂岩，变质粉砂岩、夹薄层大理岩、方解石硅质岩极少量的变质流纹质熔结凝灰岩。为一套海相—滨浅海相沉积建造。多金属矿化赋存于此类岩石中。白山组二段，断续出露于测区北东部，多被华力西期侵入岩分割呈条块状，总体上呈北西向展布。为一套海相火山岩夹沉积岩建造，主体岩性为中酸性火山岩，变质安山岩、变质流纹质熔结凝灰岩夹变质砂岩、粉砂岩。此区域的铁矿主要赋存于该组地层的顶部凝灰岩中。地层总体产状倾向北东，倾角 ±35°，地层与构造线走向基本一致。

区内侵入活动十分强烈，出露面积较大，呈岩基、岩株状产出，受北西西向区域构造控制，与早石炭世绿条山组、白山组围岩呈侵入接触关系，接触带见矽卡岩化、硅化、角岩化等。这些岩体均为华力西中期板块碰撞拼合期或其后的产物，同一岩体具不明显相带界线。岩石类型主要有石炭纪中粒花岗闪长岩（$C_2\gamma\delta^a$）、中细粒二长花岗岩（$P_2\eta'\gamma$）及分布面积较大的二叠纪变质闪长玢岩（$P_2\delta\mu$），此外还有花岗斑岩、斜长花岗岩、石英正长斑岩等脉岩。岩浆的侵入为该区成矿提供了较好的热动力及成矿物质来源。

5.4.2.2 异常特征

AP17 综合异常呈不规则的椭圆状，异常分类为 B2 类，面积 40.17km^2，规模 122.91。异常由 Au、Ag、As、Sb 、Cu、Pb、W、Sn、Mo 等元素组成，成矿元素 Zn、Cu、Pb、Ag、Au、Mo 元素离差大，衬度高，浓度分带达三级以上，且浓集中心明显。W、Sn、Mo 为高温元素组合，反映了中酸性岩体的地球化学特征，Au、Ag、As、Sb 、Cu、Pb、Zn 为中低温元素组合，代表了岩浆期后热液作用的地球化学特征，元素组合总体代表了岩体接触带处的地球化学特征。元素组合及套合好、分带清晰、规模大、离差大、衬度高、浓集中心明显、成矿潜力较大，见表 5-5。

表 5-5 小红山 AP17 综合异常统计表

编号	浓度分带	异常点数	面积/km²	形状	算术平均值	最大值	最小值	标准离差	变异系数	衬度	规模
Ag51	3	35	3.058	不规则	137.43	770.00	70.00	113.50	0.83	1.53	4.67
As36	3	253	27.4719	不规则	14	149	2.1	14.51	1.04	2.33	64.10
Cu36	2	4	0.481	不规则	50.40	76.40	27.80	17.57	0.35	2.02	0.97
Mo46	3	21	1.972	不规则	5.52	60.20	2.01	12.24	2.22	2.76	5.44
Mo47	2	25	2.412	不规则	2.57	5.84	1.99	0.77	0.30	1.29	3.10
Pb27	2	30	2.841	不规则	52.58	126.63	30.69	21.24	0.40	1.75	4.98
Pb31	3	13	1.235	不规则	36.43	54.50	30.40	6.18	0.17	1.21	1.50
Sb32	2	192	17.183	不规则	0.85	1.99	0.23	0.32	0.38	1.42	24.34
W35	3	13	1.30173	不规则	4.23	8.5	2	1.91	0.45	1.69	2.20
W39	2	16	1.1828	不规则	2.51	4.08	2.02	0.54	0.22	1.00	1.19
W41	3	5	0.37935	不规则	3.68	9.58	2.06	2.96	0.8	1.47	0.56

注：Au、Ag 元素含量（质量分数）为 10^{-9}，其他元素含量（质量分数）为 10^{-6}。

5.4.2.3 与物探异常的对应关系

1∶10000 激电中梯测量、1∶10000 高精度磁法测量，激电异常显示视极化率 ηs 幅值最小在 0.91%左右，最大可达 3%，一般为 1.5%~1.7%。以（ηs）2.1%等值线圈定的异常主要分布在该区西部，分解为两个局部异常，异常强度较弱，规模较小，其中南西部异常面积约为 0.4km²，与 ηs 异常对应的电阻率值较低，ρs 值为 50~250Ω · m。1∶50000 航磁蒙 C-1967-M605 在矿点的东北侧，面积为 9.21km²，最大值为 740nT，异常为石炭纪花岗闪长岩、二叠纪二长花岗岩侵入白山组接触带矿化蚀变引起。而在此次 1∶10000 磁测 ΔT 等值线平面图中，异常具再现性。

5.5 结　论

本章对额济纳小红山东铅锌银多金属矿床地质特征、物化探特征及成因进行了分析，获得如下认识。

（1）小红山东铅锌银多金属矿床产于下石炭统绿条山组（C_1l^1）与白山组（C_1b^2）地层中，矿点处多见硅化、绿帘石化较强，断裂构造较为发育；1∶10000 高精度磁法测量显示矿区内有 8 处磁异常，异常具再现性，场值极大值一般为 973~649nT，C5、C6、C8 异常与褐铁矿化、赤铁矿化沿断裂破碎带分布有关；1∶10000 激电中梯测量显示矿区整体为低阻高极化特征，矿体主要集中在低阻区，视电阻率一般为 50~250Ω · m，视极化率值一般为 1.5%~1.7%找矿效果较好；1∶50000 土壤地球化学测量显示矿区由 Au、Ag、As、Sb 、Cu、Pb、W、Sn、Mo 等元素组成，成矿元素 Zn、Cu、Pb、Ag、Au、Mo 元素离差大，衬度高，浓度分带达三级以上，且浓集中心明显。

（2）小红山东铅锌银多金属矿床找矿标志为：主要赋矿地层为北山群中晚二叠世二长花岗岩体；大型断裂之次级断裂、韧性剪切带处（异常部位多见硅化、碳酸盐化、绿帘石化、绿泥石化、褐铁矿化）；矿化蚀变（褐铁矿化、钾化、硅化、绿帘石化、孔雀石化、蛇纹石化）、低阻高极化激电异常。

（3）在Ⅲ号、Ⅳ号矿化蚀变带深部见矿化，Ⅲ号矿化蚀变带见37条矿（化）体，Ⅳ号矿化蚀变带见3条Mo矿（化）体，通过本次工作，认为Ⅲ号蚀变带是有可能取得找矿突破的潜力地区，后续工作的主攻矿种应调整为Pb、Zn、Cu、Ag、Mo。

6 内蒙古额济纳旗苦泉山南铜金多金属矿成矿规律及找矿方向

内蒙古自治区额济纳旗苦泉山南铜金多金属矿区锌矿化体往南西深部品位有变富的趋势，仍显示有利的找矿信息，探讨该金矿床的成矿特征和成矿模式具有重要的地质意义。通过对矿床地质特征和区域地球化学特征的分析，对矿床成因和成矿模式进行了初步探讨。圈定控制了 2 条矿体、17 条矿化体。矿体分别为：Cu1、Zn5。矿化体分别为：Cu-Au-1、Cu-Au-2、Au-1、Cu-Au-3、Cu-Au-4、Au-Cu-1、Cu-1、Zn-1、Zn-2、Zn-3、Zn-4、Zn-5、Zn-6、Zn-7、Zn-8、Zn-9、Au-2。寒武纪—中奥陶世，研究区为被动大陆边缘，并发生一系列海相火山—沉积作用，深部石炭纪石英闪长岩上侵造成上覆奥陶统咸水湖组及锡林柯博组碎裂，石英闪长岩及含矿热液沿裂隙运移至咸水湖组及锡林柯博组，与咸水湖组及锡林柯博组发生蚀变交代等作用，富集成矿。研究区构造断裂为成矿物质的活化、迁移、富积和岩浆热液的运移提供了良好的通道和空间。判断矿床类型属岩浆热液型。

额济纳旗苦泉山南铜金多金属矿位于华北板块、塔里木板块及兴蒙造山带的结合处（李俊建，2006）。阿拉善地块分别在东南部、北部与华北板块、塔里木和西伯利亚古陆拼合，构造归属可能为亲兴蒙造山带微陆群的微陆块（李俊建，2006；郑荣国等，2013；Zhang，2016）。矿床所在区域复杂的地质构造环境和地史演化特征，使相关矿床成因及成矿时代值得深入研究。阿拉善地块中所发育的金矿床多与中亚造山带复杂的造山过程关系密切；在古亚洲洋洋盆的形成、俯冲—消减、闭合到最后的大陆碰撞的过程中，必然形成古生代的斑岩型、造山型、浅成低温热液型等类型的矿床，特别是金矿床（陈衍景，2007；韩秀丽，2010；李俊建等，2010a、b；侯恩刚，2012；王文旭，2013；杨轩，2014；杜泽忠，2015；辛杰 2018）。当前，中亚造山带西端天山—阿勒泰存在许多古生代金矿床，但其东部的阿拉善地块在古生代是否存在的重要成矿事件，以及其与大地构造的关系如何，这一科学理论问题需要深入研究。目前，对内蒙古自治区额济纳旗苦泉山南铜金多金属矿区科学研究尚未深入展开，对其矿床类型、形成时代、构造背景尚不明确，精确的成矿年代学及矿床地球化学研究十分必要。

6.1 区域地质概况

研究区位于华北克拉通北缘，中亚造山带中段南缘，天山造山带与兴蒙造山带的交会部位，处于中朝板块、塔里木板块与西伯利亚板块的结合地带（王兴安，2014），属于天山地槽褶皱系东段，北山晚华力西地槽褶皱带（李俊建，2006；郑荣国等，2013）。该构造单元中奥陶世被动大陆斜坡地壳强烈拉张下陷，有强烈火山喷发活动，发育中基性火山岩和硅质岩。晚古生代处于板内造山阶段，由于地幔上涌，地壳拉张形成裂谷带，并有强烈火山喷发活动及花岗质岩浆的侵入。中生代发育北东向或近东西向上叠盆地，同时发育大规模推覆构造。新生代，差异性升降运动导致坳陷盆地继承和上叠于中生代断陷盆地之上，沉积了河湖相碎屑岩。

区域构造形迹主要有断裂、裂隙和褶皱，呈近东西、北东、北西、近南北四个方向展布。褶皱主要见于古生代奥陶系内，主要为轴向北西西或近东西向延长的复式向斜；近东西向压性断层是测区形成最早、规模最大的一组断裂，规模较小的北西、北东及近南北向三组断裂为扭性和压扭性，形成时间晚于近东西向压性断层；裂隙主要为北东和北西向，近东西及近南北向少量，表现为被各种脉岩填充。测区褶皱构造主要发育在早古生代地层内，受后期构造影响明显，有的被断层错断，有的翼部部分缺失，局部还有不对称或倒转现象。测区断裂构造发育，根据走向可分为近东西向、北西向、北东向和近南北向。近东西向断裂形成时间早、规模大，并具有长期活动的特征；北西向、北东向及南北向断裂较新，规模较小，往往切割东西向大断裂，前者为张性或张扭性断层，后者为扭性断层。测区中与断裂相伴产出的裂隙（节理）极其发育，主要为北西和北东向，近南北向次之，近东西向最少，大多被各种岩脉填充。测区中与断裂相伴产出的裂隙（节理）极其发育，主要为北西和北东向，近南北向次之，近东西向最少。宽几厘米至几米，长几十米至几百米，多被各种岩脉填充。所有脉岩均表现反复曲折形态，有的追踪两组扭裂面分布，脉壁粗糙，据此，充填岩脉的裂隙性质为张性或张扭性，如图 6-1 所示。

研究区位于内蒙古高原西部，古生代地层区划属塔里木—南疆地层大区，中、南天山—北天山地层区，中天山—马鬃山分区，马鬃山地层小区。中新生代地层区划属天山地层区，北山地层分区。该区出露地层由下到上依次为中奥陶统咸水湖组（O_2x）、上奥陶统锡林柯博组（O_3x）、中下石炭统白山组（$C_{1\text{-}2}b$）、下二叠统双堡塘组（P_1sb）以及第四系（Q_h^{pal}），见表 6-1 和图 6-2。

中奥陶统咸水湖组（O_2x）是区域最发育地层，主要分布于区域中部、北东部、南东部，呈北西向带状展布，控制层厚 2983m，面积 81.5km^2；上奥陶统锡林柯博组（O_3x）整合覆于其上，被石炭纪石英闪长岩（$C\delta o$）、英云闪长岩（$C\gamma o$）、闪长岩（$C\delta$）等侵入。本组岩石主要以火山岩为主、碎屑岩为辅。下部岩石组合为深灰色流纹岩、流纹英安岩、灰黑色流纹质玻屑凝灰岩、浅灰色安山岩、灰黑色粉砂岩、（变质）泥硅岩、板岩、粉晶灰岩等；中上部以灰白色、浅灰色、灰黑色蚀变安山岩为主，夹有灰黑色（斑点状）黑云母角岩、灰白色（黑云母）英安岩。本组岩石普遍具绿帘石化、黑云母化、阳起石化、绿泥石化、黝帘石化。下部主要以碎屑岩、硅质岩及灰岩为主，中酸性火山熔岩及火山碎屑岩为辅，向上变为中性火山岩为主，碎屑岩呈夹层产出且变质为角岩。

上奥陶统锡林柯博组（O_3x）为区域较发育地层，主要分布在区域中部、北东部、南东部，呈北西向条带状展布，控制厚约 1984m，面积约 95.89 km^2。中奥陶统咸水湖组（O_2x）整合伏于其下，大部分地段为断层接触，被石炭纪石英闪长岩（$C\delta o$）、英云闪长岩（$C\gamma o$）、闪长岩（$C\delta$）及早三叠世正长花岗岩（$T_1\xi\gamma$）侵入。本组岩石普遍具绢云母化、绿泥石化、黝帘石化、阳起石化。本组岩石主要为变质中细粒岩屑长石砂岩和蚀变安山岩，次为变质粉砂岩及角岩、板岩、泥硅岩等，岩石主要呈灰白色、灰色、灰黑色，绿化较强者呈灰绿色，岩性组合为细粉砂岩夹中性火山熔岩，下部有厚层中性火山岩；碎屑岩碎屑颗粒总体呈向上变细趋势，砂屑主要为长石和岩屑。未采到化石，结合六驼山幅200000 地质报告资料认为本组属陆源浅海相沉积。火山岩岩性单一为中性熔岩，从岩石类

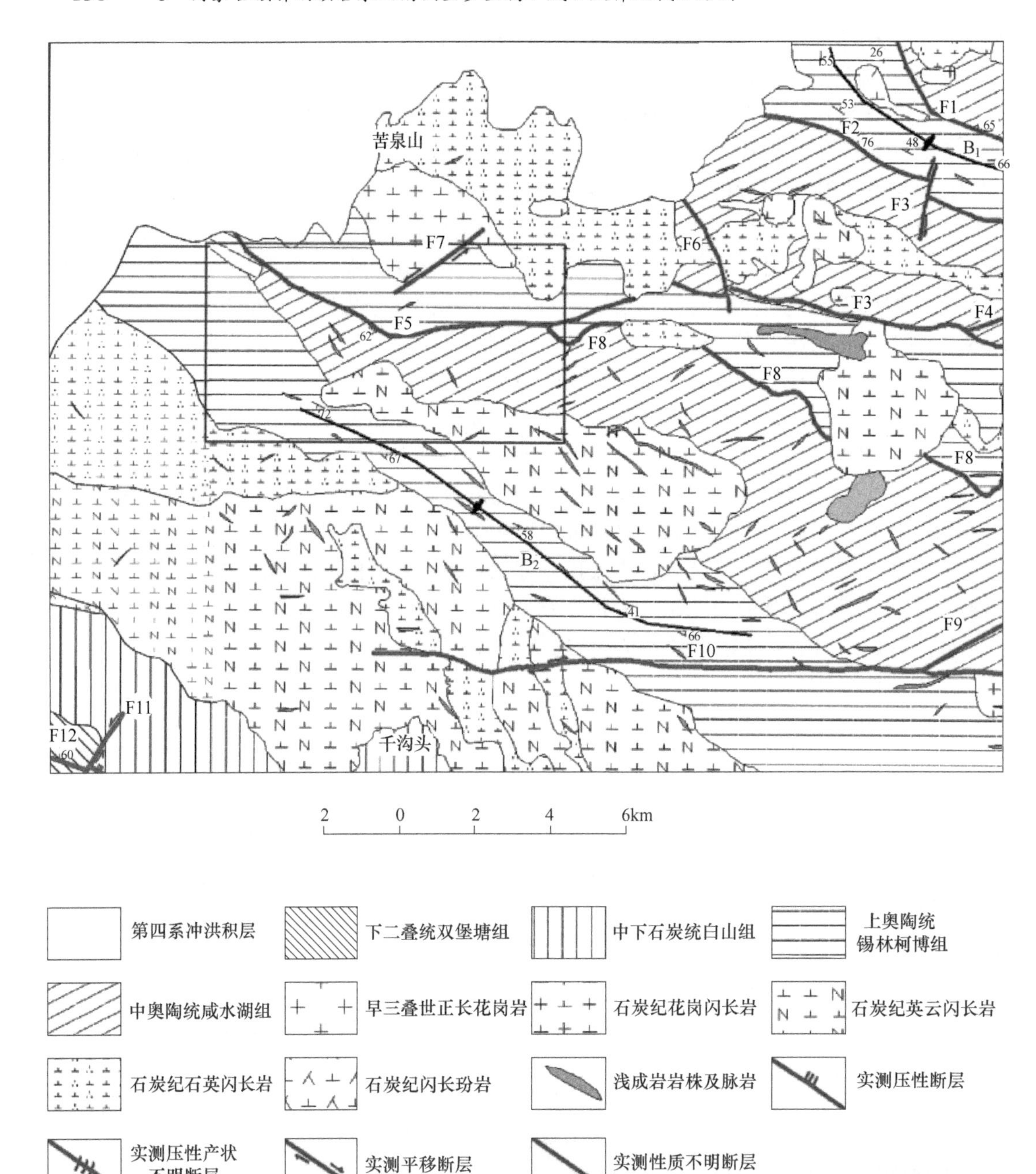

图 6-1　苦泉山地区构造纲要图

扫一扫查看彩图

型及分布情况看，晚奥陶世火山活动较弱，均为溢流相中性熔岩，于上奥陶统锡林柯博组（O_3x）呈夹层产出，局部地段连续多层产出。

表 6-1 区域地层简表

界	系	统	地层名称	代号	岩性
新生界	第四系	全新统	冲洪积物	Q_h^{pal}	砂砾石、沙土
古生界	二叠系	下统	双堡塘组	P_1sb	灰色变质岩屑长石砂岩、砂砾岩、灰黑色变质粉砂岩
	石炭系	中下统	白山组	$C_{1\text{-}2}b$	安山岩、英安岩、火山熔岩
	奥陶系	上统	锡林柯博组	O_3x	砂岩、粉砂岩夹少量灰岩及中性火山岩
		中统	咸水湖组	O_2x	安山岩、安山质凝灰岩夹砂岩、粉砂岩

中下石炭统白山组（$C_{1\text{-}2}b$）仅于区域西南角小范围出露，面积约 16.93km^2，被石炭纪花岗闪长岩（$C\gamma\delta$）侵入。岩性为中酸性火山岩，为灰—灰白色流纹质和英安质角砾熔岩和含角砾岩屑晶屑凝灰岩及少量凝灰岩夹层，本组岩石普遍具有绿泥石化。与上覆下二叠统双堡塘组（P_1sb）多呈断层接触，局部呈角度不整合接触。

下二叠统双堡塘组（P_1sb）主要分布于区域的西南角，出露面积约 1.76km^2。可分为两个岩性段，一段以浅灰绿色底砾岩、浅灰绿色钙质长石砂岩、岩屑长石砂岩、细砂岩为主，夹薄层灰黑色粉砂岩、粉砂质泥岩等；二段以浅灰绿色泥质粉砂岩、紫红色泥质粉砂岩、灰黑色泥岩为主，夹薄层状长石砂岩、细砂岩等，并偶见灰岩透镜体。与下覆下石炭统白山组（$C_{1\text{-}2}b$）多呈断层接触，局部呈角度不整合接触。

第四系（Q_h^{pal}）分布于区域北西部及基岩区内沟谷及低洼处，层厚为 5~13m，面积约为 91.73km^2。所处地貌主要为山前洼地及山间沟谷和低洼处，成因基本相似，未详细划分，统一为全新统冲洪积物（Q_h^{pal}），成分为砂砾石及砂土等。

6.2 矿区地质概况

研究区位于塔里木陆块东北缘活动大陆边缘，地处额济纳旗—雅干华力西期铁、金、铜、钼、镍成矿带，黑鹰山—雅干铁、钼成矿带，黑鹰山—乌珠尔嘎顺铁、铜、金成矿带上。区域矿产以铁、萤石、钨、锡矿为主，次为铅、锌、铜。铁矿床形成与公婆泉组地层、小黄山构造蛇绿混杂岩以及基性火山岩相关，成因类型为岩浆热液型、接触交代型；钨锡矿床与寒武纪黑云二长花岗岩相关；萤石矿与晚寒武—早奥陶世西双鹰山组相关。地质构造复杂，断裂发育，岩浆活动频繁，海相火山岩、基性—超基性岩、中酸性侵入岩广泛发育。成矿地质条件优越。

矿区出露地层为奥陶系中统咸水湖组（O_2x）和奥陶系上统锡林柯博组（O_3x），第四系全新统冲积—洪积物（Q_h^{pal}），如图 6-2 所示。区内岩浆岩不发育，主要为石炭纪石英闪长岩（$C\delta o$）、英云闪长岩（$C\gamma o$）及脉岩。脉岩类型多样，基性、中性、酸性岩脉均有产出，以中酸性脉岩较为发育。主要为辉长岩脉（υ）、辉绿岩脉（βμ）、闪长玢岩脉（δμ），闪长岩脉（δ）、石英闪长岩脉（δo）、碳酸盐脉（XC）、花岗斑岩脉（γπ）、正长岩脉（ε）、石英岩脉（q）。其中超基性碳酸岩脉规模较大，沿断裂构造呈弧形带状贯入，反映本区经历了较为强烈的构造运动。

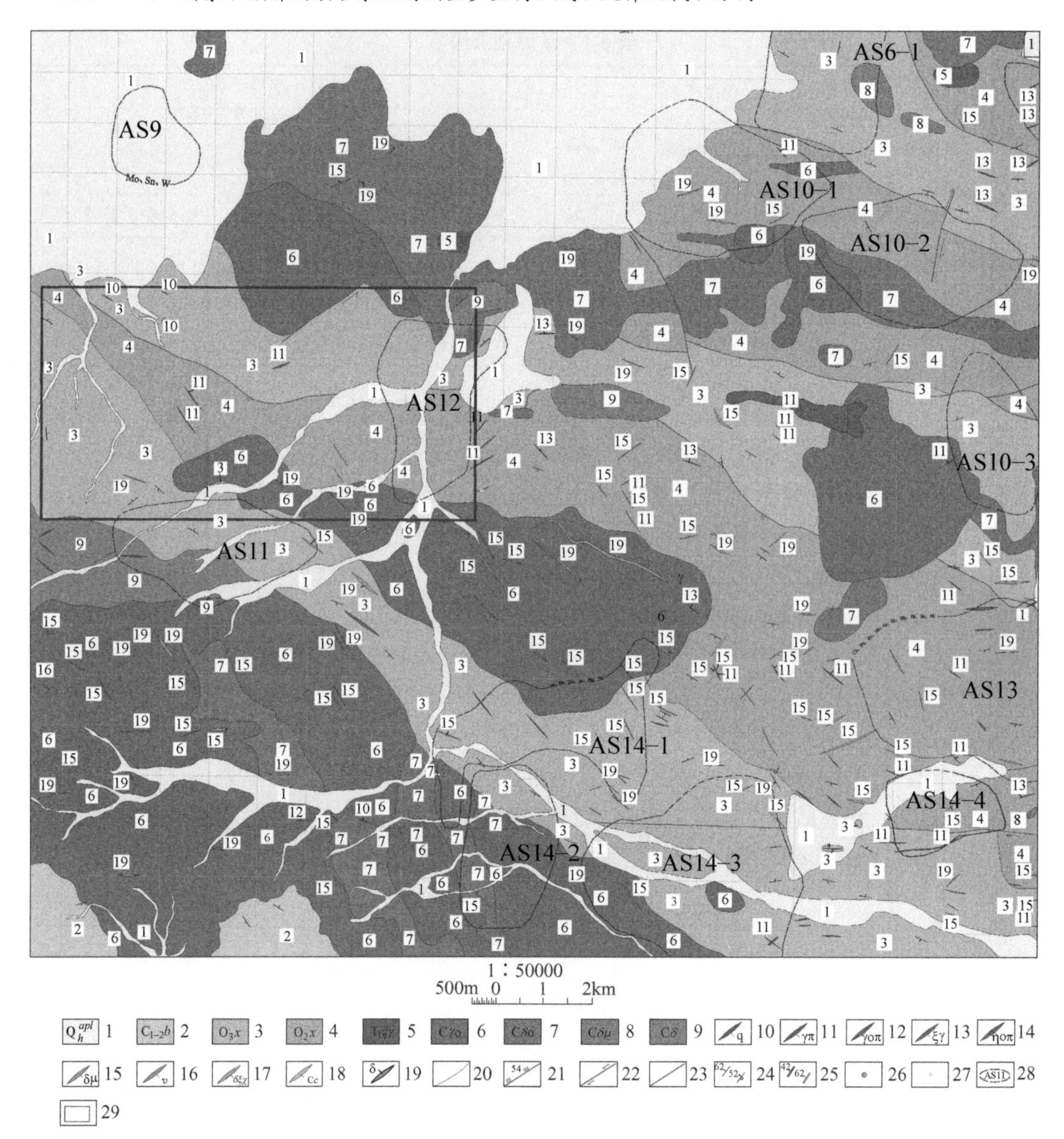

图 6-2 苦泉山地区地质简图

1—第四系洪冲积层；2—石炭系中下统白山组；3—奥陶系上统锡林柯博组；4—奥陶系中统咸水湖组；5—三叠纪正长花岗岩；6—石炭纪英云闪长岩；7—石炭纪石英闪长岩；8—石炭纪闪长玢岩；9—石炭纪闪长岩；10—石英脉；11—流纹岩脉、花岗斑岩脉、花岗细晶岩脉、花岗岩脉；12—花岗闪长岩脉、斜长花岗斑岩脉、花岗闪长斑岩脉；13—正长花岗岩脉；14—石英二长斑岩脉、石英二长岩脉；15—闪长玢岩脉、闪长岩脉；16—辉绿玢岩脉、辉长岩脉；17—闪斜煌斑岩脉；18—碳酸岩脉；19—闪长岩；20—实测地层界线及侵入接触界线；21—实测压性断层及断层面倾角（带齿为上冲盘）；22—实测平移断层；23—实测性质不明断层；24—倾斜地层、倒转地层产状及倾角；25—板理片理化产状及倾角；26—铜金矿化点；27—冰洲石矿化点；28—1：50000化探异常编号及范围；29—研究区范围

扫一扫
查看彩图

研究区内的褶皱和断裂构造受不同时期、不同性质构造运动的影响和改造，其表现形式虽然多种多样，但主构造线总体以北西向为主，表现了区域性地应力的特征。后期构造

变动的继承性较强，局部地段与主构造线斜交的叠加构造，也没有改变主构造形态的轮廓。褶皱构造以北西向主体，多为紧密线型褶皱，而且规模较大。近南北向的短轴、宽缓、小规模褶皱，多经破坏改造或属后期叠加构造，无论从褶皱的规模，还是从相对数量而言，后者均远逊于前者。不同序次的断裂构造以北西向为主，其余方向的断裂一般不发育，且规模小、分布局限。矿区变质岩主要是奥陶纪—石炭纪的区域浅变质岩，其次为动力变质岩。区域浅变质岩亦是组成奥陶纪岩石，是由正常碎屑岩浅变质火山岩强蚀变而成，变质程度较低，变质相为低绿片岩相；正常碎屑岩浅变质为：变质长石石英砂岩、变质细砂岩、变质粉砂质泥岩、变泥岩、板岩、碳酸盐岩等。火山岩强蚀变主要有绢云母化、黝帘石化、绿泥石化、绿帘石化等；接触交代变质岩和动力变质岩虽然少量分布，矿区中的内生金属矿产与动力变质作用存在密切关系。

6.3 矿体地质特征

6.3.1 蚀变带特征

6.3.1.1 Ⅰ号矿化蚀变带

Ⅰ号矿化蚀变带分布在研究区东北部。矿化蚀变带走向约290°，长约400m，宽为10~50m。

矿化蚀变带分布在南凸的弧形断裂带之北西向次级断裂带内，分布在奥陶系上统锡林柯博组第一段与第二段的内外接触带上，露头尺度上矿体赋存于断裂破碎带内，断裂带内岩石破碎强烈，多已碎裂为断层泥。矿体地表露头及围岩表现为较强烈的褐铁矿化、孔雀石化、黄铁矿化，围岩蚀变多见硅化、碳酸盐化、绿帘石化、绿泥石化。含矿岩石主要为浅紫红色褐铁矿化石英脉和褐铁矿化碎裂英安岩，岩石裂隙内可见大量微细粒次生石英以及少量黄铁矿和翠绿色孔雀石充填。

分布于AP3（Au、Ag、Cu、Bi、Sb、Mo、Hg）综合异常区内，所在地段Cu、Au、Mo异常显著，并且套合好，具有一致的浓集中心。物探激电扫面显示，该区极化率ηs值为3%~5%，电阻率表现为低阻，ρs值为100~200Ω·m。

针对该矿化蚀变带，地表圈定了Cu1矿体，Cu-Au-1、Cu-Au-2、Au-1矿化体。ZK31-0、ZK10-0、ZK1钻孔深部验证，未追索到上述矿（化）体，只发现新的盲矿化体Cu-1矿化体1条。

6.3.1.2 Ⅱ号矿化蚀变带

Ⅱ号矿化蚀变带分布在研究区中部。矿化蚀变带走向近东西向，长约330m，宽约35m。

矿化蚀变带分布在弧形断裂带的南凸处，露头尺度上矿体赋存于断裂破碎带内，断裂带内岩石破碎强烈。矿化体地表露头表现为较强烈的褐铁矿化、孔雀石化、黄铁矿化，围岩蚀变多见硅化、碳酸盐化。矿化体发育在褐铁矿化碎裂变质安山岩内。

分布于AP5（Au、Ag、Cu、Mo、Zn、As、Pb、Sn、Bi）综合异常区内，所在地段发育Au、Cu、Pb异常，各元素异常表现出一定相关性，具有一致的浓集中心。物探激电扫面显示，矿化体所在位置视极化率ηs值为2%~3%，具低极化率特征，视电阻率表现为高阻，ρs 值为 400～500Ω · m。

针对该矿化蚀变带，地表圈定 Cu-Au 矿化体 2 条（Cu-Au-3、Cu-Au-4）。ZK3 钻孔深部验证，未追索到上述矿（化）体。

6. 3. 1. 3　Ⅲ号矿化蚀变带

Ⅲ 号矿化蚀变带分布在研究区中西部。矿化蚀变带走向约 290°，长约 500m，宽约 100m。

矿化蚀变带分布在南凸的弧形断裂带之南西侧，位于奥陶系中统咸水湖组第一段与第二段的接触带上，露头尺度上矿体赋存于破碎带内，破碎带内岩石破碎强烈。矿化体地表露头及围岩表现为普遍的褐铁矿化，围岩蚀变多见石膏、绿帘石化、绿泥石化。矿化体发育在灰黑色、黑色褐铁矿化碎裂变质安山岩、褐铁矿化碎裂变质英安岩、沉凝灰岩内，岩石裂隙内可见大量石膏充填。

分布于 AP5（Au、Ag、Cu、Mo、Zn、As、Pb、Sn、Bi）综合异常区内，所在地段发育 Au、Cu、Pb、Zn 异常，各元素异常表现出一定相关性，具有一致的浓集中心。物探激电扫面显示，该区极化率 ηs 值为 5. 5%～7. 5%，电阻率表现为中低阻，ρs 值介于 250～300Ω · m。

针对该矿化蚀变带，地表圈定了 Zn 矿化体 7 条（Zn-1～ Zn-7）。ZK14-0、ZK14-1-0、ZK15-0、ZK15-1-0、ZK15-1-4、ZK16-1-0 钻孔深部验证，追索到 Zn-2、Zn-3、Zn-4、Zn-5、Zn-7 矿化体及 Zn5 矿体，及发现新的盲矿化体 Au-2 矿化体 1 条。

6. 3. 1. 4　Ⅳ号矿化蚀变带

Ⅳ号矿化蚀变带分布在研究区中西部。矿化蚀变带走向约 310°，长约 1100m，宽约 30m。

矿化蚀变带分布在南凸的弧形断裂带之南西侧，位于奥陶系中统咸水湖组第二段与奥陶系上统锡林柯博组第一段上，露头尺度上矿体赋存于破碎带内，破碎带内岩石破碎强烈。矿化体地表露头及围岩表现为普遍的弱褐铁矿化，围岩蚀变多见石膏、绿帘石化、绿泥石化。与Ⅲ号矿化蚀变破碎带相似，矿化体发育在灰黑色、黑色褐铁矿化碎裂变质安山岩内，岩石裂隙内可见大量石膏充填。

分布于 AP5（Au、Ag、Cu、Mo、Zn、As、Pb、Sn、Bi）综合异常区内，所在地段异常较分散。物探激电扫面显示，该区极化率 ηs 值为 5. 5%～7. 5%，电阻率表现为中低阻，ρs 值介于 250～300Ω · m。

针对该矿化蚀变带，地表圈定了 Zn 矿化体 2 条（Zn-8、Zn-9）。

6. 3. 2　矿（化）体特征

研究区以 Cu 品位大于 0. 20%且厚度大于 1m 圈定铜矿体，Zn 品位大于 0. 5%且厚度大于 1m 圈定锌矿体。按以上原则，圈定铜、锌矿体共计 2 条。

以 Au 品位 0.1×10^{-6}～1×10^{-6}圈定金矿化体，以 Cu 品位 0. 10%～0. 20%圈定铜矿化体，以 Zn 品位 0. 1%～0. 5%圈定锌矿化体。按以上原则，圈定金、铜、锌等各类矿化体共计 17 条。

主要的矿（化）体特征如下：

Cu1 矿体分布于研究区北东部，AP3 综合化探异常南部。位于 KAP10 线上，F2 构造破碎带内，及 Cu-Au-1 矿化蚀变带内部。整体透镜体状，仅由 KATC10-1 揭露，如图 6-3

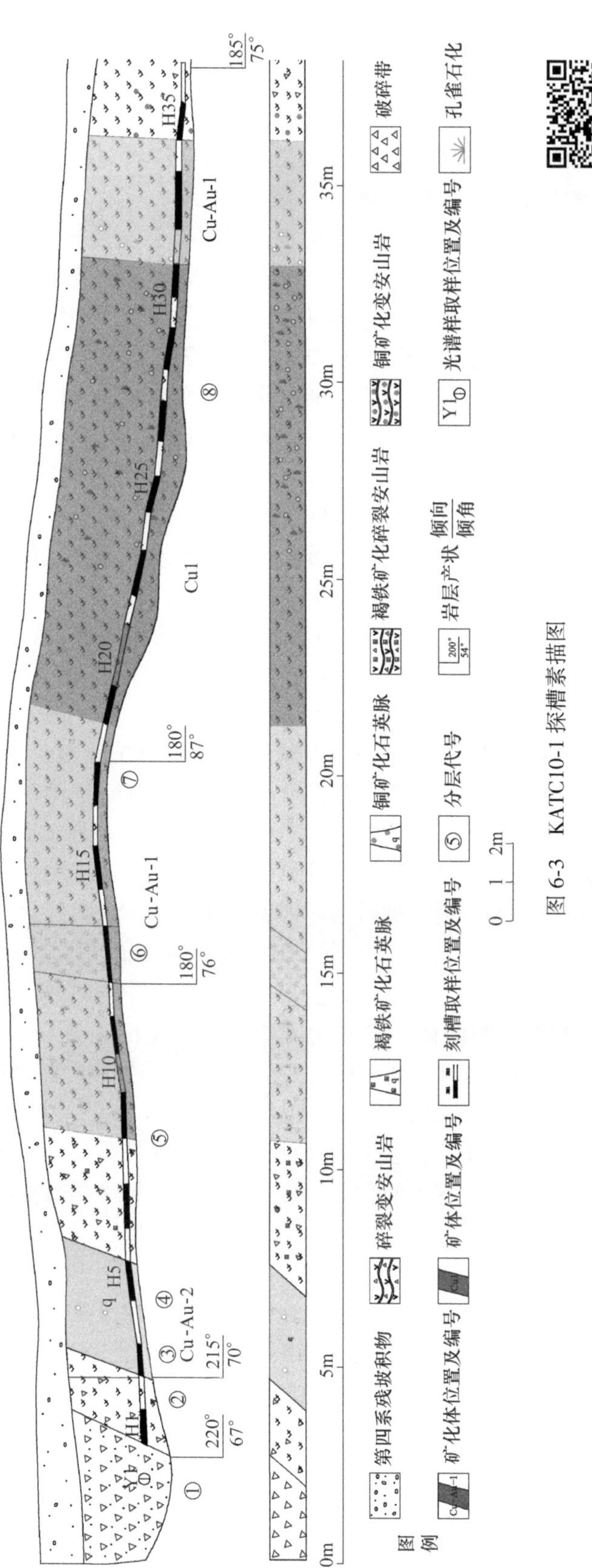

图 6-3 KATC10-1 探槽素描图

扫一扫查看彩图

所示，矿体长约为 30m，走向北西 270°，倾向正南，倾角为 87°。宽度为 13.0m。由 KATC10-1 地表揭露，共 13 个样品控制。Cu 品位为 0.132%～1.900%，平均品位 0.604%。矿体赋存于浅灰绿色碎裂英安岩内，地表露头及围岩蚀变多见较强烈的褐铁矿化、孔雀石化、黄铁矿化、硅化、碳酸盐化、绿帘石化、绿泥石化等。岩石裂隙内可见大量微细粒次生石英以及少量黄铁矿和翠绿色孔雀石充填。

ZK1 孔内主要为碎裂英安岩夹少量变质安山岩，岩石碎裂面及岩石内发育黄铁矿化，英安岩、变质安山岩内见绿泥石化、绿帘石化。蚀变矿化较好地段及基岩光谱样异常区域采集化学样，未发现该矿体。该矿体地表破碎倾角陡，可能存在深部倒转北倾的可能，施工了反向孔 ZK10-0 验证。孔内主要为碎裂英安岩、变质安山岩、石英闪长岩。碎裂英安岩、变质安山岩发育黄铁矿化、绿帘石化、碳酸盐化，蚀变矿化较好地段及基岩光谱样异常区域采集化学样，未发现该矿体。只在 ZK10-0H49，185～186m 黄铁矿化碎裂变质安山岩内发现盲矿化体 Cu-1，Cu 品位为 0.32%。ZK10-0 与 ZK1 内地层都南倾，倾角地表较陡，60°左右，深部 45°左右。地表发现的碎裂英安岩内 Cu1 矿体，可能为风化剥蚀后的残留体，或矿体倾向确实为倾向西南，整体断续出露，靠近地表部分风化剥蚀严重，只残留了一小部分，可能在 ZK1 的南侧，深部仍有延伸。

Zn5 矿体分布于研究区中西部，AP5 综合化探异常中部及 DJH-S-1 激电异常北东部边缘带上。为 Zn-5 矿化体深部变富石矿体。地表 Zn-5 矿化体：整体呈脉状，矿化体长约为 270m，走向北西 278°～324°，倾向南，倾角 42°～62°。宽度为 0.9～1.5m，平均为 1.30m。由 TC1、TC2、TC14、TC15 揭露，共 4 个样品控制。Zn 品位为 0.1124%～0.2352%，平均 0.1728%。矿化体赋存于灰黑深灰色碎裂英安岩内，围岩蚀变多见碎裂面弱褐铁矿化，硅化。深部变富厚后达到工业品位的只有 ZK15-1-4 H9，如图 6-4 所示，厚度约为 0.90m，Zn 品位为 1.0898%，倾角为 40°，按米百分值计算已达矿体，深部编号为 Zn5 矿体。矿体赋存于深灰色黄铁矿化碎裂英安岩内，围岩蚀变多见黄铁矿化，绿帘石化。

Cu-Au-1 矿化体分布于研究区北东部，AP3 综合化探异常南部。位于 KAP10 线上，F2 构造破碎带内。整体呈囊状，矿体东部宽，向西逐渐变窄至尖灭，矿化体长约为 140m，走向北西 270°～320°，倾向南，倾角为 65°～76°。宽度为 2.0～13.4m，平均为 6.47m。由 KATC10-1、KATC10-2、TC7 地表揭露，共 19 个样品控制。Cu 品位为 0.069%～0.321%，平均品位 0.179%；Au 品位为 0～0.498g/t，平均品位为 0.137g/t。矿体赋存于浅灰绿色碎裂英安岩内，地表露头及围岩蚀变多见较强烈的褐铁矿化、孔雀石化、黄铁矿化、硅化、碳酸盐化、绿帘石化、绿泥石化等。岩石裂隙内可见大量微细粒次生石英以及少量黄铁矿和翠绿色孔雀石充填。

ZK1 孔内主要为碎裂英安岩夹少量变质安山岩，岩石碎裂面及岩石内发育黄铁矿化，英安岩、变质安山岩内见绿泥石化、绿帘石化。蚀变矿化较好地段及基岩光谱样异常区域采集化学样，未发现该矿化体。该矿化体地表破碎倾角陡，可能存在深部倒转北倾的可能，施工了反向孔 ZK10-0 验证。孔内主要为碎裂英安岩、变质安山岩、石英闪长岩。碎裂英安岩、变质安山岩发育黄铁矿化、绿帘石化、碳酸盐化，蚀变矿化较好地段及基岩光谱样异常区域采集化学样，未发现该矿化体。只在 ZK10-0H49，185～186m 黄铁矿化碎裂变质安山岩内发现盲矿化体 Cu-1，Cu 品位为 0.32%。ZK10-0 与 ZK1 内地层都南倾，倾角较陡，60°左右，深部 45°左右。地表发现的碎裂英安岩内 Cu-Au-1 矿化体，可能为风化剥蚀后的残留体，或矿体倾向确实为倾向西南，整体断续出露，靠近地表部分风化剥蚀严重，只残留了一小部分，可能在 ZK1 的南侧，深部仍有延伸。

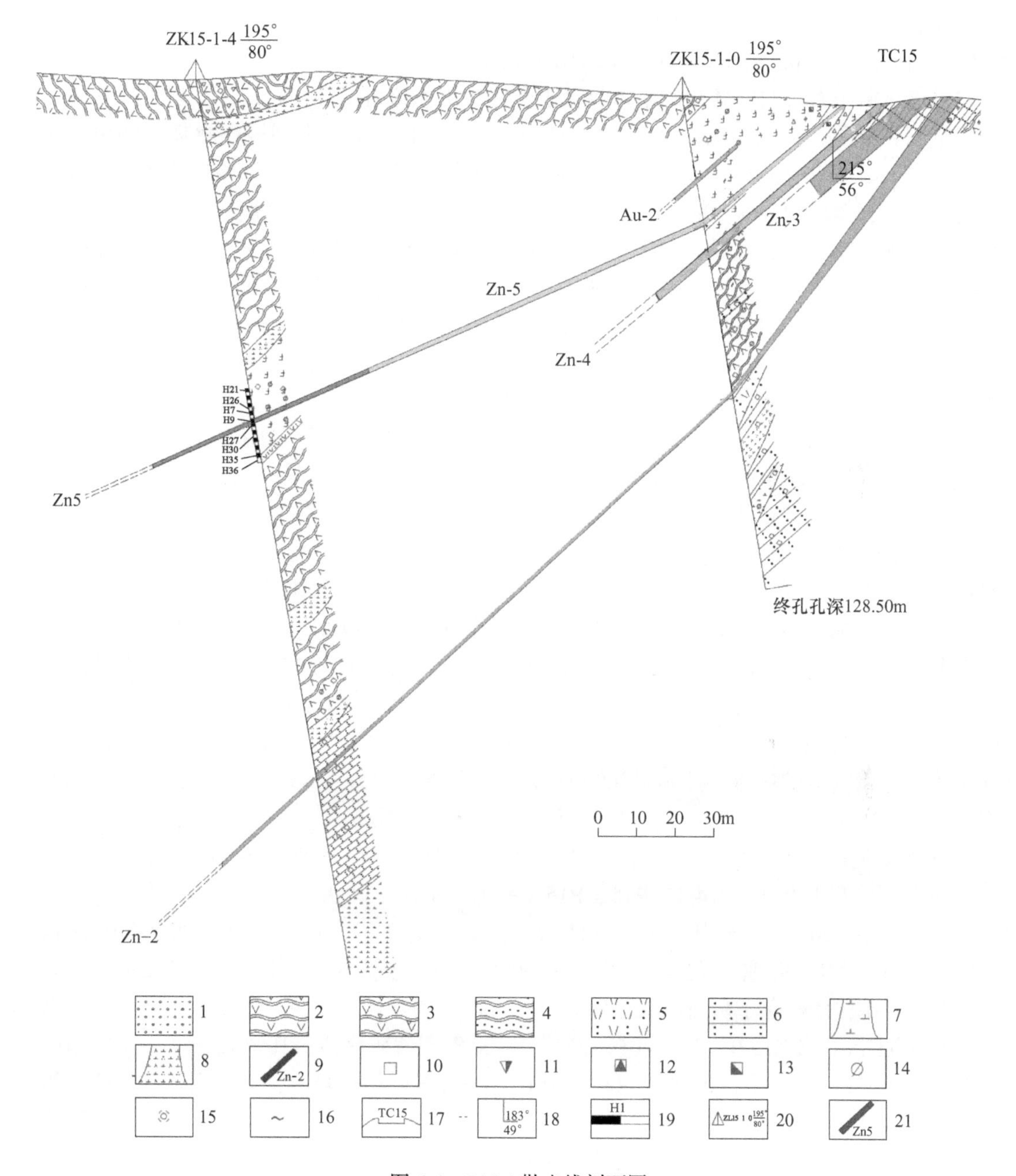

图 6-4 P15-1 勘查线剖面图

1—第四系坡积物；2—变质安山岩；3—碎裂变质安山岩；4—变质砂岩；5—凝灰岩；6—弱变质沉凝灰岩；7—闪长岩；8—石英闪长玢岩；9—矿化体位置及编号；10—黄铁矿；11—闪锌矿；12—方铅矿；13—褐铁矿化；14—绿帘石化；15—硅化；16—绿泥石化；17—探槽位置及编号；18—产状；19—取样位置及编号；20—钻孔位置及编号（剖面上）；21—矿体位置及编号

扫一扫
查看彩图

Zn-2 矿化体分布于研究区中西部，AP5 综合化探异常中部及 DJH-S-1 激电异常北东部边缘带上。分布于 P15、P16 线上。整体呈囊状，矿体南东部宽，向西逐渐变窄至尖灭，矿化体长约为 180m，走向北西 278°~324°，倾向南，倾角为 46°~62°。宽度为 1. 0~5. 0m，平均为 2. 4m。由 TC2、TC14、TC15 揭露，共 7 个样品控制。Zn 品位为0. 0920%~0. 1585%，平均为 0. 1189%。矿化体赋存于灰黑深灰色碎裂沉凝灰岩内，围岩蚀变多见碎裂面弱褐铁矿化，硅化。深部 ZK15-0、ZK15-1-0、ZK15-1-4 追索到该矿化体，均由 1 个样品控制。其中 ZK15-0 在 69. 16~79. 16m 黄铁矿化沉凝灰岩内追索到该矿化体，控制斜深为 91m，真厚度约为 0. 80m，Zn 品位为 0. 1721%，倾角为 62°，厚度相比地表变薄，品位稍微有所变富；ZK15-1-0 与 ZK15-1-4 为同一勘探线上控制矿化体倾向钻孔，控制斜深 240m，其中 ZK15-1-0 在 76. 44 ~ 77. 30m 构造角砾岩内追索到该矿化体，真厚度约为 0. 75m，Zn 品位为 0. 1361%，倾角为 65°，厚度相比地表变薄，品位稍微有所变富；ZK15-1-4 在 180. 68~181. 68m 黄铁矿化沉凝灰岩内追索到该矿化体，真厚度约为 0. 60m，Zn 品位为 0. 1043%，倾角为 64°，厚度相比 ZK15-1-0 变薄。

Zn-3 矿化体分布于研究区中西部，AP5 综合化探异常中部及 DJH-S-1 激电异常北东部边缘带上。分布于 P14、P14-1、P15、P15-1 线上。整体呈囊状，矿体南东部宽，向西逐渐变窄至尖灭，矿化体长约为 270m，走向北西 278°~324°，倾向南，倾角为 42°~62°。宽度为 1. 0~9. 0m，平均为 3. 4m。由 TC1、TC2、TC14、TC15（见图 6-5）揭露，共 13 个样品控制。Zn 品位为 0. 0999%~0. 4028%，平均 0. 2036%。矿化体赋存于灰黑深灰色沉凝灰岩内，围岩蚀变多见碎裂面弱褐铁矿化，硅化。深部 ZK14-0、ZK14-1-0 追索到该矿化体。其中 ZK14-0 在 168. 0~170. 54m 黄铁矿化绿帘石化英安岩及 170. 54~172. 54m 黄铁矿化沉凝灰岩内，追索到该矿化体，为深部隐伏矿化体，真厚度约为 3. 0m，Zn 品位为 0. 10%~0. 22%，平均为 0. 135%，倾角为 63°；ZK14-1-0 在 84. 29~85. 29m 黄铁矿化沉凝灰岩内，追索到该矿化体，控制斜深约为 120m，真厚度约为 0. 8m，Zn 品位为 0. 1087%，倾角为 55°，厚度相比地表变薄，品位稍微有所变贫。

Zn-5 矿化体布于研究区中西部，AP5 综合化探异常中部及 DJH-S-1 激电异常北东部边缘带上。分布于 P14、P14-1、P15、P15-1 线上。整体呈脉状，矿化体长约为 270m，走向北西 278° ~ 324°，倾向南，倾角 42° ~ 62°。宽度 0. 9 ~ 1. 5m，平均 1. 30m。由 TC1、TC2、TC14、TC15 揭露，共 4 个样品控制。Zn 品位为 0. 1124% ~ 0. 2352%，平均 0. 1728%。矿化体赋存于灰黑深灰色碎裂英安岩内，围岩蚀变多见碎裂面弱褐铁矿化，硅化。深部 ZK14-0、ZK15-0、ZK15-1-0、ZK15-1-4 追索到该矿化体。其中 ZK14-0 在 161. 80~162. 80m 英安岩内及 162. 80~165. 00m 黄铁矿化绿帘石化英安岩内，追索到该矿化体，为深部隐伏矿化体，真厚度约 2. 3m，Zn 品位为 0. 098%~0. 13%，平均为 0. 1127%，倾角为 63°；ZK15-0 在 46. 19~47. 19m 黄铁矿化绿泥石化碎裂英安岩内，追索到该矿化体，控制斜深约为 56m，真厚度约为 0. 7m，Zn 品位为 0. 6431%，倾角为 62°，厚度相比地表变薄，品位变富；ZK15-1-0 与 ZK15-1-4 为同一勘探线上控制矿化体倾向钻孔，控制斜深为 175m。其中 ZK15-1-0 在 32. 16~33. 46m 黄铁矿化英安岩内追索到该矿化体，真厚度约为 1. 30m，Zn 品位为 0. 1230%，倾角为 58°，厚度及品位相比地表变化不大；ZK15-1-4 在 88. 12~89. 12m 黄铁矿化碎裂英安岩内追索到该矿化体，真厚度约为 0. 90m，Zn 品位为 1. 0898%，倾角为 40°，厚度相比 ZK15-1-0 变薄，品位变富，按米百分值计算已达矿体，

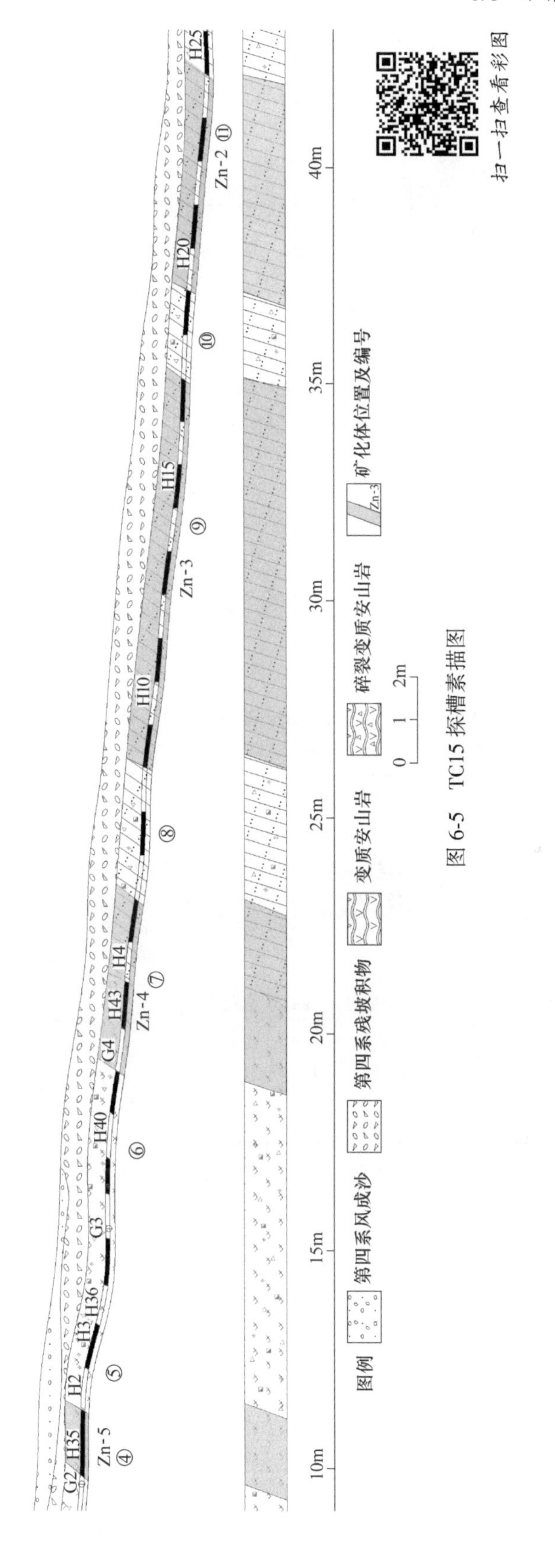

图 6-5 TC15 探槽素描图

深部编号为 Zn5 矿体。研究区矿化体特征一览表见表 6-2。

表 6-2　研究区矿化体特征一览表

矿（化）体编号	矿化体地质特征	蚀变特征	规模产状	品　位	工程控制情况
Cu1 矿体	赋存于英安岩内	孔雀石化、褐铁矿化、绿帘石化、绿泥石化	长约为 30m，宽约为 13.0m，走向 270°，倾向南，倾角为 87°	地表 1 个探槽揭露，13 个样品控制，Cu 品位为 0.132%～1.900%，平均品位为 0.604%	KATC10-1
Zn5 矿体	赋存于碎裂变质安山岩	褐铁矿化	为 Zn-5 矿化体深部变富后矿体。ZK15-1-4 控制，真厚度为 0.90m	钻孔 1 个化学样控制，ZK15-1-4　H9　Zn　品位为 1.0898%	ZK15-1-4
Cu-Au-1 矿化体	赋存于英安岩内	孔雀石化、褐铁矿化、绿帘石化、绿泥石化	长约为 140m，宽为 2.0～13.4m，平均为 6.47m。走向为 270°～320°，倾向南，倾角为 65°～76°	地表 3 个探槽揭露，19 个样品控制，Cu 品位为 0.069%～0.321%，平均品位为 0.179%；Au 品位为 0～0.498 g/t，平均品位为 0.137g/t	KATC10-1、KATC10-2、TC7
Au-Cu-1 矿化体	赋存于石英脉中	孔雀石化、褐铁矿化	长约为 20m，宽约为 1～2m，走向为 120°	1 个捡块样控制，Au 品位为 0.71g/t，Cu 品位为 0.28%	D67、TC12
Au-1 矿化体	赋存于碎裂变质安山岩内	褐铁矿化	断续长约为 430m，宽约为 1m，走向为 295°～328°，倾向南，倾角为 46°～69°	地表 3 个探槽揭露，3 个样品控制，Au 品位为 0.147～0.187g/t，平均品位为 0.167g/t	KATC10-1、TC7、TC5
Cu-Au-2 矿化体	赋存于碎裂英安岩内	孔雀石化、褐铁矿化	长约为 30m，宽约为 3.0m，走向为 305°，倾向南，倾角为 70°	地表 1 个探槽揭露，3 个样品控制，Cu 品位为 0.077%～0.134%，平均品位为 0.102%；Au 品位为 0.048～0.101g/t，平均品位为 0.096g/t	KATC10-1
Cu-1 矿化体	赋存于碎裂变质安山岩内	褐铁矿化	隐伏矿化体，真厚度约为 0.77m	钻孔内 1 个化学样控制，Cu 品位为 0.320%	ZK10-0
Cu-Au-3 矿化体	赋存于碎裂变质安山岩内	褐铁矿化	长约为 30m，宽约为 1.2m，走向为 285°，倾向北东，倾角为 85°	地表 1 个探槽揭露，1 个样品控制，Cu 品位为 0.1488%，Au 品位为 0.1054g/t	KBTC9-1
Cu-Au-4 矿化体	赋存于碎裂变质安山岩内	孔雀石化、褐铁矿化	长约为 77m，宽约为 1.0m，走向为 300°，倾向北东，倾角为 68°	地表 2 个探槽揭露，3 个样品控制，Cu 品位为 0.0128%～0.4958%，平均为 0.2034%，Au 品位为 0.041～0.082g/t，平均为 0.062g/t	KBTC9-1、KBTC9-2

续表 6-2

矿（化）体编号	矿化体地质特征	蚀变特征	规模产状	品位	工程控制情况
Zn-1 矿化体	赋存于碎裂变质安山岩内	褐铁矿化	长约为 40m，宽约为 2.0m，走向为 273°，倾向南，倾角为 45°	地表 1 个探槽揭露，2 个样品控制，Zn 品位为 0.1417%～0.2623%，平均为 0.2020%	TC4
Zn-2 矿化体	赋存于沉凝灰岩、构造角砾岩	褐铁矿化	长约为 180m，地表宽为 1.0～5.0m，平均为 2.4m，走向为 278°～324°，倾向南，倾角为 46°～62°，钻孔控制斜深为 240m，厚度为 0.61～0.85m，平均为 0.77m	地表 3 个探槽揭露，7 个样品控制，Zn 品位为 0.0920%～0.1585%，平均为 0.1189%；钻孔 3 个样品控制，Zn 品位为 0.1043%～0.1721%，平均为 0.1375%	TC2、TC14、TC15、ZK15-0、ZK15-1-0、ZK15-1-4
Zn-3 矿化体	赋存于沉凝灰岩、碎裂英安岩内	褐铁矿化	长约为 270m，地表宽为 1.0～9.0m，平均为 3.4m，走向为 278°～324°，倾向南，倾角为 42°～62°，钻孔控制斜深为 120m，厚度为 0.77～4.23m，平均为 2.50m	地表 4 个探槽揭露，共 13 个样品控制，Zn 品位为 0.0999%～0.4028%，平均为 0.2036%；钻孔内 5 个化学样控制，Zn 品位为 0.10%～0.22%，平均为 0.1297%	TC1、TC2、TC14、TC15、ZK14-0、ZK14-1-0
Zn-4 矿化体	赋存于碎裂英安岩、沉凝灰岩内	褐铁矿化	长约为 260m，宽度为 0.9～3.9m，平均为 1.9m，走向为 278°～324°，倾向南，倾角为 42°～62°，钻孔控制斜深为 58m，真厚度为 0.93～2.04m，平均为 1.49m	地表 3 个探槽揭露，共 6 个样品控制，Zn 品位为 0.0906%～0.2273%，平均为 0.1467%；钻孔内 3 个化学样控制，Zn 品位为 0.11%～0.2239%，平均为 0.1855%	TC1、TC14、TC15、ZK14-0、ZK15-1-0
Zn-5 矿化体	赋存于碎裂英安岩	褐铁矿化	长约为 270m，宽度为 0.9～1.5m，平均为 1.30m，走向为 278°～324°，倾向南，倾角为 42°～62°，钻孔控制斜深为 175m，厚度为 0.77～3.00m，平均为 1.51m	地表 4 个探槽揭露，共 4 个样品控制，Zn 品位为 0.1124%～0.2352%，平均为 0.1728%；钻孔内 6 个化学样控制；Zn 品位为 0.11%～1.0898%，平均为 0.3657%	TC1、TC2、TC14、TC15、ZK14-0、ZK15-0、ZK15-1-0、ZK15-1-4
Zn-6 矿化体	赋存于碎裂沉凝灰岩内	褐铁矿化	长约为 50m，宽约为 1.1m，走向为 288°，倾向南，倾角为 42°	地表 1 个探槽揭露，1 个样品控制，Zn 品位为 0.1348%	TC1

续表 6-2

矿（化）体编号	矿化体地质特征	蚀变特征	规模产状	品　　位	工程控制情况
Zn-7 矿化体	赋存于沉凝灰岩内	褐铁矿化	长约为 150m，宽为 1～2m，平均宽为 1.5m，走向为 288°～312°，倾向南，倾角为 42°～48°，钻孔控制斜深为 75m，真厚度为 0.8m	地表 2 个探槽揭露，3 个样品控制，Zn 品位为 0.1067%～0.2396%，平均为 0.1752%；钻孔内 1 个化学样控制，Zn 品位为 0.13%	TC1、TC13、ZK14-0
Au-2 矿化体	赋存于英安岩内	褐铁矿化	隐伏矿化体，真厚度约为 0.90m	钻孔内 2 个化学样控制，Au 品位为 0.12～0.14g/t，平均为 0.13g/t	ZK14-1-0、ZK15-1-0
Zn-8 矿化体	赋存于碎裂变质安山岩	褐铁矿化	断续长约为 650m，宽度为 1.0～1.8m，平均为 1.4m，走向为 260°～332°，倾向北，倾角为 42°～56°	地表 2 个探槽揭露，3 个样品控制，Zn 品位为 0.0949%～0.1327%，平均为 0.1158%	TC16、TC19
Zn-9 矿化体	赋存于碎裂变质安山岩	褐铁矿化	断续长约为 770m，宽度为 1.0～2.2m，平均为 1.5m，走向为 280°～335°，倾向北，倾角为 42°～56°	地表 4 个探槽揭露，共 6 个样品控制，Zn 品位为 0.0983%～0.2389%，平均为 0.1574%	TC16、TC17、TC19、TC20

6.3.3 矿石质量

6.3.3.1 铜矿石

铜矿石岩性主要为英安岩，呈斑状结构，块状构造、细脉浸染状构造。斑晶主要为斜长石、石英，质量分数约 15%。基质由微晶状长英质、隐晶状长英质及少量次生显微鳞片状绿泥石、绢云母等组成，质量分数约 85%。

金属矿物特征如下所述。

黄铁矿：浅黄白色，质量分数小于 1%，呈微粒状，粒度为 0.02～0.3mm，分布在非金属矿物内部。

褐铁矿：褐色，质量分数为 1%～2%，呈半自形粒状，粒度为 0.2～0.5mm，依黄铁矿半自形粒状外形被褐铁矿全部取代。

氧化矿物：孔雀石，孔雀蓝，质量分数为 1%～2%，呈纤维状，分布在裂隙中，属硅孔雀石。

脉石矿物特征如下所述。

斑晶成分：斜长石，质量分数为 12%，半自形板状，部分轻度碎裂，粒度为 0.5～2.5mm。石英，质量分数为 3%，熔蚀半自形晶或熔蚀浑圆状—熔蚀港湾状，受力作用强烈波形消光，局部碎裂明显，粒度为 0.5～2mm。

基质成分：质量分数为 85%，由微晶状长英质（质量分数为 25%）、霏细状长英质（质量分数为 25%）和隐晶状长英质（质量分数为 25%）构成，次生显微鳞片状绿泥石（质量分数为 8%）大致均匀分布，次生微粒状绿帘石（质量分数为 2%）部分成团出现，部分裂隙充填。

6.3.3.2 *锌矿石*

锌矿石岩性主要为变质英安岩，微晶结构，稀疏浸染状构造、块状构造。矿物成分主要为长英质矿物、绿帘石、少量黑云母、铁质。

金属矿物特征如下所述。

磁黄铁矿：乳黄色微带粉褐色，他形粒状集合体，非均质，粒度小于 0.1mm，星散分布，部分呈细脉状。

黄铜矿：铜黄色，他形粒状集合体，弱非均性，粒度小于 0.1mm，零星分布于黄铁矿周围。

闪锌矿：灰色，他形粒状集合体，均质，粒度小于 0.1mm，零星分布。

脉石矿物特征如下所述。

长英质矿物：质量分数为 77%~78%，呈微晶状分布，长石不同程度钠黝帘石化，石英受变质作用影响部分重结晶，粒径为 0.03~0.15mm。

绿帘石：质量分数为 20%~21%，呈粒状集合体分布，粒径为 0.02~0.05mm。

黑云母：质量分数为 1%~2%，呈显微鳞片~叶片状分布，片径为 0.03~0.12mm。

铁质：质量分数为 0.5%~1%，呈星散状分布。

6.3.4 矿体围岩与夹石和蚀变分带

6.3.4.1 *矿体围岩及夹石*

铜矿体围岩和夹石主要为硅化碎裂英安岩，矿体与围岩及夹石呈渐变过渡。

铜矿体围岩主要是：$w(\mathrm{Au})$ 为 0~0.498g/t，平均为 0.121g/t；$w(\mathrm{Ag})$ 为 0.452~1.247g/t，平均为 0.952g/t；$w(\mathrm{Cu})$ 为 0.018%~0.568%，平均为 0.206%；$w(\mathrm{Pb})$ 为 0.001%~0.002%，平均为 0.002%；$w(\mathrm{Zn})$ 为 0.002%~0.006%，平均为 0.004%。Cu1 矿体中有夹石 3 层，其厚度为 1.0~2.0m，平均为 1.33m。$w(\mathrm{Au})$ 为 0.046~0.087g/t，平均为 0.075g/t；$w(\mathrm{Ag})$ 为 0.626~1.262g/t，平均为 0.968g/t；$w(\mathrm{Cu})$ 为 0.132%~0.388%，平均为 0.215%；$w(\mathrm{Pb})$ 为 0.001%~0.002%，平均为 0.002%；$w(\mathrm{Zn})$ 为 0.004%~0.006%，平均为 0.005%。

锌矿体围岩主要为英安岩，矿体与围岩及夹石呈渐变过渡。

锌矿体围岩主要是：$w(\mathrm{Au})$ 小于 0.05g/t；$w(\mathrm{Ag})$ 为 1.12~1.21g/t，平均为 1.17g/t；$w(\mathrm{Cu})$ 为 0.0082%~0.0097%，平均为 0.0090%；$w(\mathrm{Pb})$ 为 0.0022%~0.0027%，平均为 0.0025%；$w(\mathrm{Zn})$ 为 0.0027%~0.0820%，平均为 0.0569%；$w(\mathrm{Mo})$ 为 0.0017%~0.0020%，平均为 0.0019%。

6.3.4.2 *蚀变及分带*

据野外地质特征，结合岩矿鉴定及钻孔编录资料，本区矿（化）体蚀变垂直分带较明显，水平不明显，上部褐铁矿化发育，而中下部则黄铁矿化极其发育，偶见闪锌矿等。由上而下垂向大致分三段：上部褐铁矿化明显，乃至岩石颜色宏观呈土黄、褐黄色，其蚀变矿物有褐铁矿、绢云母、石英、黄铁矿等；中部以绢云母、绿帘石、石英、黄铁矿、黑云母为主，闪锌矿次之。下部以黄铁矿为主。中下部黄铁矿呈浸染状、细脉状、团块状集合体或呈星点状或沿裂隙面等不均匀分布。其氧化蚀变深度一般为 0~20.0m，20m 以下属原生带。

6.3.4.3 *矿化及分带*

研究区自上而下具有明显的分带，地表浅部以褐铁矿化为主，且褐铁矿化较为普遍；中部总体以黄铁矿化为主，闪锌矿化次之，分布不均匀；中下部黄铁矿化为主。该分带显示了垂直分带上矿化蚀变与矿物蚀变分带的一致性。

6.4 矿床成因及找矿标志

6.4.1 矿床成因

目前已发现的矿化体均赋存在奥陶统咸水湖组及锡林柯博组碎裂变质安山岩、英安岩、沉凝灰岩内，发育褐铁矿化、绿帘石化、绿泥石化，偶见孔雀石化。赋矿部位岩石较破碎，两侧不远处均有岩浆岩出露，深部钻孔内岩浆岩也发育。

据此初步认为成因，为深部石炭纪石英闪长岩上侵造成上覆奥陶统咸水湖组及锡林柯博组的碎裂，石英闪长岩及含矿热液沿裂隙运移至咸水湖组及锡林柯博组中，与咸水湖组及锡林柯博组中变质安山岩、英安岩发生蚀变交代等作用，在变质安山岩、英安岩与石英闪长岩接触带富集成矿。并且咸水湖组及锡林柯博组中变质安山岩、英安岩中富含铜、金、铁等成分，为成矿奠定了物质基础。研究区构造断裂为成矿物质的活化、迁移、富积和岩浆热液的运移提供了良好的通道和空间。

该矿床成因类型属岩浆热液型。

6.4.2 找矿标志

（1）褐铁矿化、孔雀石化、碳酸盐化、绿帘石化、绿泥石化、硅化、高岭土化、石英脉是直接找矿标志。特别在石炭纪石英闪长岩体与奥陶统咸水湖组及锡林柯博组火山岩段的接触带内，接触带内构造越发育越有利于成矿。

（2）化探异常发育地段，尤其是以 Au、Cu、Zn、Mo 为主的多元素组合有浓集中心且有分带现象的化探异常的存在，可直接指示有可能存在铜金矿化。

（3）物探测量具有低电阻率高极化率的异常组合，且与地表矿化蚀变配套的地段。

6.5 结　　论

（1）通过捡块样，发现金铜矿化体 1 条，为 Au-Cu-1 矿化体，赋存于碎裂石英脉中。长约为 20m，宽为 1~2m，走向 120°，断续出现。Au 品位为 0.71×10^{-6}，Cu 品位为 0.28%，石英脉见褐铁矿化、孔雀石化。通过 TC12 揭露，石英脉为地表一层厚 0.3m 左右的碎石层，下部为变质砂岩。

（2）在 F2 构造破碎带及Ⅰ号蚀变带内，Cu1 矿体、Cu-Au-1 矿化体、Cu-Au-2 矿化体、Au-1 矿化体西侧，通过 1：5000 地质、土壤、激电中梯综合剖面测量，P29、P30、P31 三条剖面，发现一条化探异常套合好，铜金值含量高的构造破碎带。并且在其他剖面也发现部分异常较好地段。通过槽探地表揭露，追索到 Cu-Au-1 矿化体、Au-1 矿化体。及新发现 10 条矿化体，编号分别为 Au-1、Zn-1、Zn-2、Zn-3、Zn-4、Zn-5、Zn-6、Zn-7、Zn-8、Zn-9。成规模的主要为 Zn-5。通过钻探深部追索验证，追索到 Zn-2、Zn-3、Zn-4、Zn-5、Zn-7 矿化体，新发现 2 条盲矿化体 Cu-1、Au-2。

Cu1 矿体：长约为 30m，走向北西 270°，倾向南，倾角为 87°。宽度为 13.0m。由 KATC10-1 地表揭露，共 13 个样品控制。Cu 品位为 0.132%～1.900%，平均品位为 0.604%。矿体赋存于浅灰绿色碎裂英安岩内，地表露头及围岩蚀变多见较强烈的褐铁矿化、孔雀石化、黄铁矿化、硅化、碳酸盐化、绿帘石化、绿泥石化等。岩石裂隙内可见大量微细粒次生石英以及少量黄铁矿和翠绿色孔雀石充填。

Zn-5 矿化体：整体呈脉状，矿化体长约 270m，走向北西 278°～324°，倾向南，倾角为 42°～62°。宽度为 0.9～1.5m，平均为 1.30m。由 TC1、TC2、TC14、TC15 揭露，Zn 品位为 0.1124%～0.2352%，平均为 0.1728%。赋矿岩性为灰绿色英安岩。围岩蚀变多见碎裂面弱褐铁矿化，硅化等。深部有变富的趋势，ZK14-0、ZK15-0、ZK15-1-0、ZK15-1-4 追索到该矿化体。控制斜深为 175m，厚度为 0.9～2.3m，平均为 1.51m；Zn 品位为 0.11%～1.0898%，平均为 0.3657%。其中 ZK15-1-4 在 88.12～89.12m 碎裂弱变质英安岩内追索到该矿化体，真厚度约为 0.90m，Zn 品位为 1.0898%，按米百分值计算已达矿体，深部编号为 Zn5 矿体。围岩蚀变多见黄铁矿化、绿帘石化等。

（3）从目前的找矿成果来看，所确定的铜金矿（化）体规模小，矿石品位变化大，深部也未追索到矿（化）体，不具有工业价值；锌矿化体数量多、品位低，个别样品达到工业品位，也不具有工业价值。但从已发现的地表矿化体，以及物化探异常和钻探揭露情况来看，本区锌矿化体往南西深部品位有变富的趋势，仍显示有利的找矿信息，具备一定的成矿条件。

（4）该区寒武纪—中奥陶世的沉积建造特征显示为被动大陆边缘，并发生一系列海相火山—沉积作用，而研究区内出露的奥陶系上统锡林柯博组正是这一地质作用的产物，因此区内具备形成与海相火山—沉积作用相关的铜金矿、锌矿的成矿地质条件。初步判断矿床类型属岩浆热液型。

7　内蒙古额济纳旗黄砬子银多金属矿找矿标志与前景

黄砬子银多金属矿址东距额济纳旗政府所在地达来呼布镇约 350km，南距嘉峪关市约 300km，与外界主要通过 2 条主干公路联通，分别为黑鹰山至嘉峪关的公路和额济纳旗至石板井的 S312 省道。区域与最近的黑鹰山铁矿有简易公路联通，距离约 40km，内仅有牧区土路通达，交通条件较差。区域属内蒙古高原西缘，整体为低山丘陵及戈壁荒漠区，地表风蚀作用强烈，山体走向略显东西向。水系不发育，地形切割深而凌乱，均为干沟。海拔一般为 1300～1500m，高差一般为 150m，最高点为区域西南部 1586.4m 高地。粮食、蔬菜、日用品等靠外地运进，物资匮乏。随着地质工作程度的深入，矿业开发将为地方经济的发展提供更大的发展空间。

20 世纪 50 年代，早期与本区相关的地质矿产勘查工作以中小比例尺面积性工作为主，发现的各类矿床、矿点、矿化点较少，近两年开展的 1∶50000 区域矿产地质调查工作，对区域内有地质、物探、化探综合找矿工作，找矿成果显著，很好地促进了当地第二产业的发展。

7.1　区域地质背景

黄砬子银多金属矿位于内蒙古自治区额济纳旗最西端，内蒙古高原西部，塔里木板块东部陆缘增生带。

7.1.1　区域地质及矿产资源概况

处于高重力与低重力过渡带，航磁异常相对较为集中，且正磁异常范围较大，岩浆热液活动频繁，不同时期的岩浆岩发育，构造活动强烈，成矿条件较为优越。主要赋矿地层为北山群，是寻找多金属矿床的有利部位；晚二叠世二长花岗岩体与成矿关系较为密切，为成矿作用提供充足的成矿物质，其与北山群接触部位属寻找矽卡岩型接触交代矿床的优选地段；北东向张性断裂构造为含矿热液提供运移通道及储矿空间，应重点寻找石英脉型金矿床。岩体分布较为广泛，构造活动强烈，物化探异常套合较好，矿化蚀变明显，成矿物质来源较为充足，较为发育的次级断裂为矿体的形成提供了良好的运移通道及储存空间。因此，本区成矿条件较为优越，找矿潜力巨大。很有必要开展进一步找矿工作，区域构造纲要图如图 7-1 所示。

在该成矿带目前已发现铁、铜、钼、金及多金属矿床（点）多处，如黑鹰山中型富铁矿、乌珠尔嘎顺铁铜矿、碧玉山小型铁矿、千条沟铜多金属矿、流沙山中型钼金矿、额勒根乌兰乌拉钼（铜）矿、甜水井金矿、小狐狸山中型钼矿、独龙包钼矿和大狐狸山铜镍矿等。

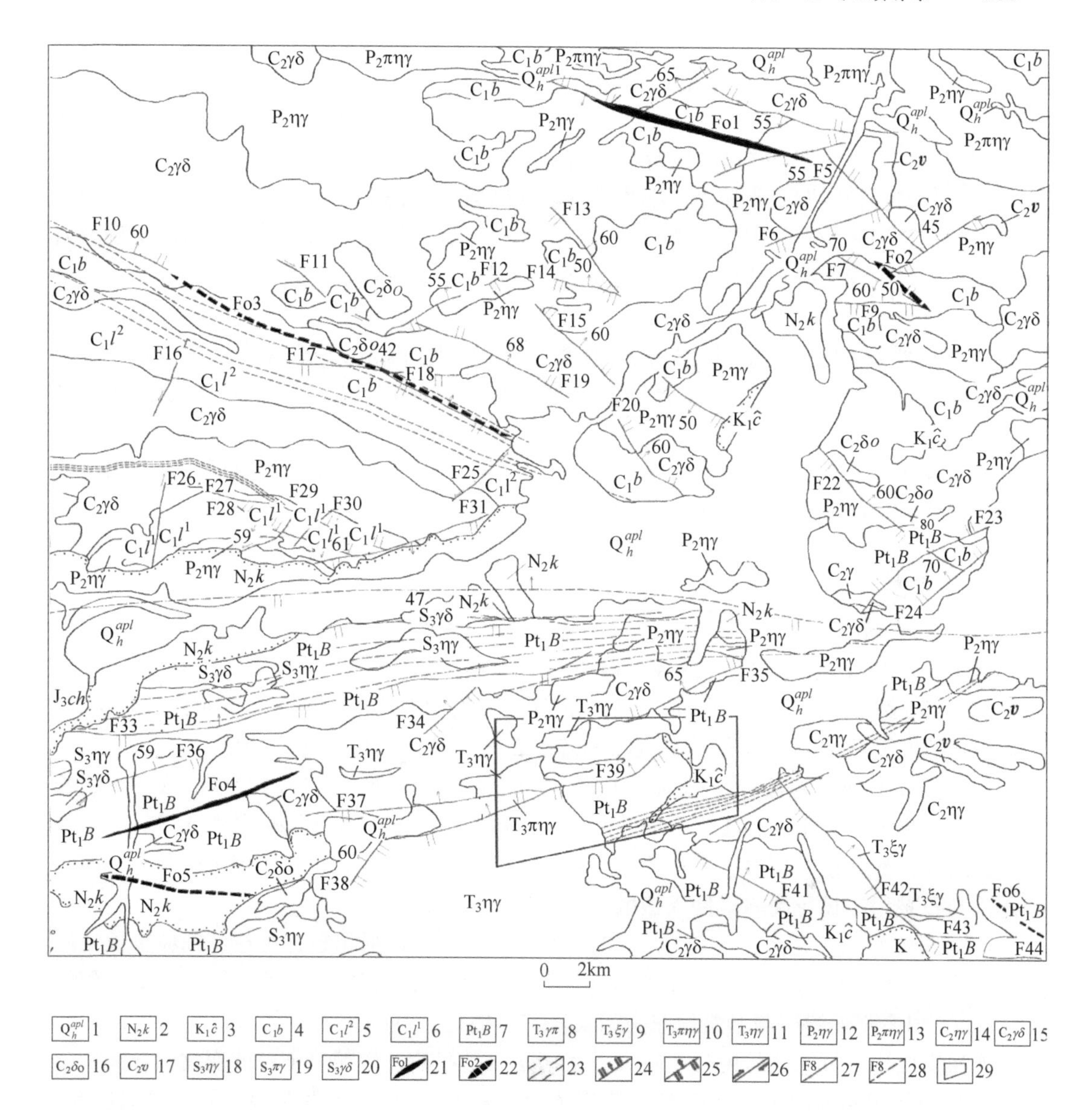

图 7-1 区域构造纲要图

1—全新统冲积物；2—上新统苦泉组；3—下白垩统赤金堡组；4—下石炭统白山组；5—下石炭统绿条山组二段；6—下石炭统绿条山组一段；7—古元古界北山群；8—三叠纪花岗斑岩；9—三叠纪钾长花岗岩；10—三叠纪斑状二长花岗岩；11—三叠纪二长花岗岩；12—二叠纪二长花岗岩；13—二叠纪斑状二长花岗岩；14—石炭纪二长花岗岩；15—石炭纪花岗闪长岩；16—石炭纪石英闪长岩；17—石炭纪辉长岩；18—志留纪二长花岗岩；19—志留纪斑状花岗闪长岩；20—志留纪花岗闪长岩；21—背斜构造；22—向斜构造；23—韧性剪切带；24—正断层；25—逆断层；26—平移断层；27—推测断层；28—断层编号；29—研究区域

扫一扫查看彩图

7.1.2 地层

黄硷子银多金属矿所在区位于内蒙古高原西部，古生代地层区划属塔里木—南疆地层大区，中、南天山—北天山地层区，中天山—马鬃山分区，马鬃山地层小区；中新生代地层区划属天山地层区、北山地层分区。出露地层主要为下元古界北山岩群（Pt_1B）、侏罗系上统赤金堡组（J_3ch）、新生界第四系全新统冲积—洪积物（Q_h^{apl}）。

（1）下元古界北山岩群（Pt_1B）。该地层在区域大面积出露，总体倾向北东 15°，倾角为 30°～40°，为一北倾的单斜构造。北山群总体，发育强烈的变形变质组构。变质主要表现为低角闪岩相区域变质作用，在局部地段如断裂裂隙构造发育部位或岩体与围岩外接触带处多发育气液变质作用，变质类型有绿帘石化、绿泥石化、绢云母化、硅化、矽卡岩化。变形主要表现为挤压片理化及糜棱岩化等。局部伴生有褐铁矿化、金、铜、铅、锌等多金属矿化。

（2）侏罗系上统赤金堡组（J_3ch）。主要分布于区域东部。岩性为（褐铁矿化）凝灰质含砾不等粒砂岩、长石岩屑砂岩等。风化后地表灰色砾石较多，大小不等，磨圆度中等。

（3）第四系全新统（Q_h）。区域内全新统沉积物沿沟谷、洼地及湖盆展布，多为现代松散堆积物，成因类型以冲洪积、冲积为主。

7.1.3 岩浆岩

7.1.3.1 侵入岩

区域侵入岩较发育，主要分布在区内西部，在东南角有少量分布。侵入时代为石炭纪、二叠纪、三叠纪。岩性以中酸性为主。主要岩体有石炭纪花岗闪长岩、石炭纪二长花岗岩、石炭纪角闪闪长岩、二叠纪石英闪长岩、三叠纪二长花岗岩、三叠纪似斑状二长花岗岩。

（1）石炭纪花岗闪长岩（$C_2\gamma\delta^b$，$C_2\gamma\delta\pi$）。包括中粒花岗闪长岩、似斑状花岗闪长岩，中粒花岗闪长岩主要分布于区域西北部，北部与三叠纪二长花岗岩呈侵入接触，南部和东部与北山群呈侵入接触，岩石片理化较强。似斑状花岗闪长岩在区域东南角有小面积出露，与石炭纪二长花岗岩呈侵入接触。

（2）石炭纪二长花岗岩（$C_2\eta\gamma^a$，$C_2\eta\gamma^b$，$C_2\eta\gamma^c$）。包括粗粒、中粒、细粒二长花岗岩，显示一定的相变分带特征，主要分布于区域东南角，总体近东西向分布，总面积约 0.66km²，出露不连续，与石炭纪花岗闪长岩、二叠纪石英闪长岩呈侵入接触，侵入下元古界变质安山岩中，矿物粒度变化较大，由南向北呈粗粒—中粒—细粒的变化。

（3）石炭纪角闪闪长岩（$C_2\delta$）。该岩体小面积出露于区域西南部，呈东西向展布，主体侵入北山群变质石英砂岩，东北部与石炭纪花岗闪长岩侵入接触。

（4）二叠纪石英闪长岩（$P_3\delta o$）。该岩体出露于区域西南部，不规则状分布，总体近东西向分布，面积约 1.74km²，南部与三叠纪中粒二长花岗岩侵入接触，西部与三叠纪似斑状二长花岗岩侵入接触，北部侵入北山群变质石英砂岩与石炭纪中粒花岗闪长岩，在区域东南部也有小范围出露，岩石弱片麻理化、绿帘石化较发育。

（5）三叠纪二长花岗岩（$T_3\eta\gamma\pi$，$T_3\eta\gamma^b$）。包括似斑状二长花岗岩、中粒二长花岗岩，中粒二长花岗岩主要分布于工区西北部，不规则状展布，侵入石炭纪中粒花岗闪长岩及下元古界北山群。似斑状二长花岗岩分布于区域西南部，面积约为 2km²，与二叠纪石英闪长岩呈侵入接触，风化较强，呈颗粒状碎屑，地表多见钾长石与石英斑晶风化残留。

7.1.3.2 火山岩

区内火山岩不发育，分布少，火山活动集中于下古生代，在北山岩群和绿条山组呈夹层产出。在下元古界北山岩群的石英岩和大理岩组成的地层中常夹有酸性火山岩，多经受糜棱岩化和中浅变质作用，区域所见火山岩为下元古界北山群霏细斑岩、英安质晶屑凝灰熔岩。

7.1.3.3 脉岩

区域内脉岩发育，主要有闪长岩脉（δ）、石英脉（q）、辉绿玢岩脉（βμ）、大理岩脉（mb）中细粒二长花岗岩脉。闪长玢岩脉规模均较大，形成高耸的线状山脊，普遍具黄铁矿化，绿帘石化。石英脉多见孔雀石化、褐铁矿化蚀变，采样化验发现具金铜铅锌矿化。

7.1.4 变质岩

7.1.4.1 区域变质作用

区域内北山岩群经受了中–低级程度的变质改造。岩性以石英片岩、变质石英砂岩、石英岩为主，岩石为变晶结构，典型矿物组合为：(1) 黑云母+斜长石；(2) 斜长石+黑云母+石英等，为低角闪岩相矿物组合特征。

7.1.4.2 接触变质作用

区域内岩浆岩发育，各岩体与下元古界、石炭系的接触带形成了规模不一的不规则变质晕及混染带、接触蚀变带。

7.1.4.3 动力变质作用

区内动力变质作用主要分布在下元古界北山群的断裂中，断裂破碎带内则形成各种碎裂岩、构造角砾岩等。

7.1.5 构造

大地构造位于天山地槽褶皱系，北山晚华力西地槽褶皱带，横跨六驼山复北斜和北山隆起两个构造单元，构造活动较为频繁。区域上构造形迹主要为断裂构造，韧性剪切带，褶皱，构造线方向以北西向为主，次为北东向。区域位于北西西向构造带黄砬子—小黄滩挤压带与北东东走向 1586.4 高地北—小红山南断裂交会处，如图 7-1 所示。

7.1.5.1 褶皱

本区地层总体呈北西—南东向展布，为一向北东陡倾的单斜构造，倾向为 15°~35°，倾角为 35°~70°。仅在区域东南部下元古界北山群石英片岩内见小型向斜构造。向斜南翼地层产状倾向北东，倾角为 25°~55°，北翼地层产状倾向南西，倾角均为 35°~40°，多个 Au 高值点分布于此褶皱内，通过剖面及探槽揭露、钻探验证，在此向斜北翼地层圈定一条矿化蚀变带，发现多条 Au 矿化体。

7.1.5.2 断层

区域发现的断层有两条，均发育于北山群中，由北向南编号为 F1、F2。现分述如下：

F1 断层。该断层位于区域东北部，呈 28°方向延伸，断层出露长度约为 1.1km，宽一般为 30m，北东端被第四系覆盖，南西端延伸至变质安山岩区，地貌上为北东向河槽，水流冲刷地段基岩裸露，可见岩石强片理化，形成千糜棱、片岩等，岩石片理产状凌乱，无规律。断裂发育于北山群变质流纹岩中，沿断层线岩石强糜棱岩化，断层两侧褐铁矿化强烈，在断层带上施工的探槽内见多条破碎带倾向约为 290°，倾角约为 70°，部分 Au 高值点分布在此断层蚀变带内。

F2 断层。该断层位于区域南部，走向北西 316°，长约为 1.3km，发育于北山群结晶灰岩中，在地形地貌上表现为：平直的沟谷（断层通过之处），岩性上表现为：断层泥、糜棱岩和破碎带，沿断裂发育有褐铁矿化、赤铁矿化及其他蚀变，倾向约为 30°，倾角约为 70°。

7.2　地球物理特征

7.2.1　布格重力异常特征

据内蒙古 1∶50 航空磁力异常图和 1∶1000000 布格重力异常图综合研究报告可知，重力场总体呈南西西向展布，场值由北东东向到南西西向呈下降趋势，如图 7-2 所示。布格重力异常等值线显示区域处于疏缓重力梯度带，等值线的北东东向弧形弯曲显示了上侏罗统赤金堡组和大面积花岗岩体相对于碳纪与下元古界具有稍低的地层密度。低重力场带应关注与中生代断陷盆地有关的外生矿产的找矿问题；区域总体处于高重力与低重力的过渡地带，是寻找内生矿产的有利部位；区内局部低重力地段须重点关注与构造破碎带有关的矿产。

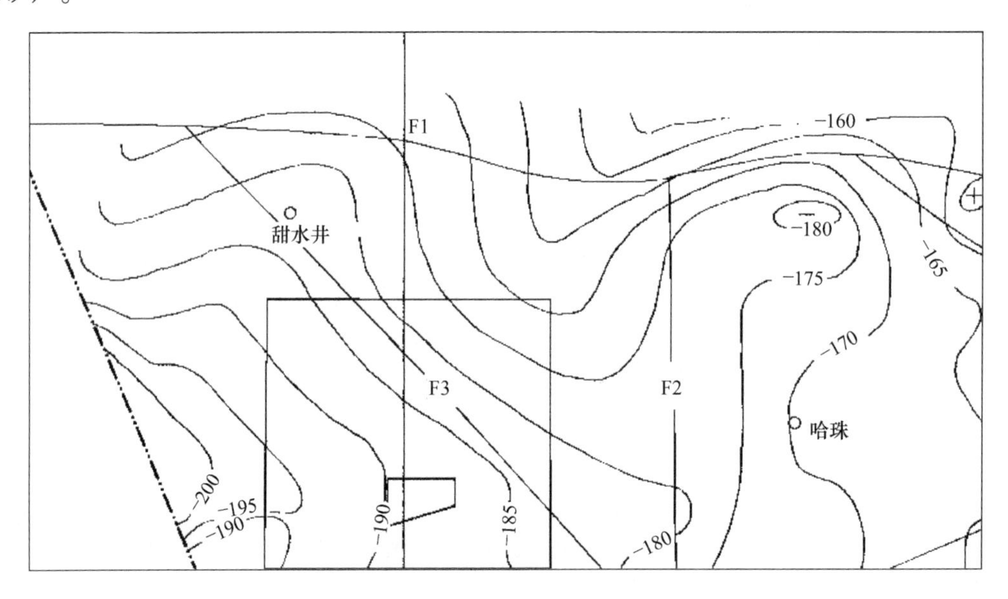

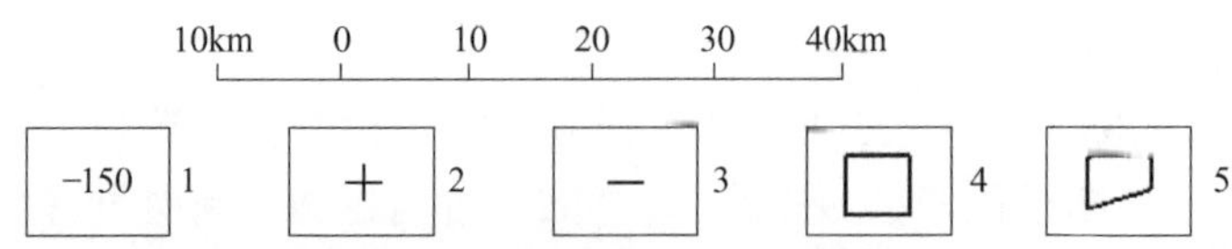

图 7-2　1∶1000000 布格重力异常平面图

1—异常等值线注记（单位 10~5m · s²）；2—重力高异常；3—重力低异常；4—白梁 1∶50000 矿调范围；5—区域范围

扫一扫查看彩图

7.2.2 磁异常特征

7.2.2.1 区域物性特征

A 岩（矿）石磁参数特征

（1）据航磁报告，统计相关区域岩（矿）石磁参数，可以归纳出如下特征。

1）磁铁矿的磁性特征。无论是火山喷流沉积叠加后期改造型，还是矽卡岩型铁矿，磁铁矿均表现出强磁性，一般较其他岩石磁强度高出1~2个数量级。因此，磁铁矿能引起强度大的面带状异常。

2）侵入岩的磁性特征。总的来看，侵入岩的磁性表现为由酸性→基性→超基性而逐渐增强的趋势，即随着岩石基性程度增高而增强，随酸性程度增加而降低的规律。从表中可看出：超基性岩具强磁性，属富磁性岩石，而且变化范围大。其磁化率强度介于$0\sim70000\times10^{-6}\times4\pi SI$，剩余磁化强度变化则更大。同时，蚀变对超基性岩有明显的影响，这可能是由于铁磁性矿物的析出，使蚀变岩磁性有显著的增强。以超基性岩磁性而言，能引起与铁矿相似的强磁异常。

基性-中性侵入岩具中等磁性，与超基性岩相比，一个明显的特点是剩磁一般均低于感磁。但剩余磁化强度也体现了随着岩石基性程度增高而增高的规律，因而基性岩在区域上一般表现为较强的磁异常。

酸性岩的磁性相对于基性岩磁性要低，范围变化小，而且比较稳定。但由于岩浆原始成分不同，同类岩性之间的磁性差异较大。如同期的华力西中期花岗岩，有的无磁性，航磁表现为平稳的负磁场；有的具弱磁性乃至中强度磁性，表现为强度达300nT以上的宽缓正磁场。

3）火山岩的磁性特征。火山岩一般具有磁性，其磁性也有从酸性向基性逐渐增强的趋势，但磁性变化范围大。其中喷出基性熔岩磁性最强，个别引起强度高达3000nT以上的异常，显然它是寻找铁矿的严重干扰因素。

中性火山岩具中等强度的磁性，其几何平均值，磁化率为$1100\times10^{-6}\times4\pi SI$，剩磁变化也较小，一般能引起明显的局部异常，而酸性火山岩则呈无磁或弱磁出现，表现为较平稳的负磁场。

4）中新生代覆盖物。

白垩系赤金堡组、上新统苦泉组沉积岩因其主要造岩矿物（诸如石英、长石、方解石等）属非磁性，所以一般沉积岩也无磁性。但当该岩类含有某种磁性矿物时，也显示弱磁性。

（2）按《内蒙古自治区额济纳旗白梁等四幅1：50000区域矿产地质调查》项目结果的岩性分类进行磁参数统计，可以总结如下。

1）石炭系白山组变质安山岩为磁性最强的岩石，磁化率（K）几何平均值为$4036\times10^{-6}\times4\pi SI$；花岗闪长岩的磁化率（$K$）几何平均值为$1939\times10^{-6}\times4\pi SI$，属强磁性。

2）石炭系白山组流纹岩磁化率（K）几何平均值为$3222\times10^{-6}\times4\pi SI$，属强磁性。

3）北山（岩）群石英岩、大理岩、变质砂岩及石英正长斑岩脉属弱磁性或无磁性。

综上所述，区内具有寻找磁性矿产的地球物理前提，但由于安山岩、花岗闪长岩等磁性较强，对磁异常的推断解释可能存在一定的干扰。

B　岩（矿）石电性参数特征

各类岩石标本极化率值差别不大，但电阻率值差别略大一些，如石英岩、灰岩、大理岩、花岗岩等，ηs 值较低，一般为 0.37%～0.45%，并且电阻率值也较低，但变化幅度稍大一些，为 277～441Ω · m，该类岩石一般表现为低阻低极化之异常特征；而砂岩、粉砂岩、构造蚀变带、安山岩极化率值则略高一些，一般为 0.6%～0.69%，电阻率值也相对高一些，为 408～715Ω · m，该类岩石一般表现为高阻高极化之异常特征。

7.2.2.2　1∶500000 航磁异常特征

据地质部航空物探大队九〇五队 1966 年航空磁测资料，在 1∶50000 矿产地质调查工作相关区域内共发现 5 处正磁异常。

1976 年甘肃省地质队对本区 5 处磁异常进行了异常检查，其中有 1 处为矿化引起，其余 4 处为地质体引起。区内磁异常和等值线延伸方向多为北西西向，总体表现为背景场之上少量低缓的正、负异常。磁背景场由地层中微-弱磁性正常沉积岩和浅变质岩系引起，场值范围一般为 0～100nT，局部幅值较大的负异常主要与断裂破碎带有关，磁异常图上显示有北西西向和近东西向磁异常组成的北西西向磁异常带，以黑鹰山磁异常带最为显著，主要由具弱磁性的岩浆岩、下元古界、古生代中基性火山岩和磁铁矿点等引起，反映了古生代地质构造的总体走向和华力西期岩浆岩体的分布特征。局部高磁测量圈定的正磁异常由磁性较强的基性-超基性岩体、磁铁矿点、中酸性岩浆岩、矽卡岩带和古生代火山岩等引起。因此，区内内生矿产的找矿方向为局部正磁异常、局部磁力高地段和正负磁异常转换部位。

另外，根据航磁异常成果可以对区域性断裂进行初步解译。北西西向断裂在航磁图上较为明显，主要对应为一系列负磁异常。结合区域地质资料，北西西向断裂对古生界的分布和华力西期岩浆侵入活动具有明显的控制作用，其次级断裂对矿产的形成与分布也起到了控制作用。北东向断裂位于负磁异常和正磁异常的转换部位，对早期的构造和矿产起到进一步的改造作用。上述两组断裂重力异常不显著，进而证明其主要切割基底上部地质体，即断裂构造未涉及基底地层。

7.2.2.3　1∶50000 航磁异常特征

分布 8 个磁异常，包括地质部航空物探大队九〇五队 1967 年航空磁测在本区域内发现的磁异常 3 处，中国国土资源航空物探遥感中心 2005 年在内蒙古石板井地区所做的 1∶50000 航磁测量在本区域发现的磁异常 5 处。分布在区域的磁异常编号为蒙 C-1967-M645、蒙 C-1967-M1371，如图 7-3 所示。

7.2.3　物性特征

本区各类岩石电性特征比较明显，用激发极化法寻找多金属矿具备良好的地球物理前提，见表 7-1。

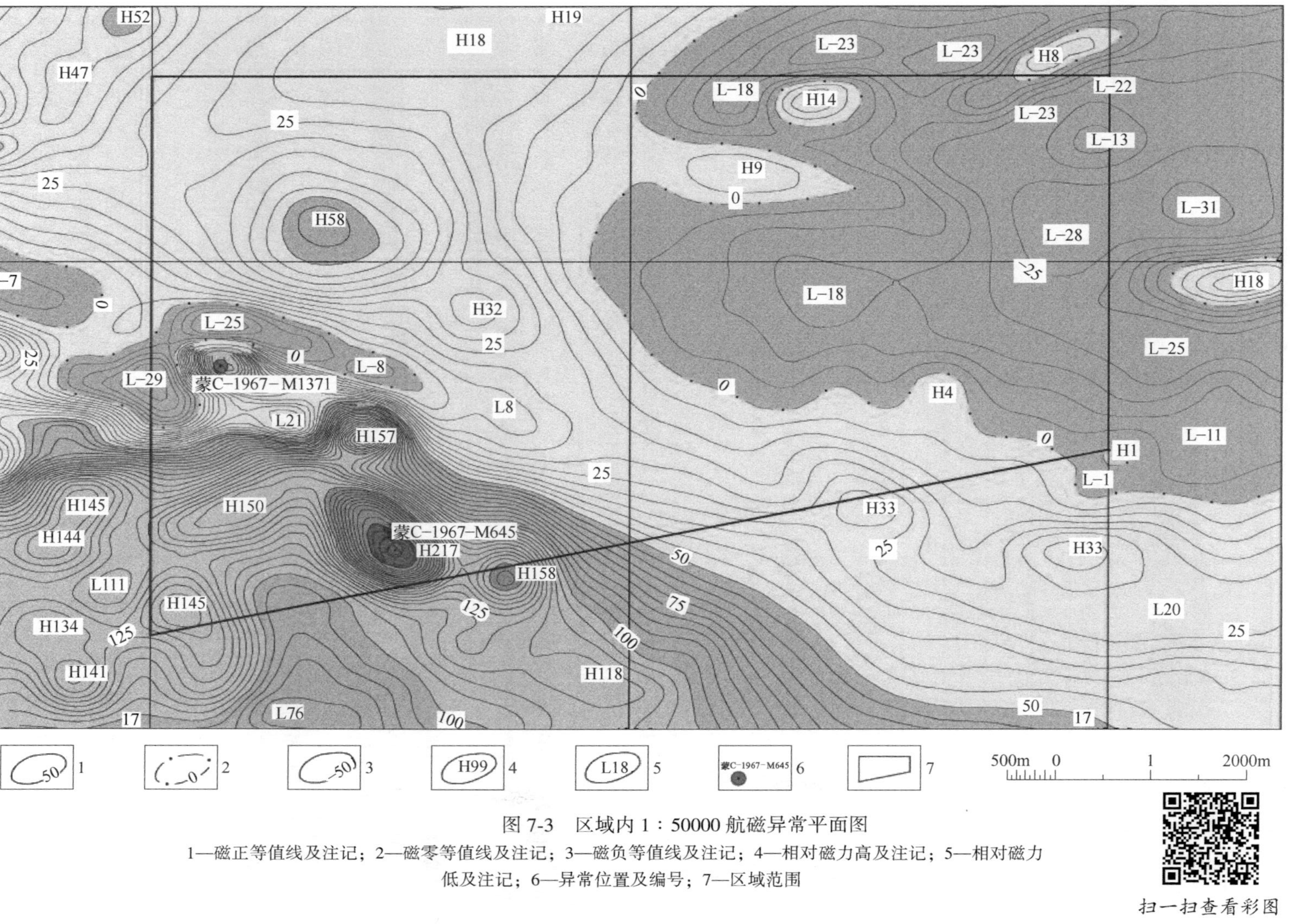

图 7-3 区域内 1：50000 航磁异常平面图

1—磁正等值线及注记；2—磁零等值线及注记；3—磁负等值线及注记；4—相对磁力高及注记；5—相对磁力低及注记；6—异常位置及编号；7—区域范围

表 7-1　黄砬子地区标本电性特征

岩（矿）石名称	标本块数	电阻率 $\rho_S/\Omega\cdot m$		极化率 $M_1/\%$	
		变化范围	平均值	变化范围	平均值
石英片岩	11	18~192	77.3	0.1~3.6	0.86
变质流纹岩	8	30~120	61.4	0.5~1.3	0.91
变质石英砂岩	9	100~200	125.2	0.2~0.9	0.63
变质安山岩	14	50~400	181.8	0.5~0.8	0.63
花岗闪长岩	34	200~530	400	0.7~1.5	0.6
石英闪长岩	31	40~1850	540	0.1~0.95	0.5
二长花岗岩	30	190~480	380	0.6~1.0	0.75

7.2.4　磁异常推断解释

利用 1∶10000 高精度磁法测量圈定磁异常 2 处，编号为 C1、C2，如图 7-4 所示。

C1 磁异常主体分布在晚三叠世二长花岗岩与石英闪长岩的接触带上，等值线以 100nT 封闭，呈椭圆形，外形较规则，南北向长约 1100m，向西延伸出土外，未封闭。极值约 360nT，等值线较稀疏。根据磁参数测定结果，二长花岗岩的磁化率（K）平均值为 $173\times10^{-6}\times4\pi SI$，极值为 $870\times10^{6}\times4\pi SI$，估算可引起 400nT 左右的磁场变化，与实测基本一致，故推断为二长花岗岩引起。在地表检查时见褐铁矿脉，捕虏体中见矽卡岩化现象，由于磁异常强度较低，未做更深一步的查证工作。

主体异常产于二长花岗岩分布区。等值线以 110nT 圈闭，呈椭圆形展布，规模 900m×750m，外形较规则圆滑，等值线稀疏，为岩性异常的特征，推断为二长花岗岩引起。C2 异常在地表检查时与 C1 号异常相仿。由于磁异常强度较低，未发现有意义找矿线索。

黄砬子 1∶10000 激电中梯测量极化率等值线平面图如图 7-5 所示。

黄砬子 1∶10000 激电中梯测量电阻率等值线平面图如图 7-6 所示。

7.2.4.1　JD1 激电异常

异常位于区域中西部，异常中心坐标：X 为 17417800，Y 为 4658700，该异常形态呈狭长状，异常走向为南北向，异常长为 750m，宽为 220m。异常中心 ηs 最大值为 3.54%，属低阻高极化。该异常位于石炭纪中粒花岗闪长岩与下元古界北山群变质石英砂岩接触部位，异常的形成可能与岩浆活动有关。

7.2.4.2　JD2 激电异常

异常位于工区的中南部，异常中心坐标：X 为 17420138，Y 为 4657902，该异常形态呈不规则状，异常总体走向为北西南东向，异常长轴为 1500m，宽为 800m。异常中心 ηs 最大值为 6.45%，异常特点为面积较大，极化率普遍较高，属高阻高极化。该异常位于二叠纪石英闪长岩与下元古界北山群接触带附近，异常区出露岩性有结晶灰岩、变质流纹岩、变质安山岩、石英片岩，北西向断裂 F2 穿过异常区，异常的形成可能与岩体与围岩的矽卡岩化有关。

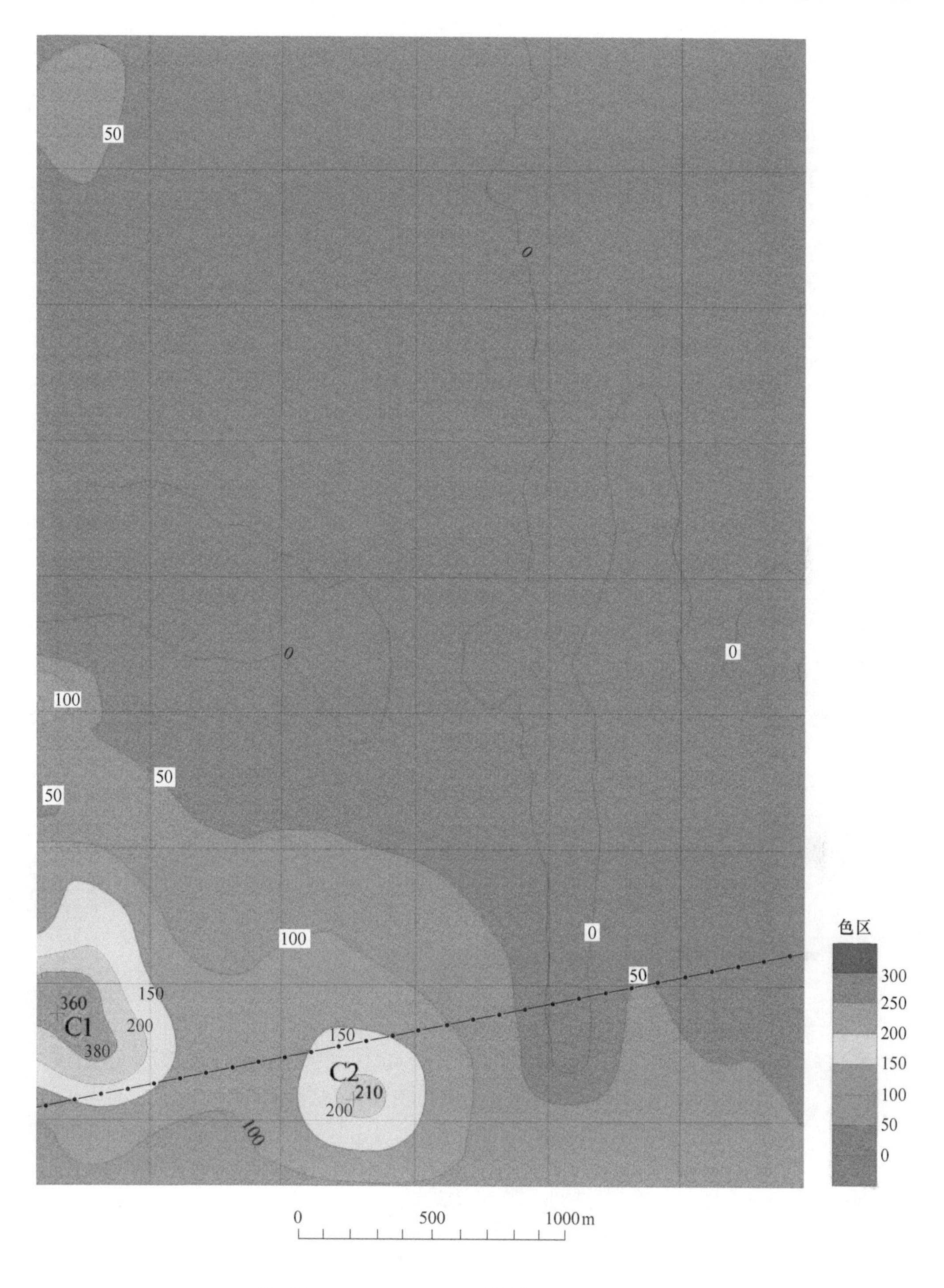

图 7-4 黄砬子 50000 矿调 1：10000 磁测 ΔT 等值线平面图

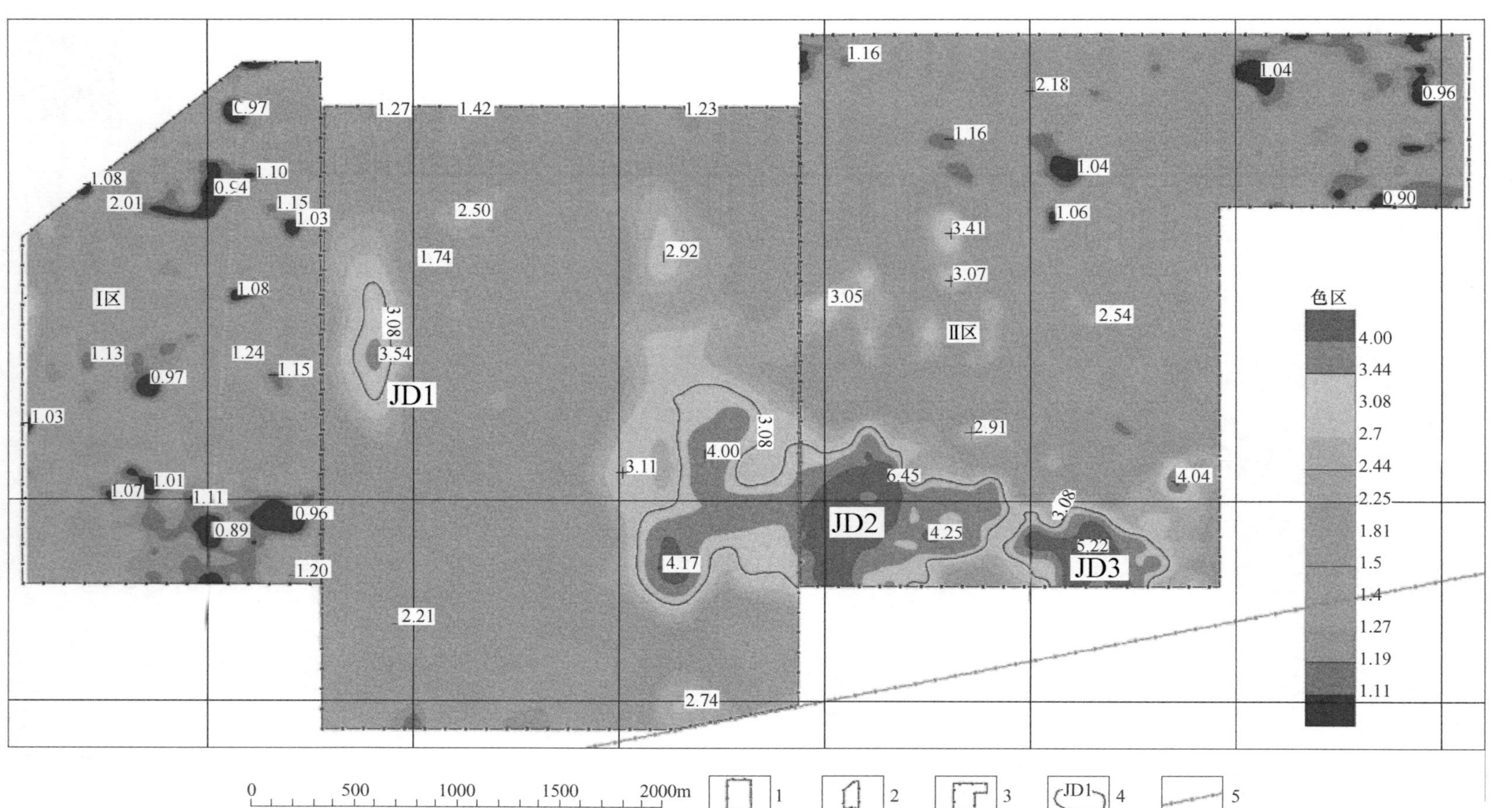

图 7-5　黄砬子 1：10000 激电中梯测量极化率等值线平面图

1—1:50000 矿调完成 1：10000 激电中梯测量范围；2—本次预查 1：10000 激电中梯测量 I 区范围；3—本次预查 1：10000 激电中梯测量 II 区范围；4—激电异常范围及编号；5—区域边界

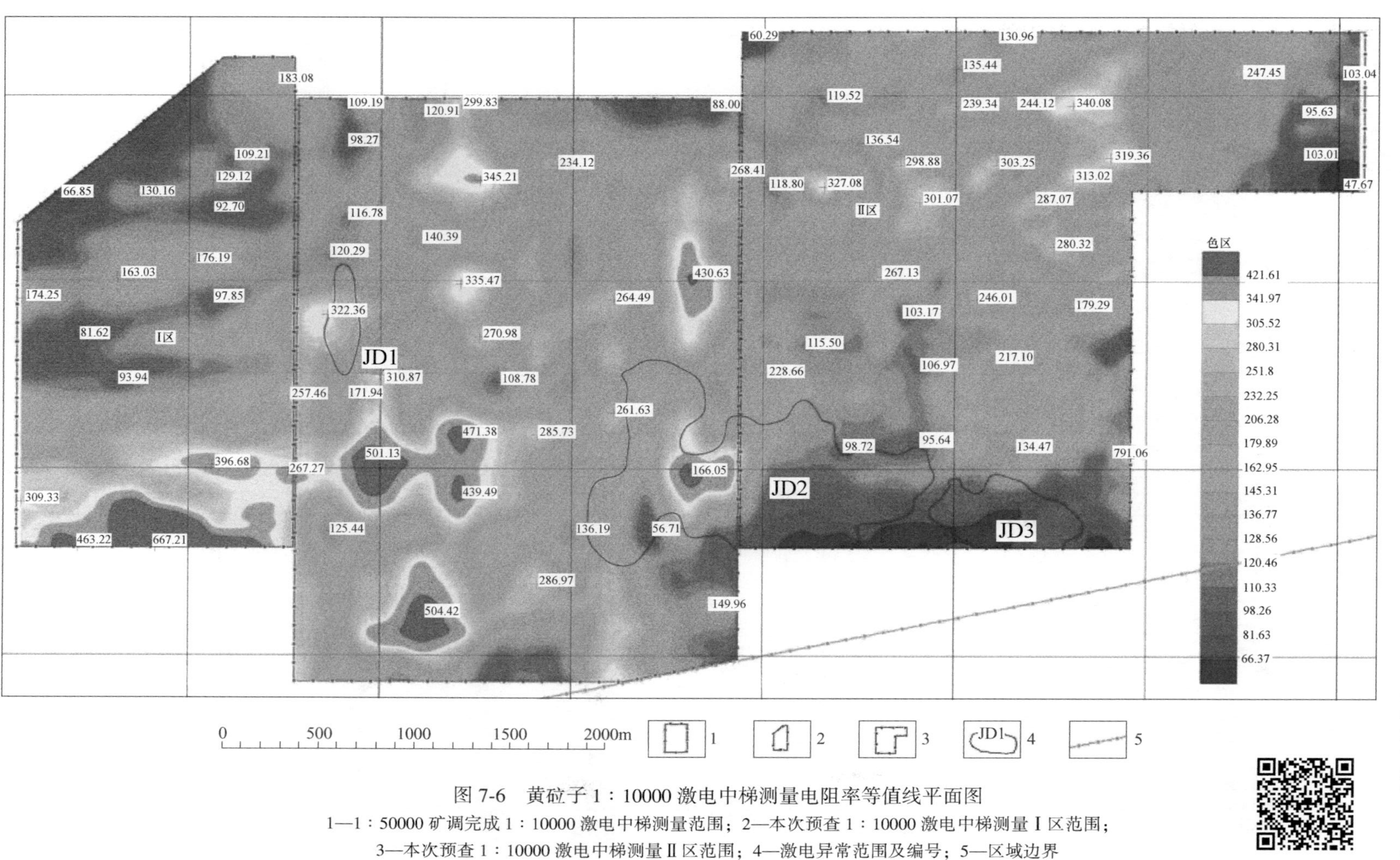

图 7-6 黄砬子 1：10000 激电中梯测量电阻率等值线平面图

1—1：50000 矿调完成 1：10000 激电中梯测量范围；2—本次预查 1：10000 激电中梯测量Ⅰ区范围；3—本次预查 1：10000 激电中梯测量Ⅱ区范围；4—激电异常范围及编号；5—区域边界

扫一扫查看彩图

50000 矿调工作中该激电异常经 AP20-P1 综合剖面验证图，异常具再现性。电阻率表现为低阻，ρ_a 值为 100~200Ω · m，仅 490m 处出现极大值 320Ω · m。极化率出现连续 4% 左右的异常值，最高值达 5. 82%，属低阻高极化组合。

本次工作对 JD2 异常布设了 P11、P12、P13 共 3 条综合剖面予以查证。

P12 地物化综合剖面图如图 7-7 所示。

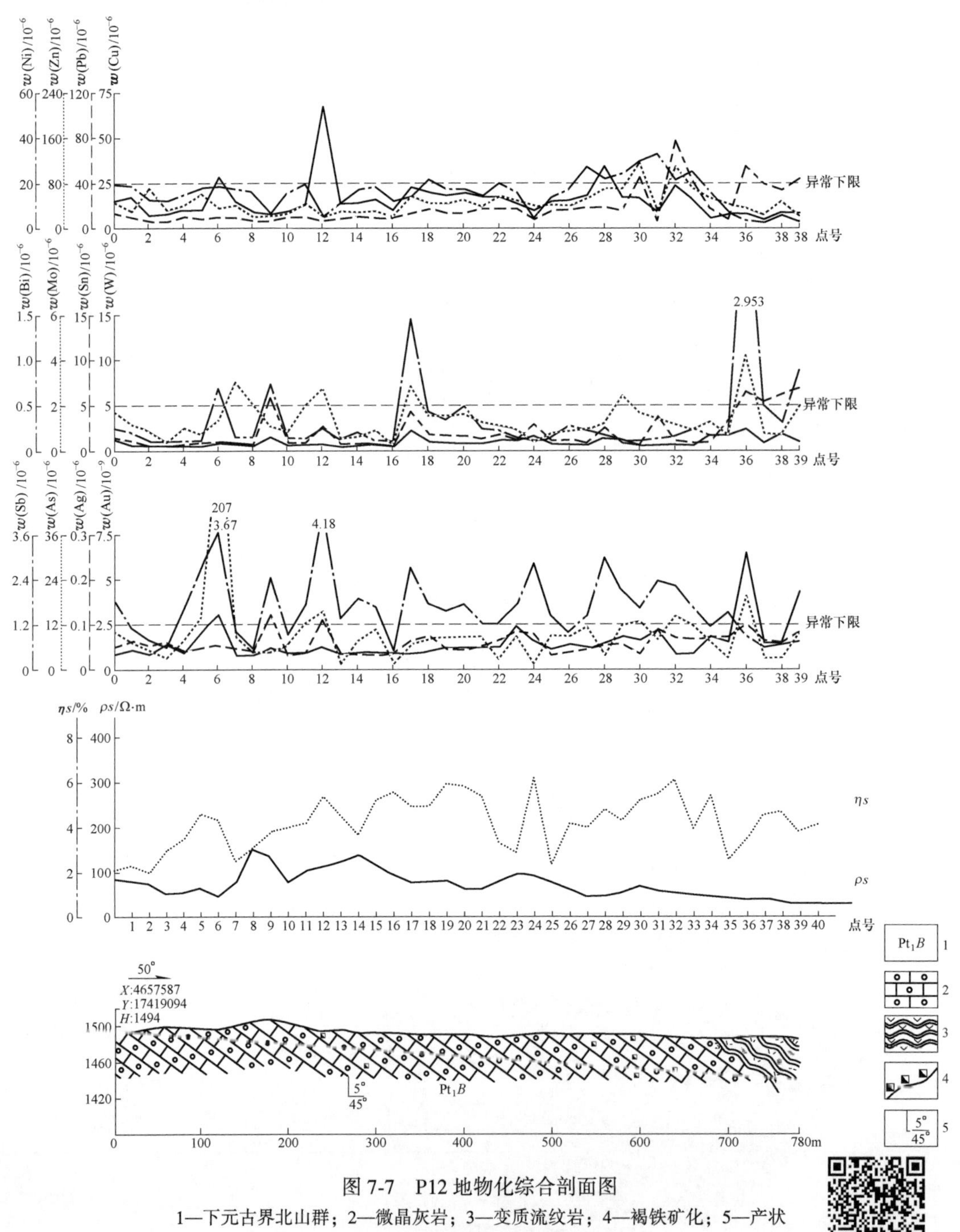

图 7-7　P12 地物化综合剖面图

1—下元古界北山群；2—微晶灰岩；3—变质流纹岩；4—褐铁矿化；5—产状

扫一扫查看彩图

P13 地物化综合剖面图如图 7-8 所示。

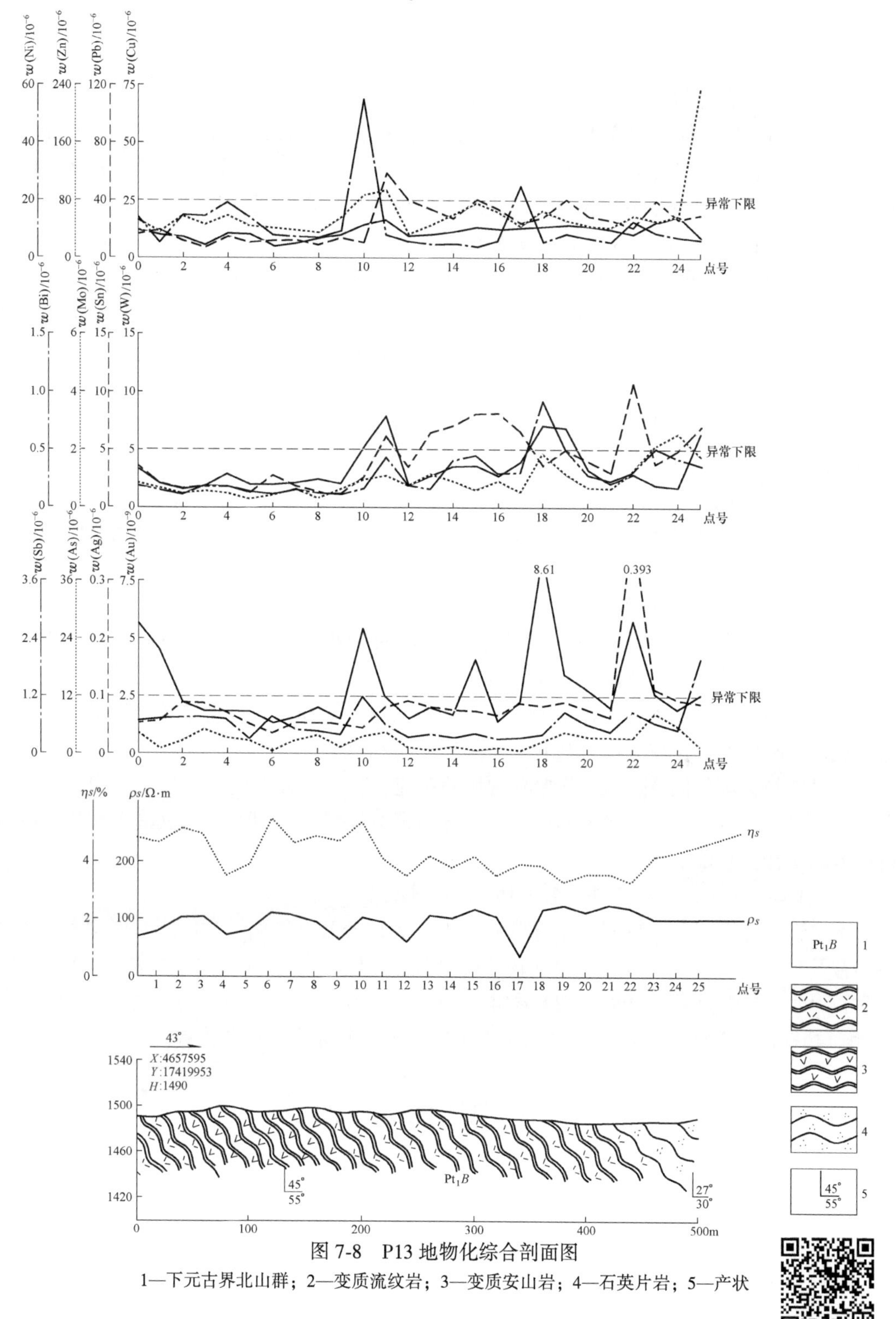

图 7-8 P13 地物化综合剖面图

1—下元古界北山群；2—变质流纹岩；3—变质安山岩；4—石英片岩；5—产状

扫一扫查看彩图

P11 剖面 0-10 点显示高极化率、低电阻率的特征，但对应的化探异常较差，极化率异常与结晶灰岩关系密切，在结晶灰岩结束的位置，极化率曲线明显降低。15 点处，Pb、Zn、Mo、Sn、Bi、Zn 呈尖峰状异常，Pb 极大值为 525×10^{-6}，Zn 极大值为 438×10^{-6}，其他元素在此处套合好但异常含量不显著，对应地质体为霏细斑岩与变质流纹岩接触带。

P12 剖面总体整体显示高极化率、低电阻率特征，与扫面激电异常对应，无明显化探异常显示，局部有个别元素异常套合较好。6 点处，As、Sb 呈尖峰状异常，As 极大值为 207×10^{-6}，Sb 极大值为 3.67×10^{-6}，对应地质体为结晶灰岩，对应物探测量显示为高电阻率、低极化率；12 点处，Cu、Sb 呈尖峰状异常，Cu 极大值为 67.1×10^{-6}；Sb 极大值为 4.18×10^{-6}，对应地质体为结晶灰岩，对应物探测量显示为低电阻率、高极化率；36 点处，Bi、Mo、Au、As 呈尖峰状异常，Bi 极大值为 2.95×10^{-6}，地质上对应结晶灰岩与变质流纹岩接触带，变质流纹岩绿帘石化、褐铁矿化发育。

P13 剖面控制了该异常，整体为高极化率低电阻率异常，视极化率在 4%以上。该剖面土壤测量各元素整体无明显异常，仅在 P13—10 点有极微弱 Ni 单点异常显示，对应地质体为变质流纹岩。

JD2 激电异常强度高，规模大，对应土壤扫面 Au、Sb、Mo、Ni 异常显著，由于工作量限制，该激电异常仅开展过地表路线检查，未发现找矿线索，其找矿意义尚不明确，应加强查证。

7.2.4.3　JD3 激电异常

该异常位于Ⅱ区南部，呈星状展布，异常规模较小，峰值位于 5/14 点上，其值为 6.45%。相应的视电阻率则较低，其值多在 100Ω · m 以下。

异常区内出露下元古界北山群石英片岩和全新统冲洪积。由物性统计结果可知，区内岩性视极化率较低。推测为深部硫化矿物相对富集引起。

该异常与土壤扫面 Ag、Mo 化探异常局部对应，除此之外，地表未见其他明显矿化信息显示，仅对该异常开展过地表路线检查，未发现找矿线索，其找矿意义尚不明确，有待更深入的工作以查证。

7.2.4.4　激电测深及其他激电中梯剖面异常特征

本次预查除上述剖面针对激电异常布设外，大部分激电剖面及激电测深点均布设在化探异常及矿化蚀变带上，区域布设地物化综合剖面 21 条，在 P1（AP1 异常）、P3（AP2 异常）、P4（AP2 异常）、P9（AP4 异常）、P17（AP7 异常）剖面布置了激电测深点共 30 个，物探剖面及激电测深成果见 7.4 矿体特征及找矿标志中相关内容。

7.3　地球化学特征

7.3.1　地球化学背景

7.3.1.1　区域元素地球化学分布特征

根据该区 1 : 200000 水系沉积物测量资料，把该区的水系沉积物平均值/岩石平均值作为水系沉积物元素富集系数（K），各元素富集系数可分富集型（$1.1\leqslant K\leqslant1.9$）、稳定型（$0.9\leqslant K<1.1$）、贫化型（$K<0.9$）三类。

变异系数是标准差与其平均值的比值，它反映了元素的离散特征，把该区的元素变异系数（Cv）大小划分为：强分异型 $Cv \geqslant 1.1$、较强分异型 $0.6 \leqslant Cv < 1.1$、弱分异型 $Cv<0.6$。

区域上呈强分异型、平均值高的元素有 Mo、Bi、Pb、Ag、W，这些元素异常分布范围大，有利于成矿。强分异型，平均值低的元素有 Cu、Ni、Au、As、Sb，这类元素虽然背景低，但分异性强，在有利的地质背景条件下，也易成矿。

7.3.1.2 主要地质单元地球化学特征

A 地层元素分布及富集特征

区域出露地层主要有新生界苦泉组、上侏罗统赤金堡组、下石炭统白山组、下石炭统绿条山组及下元古界北山群。现对各个地层单元元素分布及富集特征总结如下。

新生代苦泉组（N_2K）从富集程度来看，Sb 富集，Au 富集与贫化特征不明显。从元素分异强度来看，Cv 值为 0.8~1.2，呈强分异型的元素有 Au、Bi。由此可见，苦泉组具备形成 Au 矿的地球化学条件。

上侏罗统赤金堡组（T_3ch）从富集程度来看，Sb 具弱富集。从元素的分异强度来看，As、W、Bi 具强分异、Mo 具极强分异。由此可见，赤金堡组具备形成 Mo 矿的地球化学条件。

下石炭统白山组（C_1b）从富集程度来看，Sb、As、Zn 呈富集型。从元素分异强度来看，Sb、Cu、Pb、W、Ni 呈强分异型、Au、Ag、As、Bi 呈极强分异型。从蚀变—矿化强度来看，Pb 较强，Au、As、Sb、Bi、Ni 呈极强型。由此可见，该套地层 Au、Ag、Cu、Pb、W、Bi、Mo 具有较好的成矿地球化学条件。

下石炭统绿条山组（C_1l）从富集程度来看，Au、Ni、W、As、Cu 呈富集型。从元素分异程度来看，W、Sn、Mo 呈强分异型、Au、As、Sb、Bi 呈极强分异型。综合分析表明，该套地层中 Au、Ag、W、Bi、Mo 具有较好的成矿地球化学条件。

北山岩群（Pt_1B）分为两个岩性段，现分别论述其地球化学特征。

北山岩群第一岩性段（Pt_1B^1）从富集程度来看，As、Sb、Ni、Au、Cu、Zn、Bi 呈富集型。从元素分异程度来看，Cu、Sn、Mo、Ni 呈弱分异型、AgW 呈强分异型、Au、As、Sb、Pb、Zn、Bi 呈极强分异型。从蚀变—矿化强度来看，As 强烈，Sb 次之。上述地球化学特征表明，该套地层中 Au、Pb、Zn、Bi 具有较好的成矿地球化学条件。

北山岩群第二岩性段（Pt_1B^2），W、Bi、As、Cu、Mo、Ni 呈富集型。从元素分异程度来看，Ag、Sb、Cu 呈强分异型，Au、As、W、Bi 呈极强分异型。从蚀变—矿化强度来看，Au、Bi 强烈，As、Sb、Cu、W 次之。由此可见，该套地层中 Au、Cu、Mo、Bi 具有较好的成矿地球化学条件。

B 岩浆岩元素分布及富集特征

区域上岩浆岩十分发育，主要有二叠纪侵入岩、石炭纪侵入岩、志留纪侵入岩和三叠纪侵入岩，其岩浆岩地球化学特征如下。

三叠纪侵入岩从富集程度来看，Pb、Sn、W、Bi 呈富集型。从元素分异程度来看，Au、As、Cu、Pb、Zn、Sn、Mo、Ni 呈强分异型、W、Bi 呈极强分异型。从蚀变-矿化强度来看，Sn 极强、Bi 强烈；由此可见，该套地层中 Au、Cu、W、Mo、Bi 具有较好的成矿地球化学条件。

二叠纪侵入岩各元素富集程度不高。从元素分异程度来看，Sb、Cu、Ni、Mo 呈强分异型、Au、As、W、Bi 呈极强分异型。从蚀变-矿化强度来看，Ag、Zn 较强，Au、As、Sb、Cu、W、Sn、Mo、Bi、Ni 极强。由此可见，该套地层中 W、Sn、Au、Ag、Bi 具有一定的成矿地球化学条件。

石炭纪侵入岩各元素富集程度不高。从元素分异程度来看，Ag、Sb、Mo、Bi 呈强分异型、Au、As、Cu、W 呈极强分异型。从蚀变—矿化强度来看，14 个元素整体矿化蚀变强烈。由此可见，该套地层中 Au、Cu、Bi 具有较好的成矿地球化学条件。

志留纪侵入岩从富集程度来看，Mo、Bi、Ni 呈富集型。从元素分异程度来看，As、W、Ni 呈强分异型、Cu、Bi 呈极强分异型；从蚀变-矿化强度来看，整体较弱。因此，该套地层中 Cu、Ni 具有一定的成矿地球化学条件。

7.3.1.3 元素共生组合特征

在充分研究区域地球化学特征及区域成矿规律的基础上，参考聚类分析谱系图，如图 7-9 所示，在相关系数 0.3 的水平上可将本区元素划分为两类。

第一类为 Au、Ag、Cu、Pb、Ni、Mo。第二类为 Zn、As、W、Bi、Sb、Sn 组合。

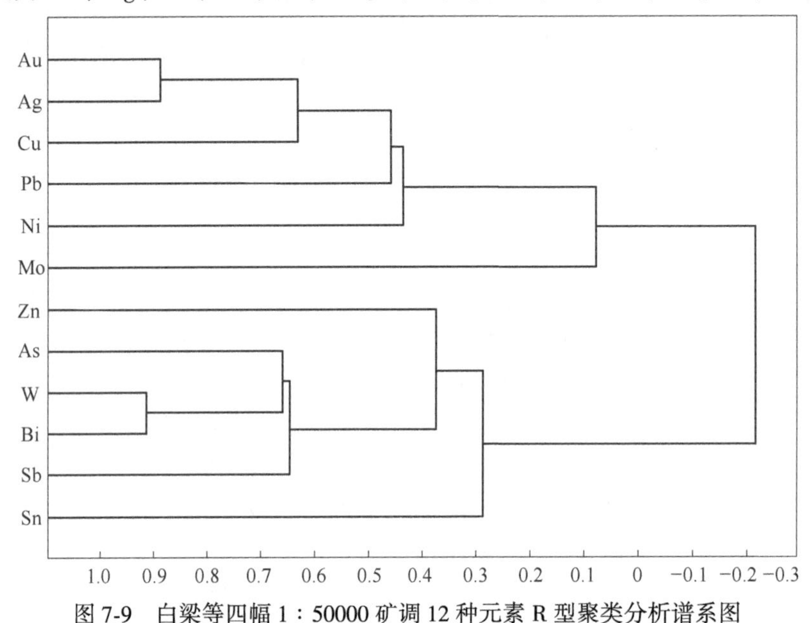

图 7-9 白梁等四幅 1∶50000 矿调 12 种元素 R 型聚类分析谱系图

7.3.1.4 主要成矿元素区域展布趋势

Au 元素高背景或高值区主要分布于北山组、绿条山组以及晚二叠世二长花岗岩、晚石炭世花岗岩闪长岩、晚志留世二长花岗岩中。在 1∶50000 化探区域内 Au 质量分数最大值为 200×10^{-9}，本区域内 Au 质量分数最大值为 143×10^{-9}，空间上与 Ag、As、Sb 元素异常吻合好。

Bi、Mo 是离散程度最大富集能力最强的元素。Bi、Mo 异常区主要出露绿条山组、北山岩群及二叠纪二长花岗岩，说明此两种元素的异常主要受上述地质体控制。

7.3.2 元素丰度特征

测区内土壤元素平均值（剔除 X+3S 的高值数据）与北山地区土壤元素平均值的比值

称为土壤元素一级浓度克拉克值（C_1^1），其中北山地区地球化学背景数据来自聂凤军等编著的《蒙甘新相邻（北山）北山地区综合找矿预测与评价》，从表 7-2 及图 7-10 可见，测区土壤中相对富集的元素有 W、Ag、Pb、Zn（$C_1^1>1.2$），相对贫化的元素有 Ni、Sb、As（$C_1^1<0.8$），没有明显富集或贫化的元素有 Sn、Mo、Cu、Bi、Au（$0.8<C_1^1<1.2$）。

测区内土壤元素平均值（剔除 X+3S 的高值数据）与白梁等四幅 1∶50000 矿调土壤元素平均值的比值称为土壤元素二级浓度克拉克值（C_2^1），其中白梁等四幅 1∶50000 矿调土壤丰度数据来自内蒙古自治区第八地质矿产勘查开发院提交的《内蒙古自治区额济纳旗白梁等四幅 1∶50000 区域地质矿产调查》报告，从表 7-2 及图 7-11 可见，测区土壤中相对富集的元素为 Bi、W、Sb（$C_2^1>1.2$），相对贫化的元素为 Mo（$C_1^1<0.8$），没有明显富集或贫化的元素为 Zn、As、Au、Sn、Cu、Pb、Ag、Ni（$0.8<C_2^1<1.2$）。

表 7-2 区域土壤测量地球化学特征参数表

参数	Ag	As	Au	Bi	Cu	Mo	Ni	Pb	Sb	Sn	W	Zn
背景值	0.055	4.000	1.190	0.190	12.500	0.850	6.600	18.300	0.430	2.340	2.050	40.200
平均值	0.062	4.789	1.301	0.208	13.874	0.985	7.790	19.690	0.497	2.495	2.354	42.602
标准离差	0.027	3.068	0.503	0.107	6.364	0.526	4.730	7.739	0.253	0.996	1.416	17.119
变异系数	0.443	0.641	0.386	0.513	0.459	0.534	0.607	0.393	0.510	0.399	0.601	0.402
北山丰度	0.05	7.9	1.44	0.21	12.74	0.84	12.01	16.2	0.74	2.12	1.07	35.45
白梁等四幅 1∶50000 矿调土壤丰度值	0.065	4.33	1.21	0.12	14.5	1.36	8.67	20.64	0.32	2.49	1.4	38.23
一级浓集克拉克值	1.30	0.68	0.99	1.08	1.16	1.33	0.77	1.27	0.73	1.24	2.33	1.29
二级浓集克拉克值	1.00	1.24	1.18	1.89	1.02	0.82	1.07	1.00	1.70	1.05	1.78	1.20
富集系数	0.88	0.95	1.02	1.58	0.89	0.65	0.83	0.90	1.41	0.96	1.50	1.08

注：一级浓集克拉克值=测区平均值/北山丰度，二级浓集克拉克值=测区平均值/白梁等四幅 1∶50000 土壤测量丰度值，元素质量分数为 10^{-6}（Au 的质量分数为 10^{-9}）。

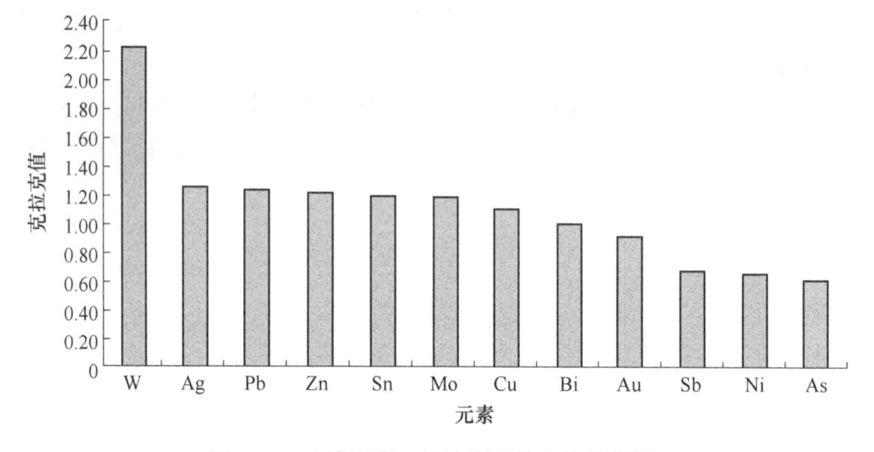

图 7-10 土壤元素一级浓度克拉克值排序图

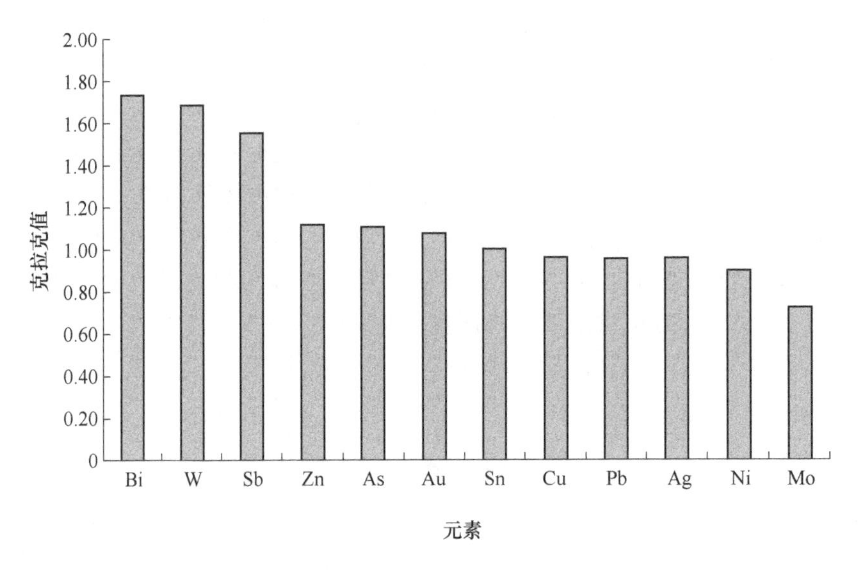

图 7-11 土壤元素二级浓度克拉克值排序图

7.3.3 地球化学异常特征

7.3.3.1 AP20 异常

据《内蒙古自治区额济纳旗白梁等四幅 1：50000 区域矿产地质调查报告》，1：50000 土壤测量圈定的 AP20 综合化探异常位于本区域内。

A 地质概况

异常区出露有石炭纪花岗闪长岩、三叠纪二长花岗岩、北山岩群及晚侏罗世赤金堡组、第四纪冲洪积物。

该区出露的地层为北山岩群两个岩段、晚侏罗世赤金堡组、第四纪冲洪积物。

北山岩群岩性以变质变形强烈为特征。变质主要表现为绿帘石化、绿泥石化、绢云母化、硅化、矽卡岩化。变形主要表现为挤压片理化及糜棱岩化等。局部伴生有褐铁矿化、金、银、铜、铅、锌、钼等多金属矿化。原岩呈现出浅海相沉积建造的特征。

赤金堡组：分布于该矿化点的东部，主要为（褐铁矿化）凝灰质含砾不等粒砂岩、长石岩屑砂岩等，该地层与此矿化点成矿无关。

该区内及周边附近岩浆侵入活动强烈，出露有石炭纪花岗闪长岩、石炭纪二长花岗岩，二叠纪石英闪长岩、二叠纪二长花岗岩、三叠纪二长花岗岩及石英脉、细粒二长花岗岩脉岩等。

B 异常特征

此异常在综合异常分类中为乙级，其中 Ag、Au、Cu、Mo、Pb、W、Zn 异常较为显著，多具三级浓度分带，浓集中心明显。Ag、Au、Mo、Pb、W、Zn 元素套合较好，异常浓集中心多分布于北东向断裂带内。各元素最高值分别为：Ag，2.64×10^{-6}；Au，12.01×10^{-9}；Mo，40.8×10^{-6}；Pb，68.2×10^{-6}；W，77.52×10^{-6}；Zn，143.4×10^{-6}，Cu 元素呈零星分布，最高值为 74×10^{-6}。根据化探异常分布位置地质特征分析，本区化探异常主要与下元古界北山群、上侏罗统、晚石炭世二长花岗岩体及北东向断裂构造关系较为密切。

7.3.3.2 AP2（Cu-Bi-Ni-Mo-Sn-Pb-As）异常

A 地质背景

异常区主体岩性为下元古界北山群变质石英砂岩，被石炭纪花岗闪长岩、二叠纪石英闪长岩、三叠纪似斑状二长花岗岩和小面积的石炭纪角闪闪长岩侵入。变质石英砂岩南部见少量石英岩出露，变质石英砂岩呈厚层块状产出，风化较破碎，褐铁矿化普遍发育，局部见孔雀石化蚀变，呈浸染状、皮壳状附着岩石裂隙面。

B 异常特征

异常由 Cu-Bi-Ni-Mo-Sn-Pb-As 等元素组成。异常的分布严格受变质石英砂岩控制，尤其 Cu 单元素异常轮廓与变质石英砂岩轮廓基本吻合，呈北西向带状分布，向西未封闭。单元素异常 Cu、Bi、Mo、Sn、Sb、As、Pb 达四级浓度分带；Ni、W、Au、Ag 达三级浓度分带。异常内元素分组复杂，出现四个浓集中心，各浓集中心呈北西向沿变质石英砂岩与岩体的接触带分布。异常区北部 Cu、Au、As、Mo、Ni 高度吻合，空间上位于变质石英砂岩与花岗闪长岩接触带上；异常中部 As、Mo、Sn、Bi、Ni 呈同心圆状分布，相关性极强，空间上位于褐铁矿化石炭纪角闪闪长岩；在角闪闪长岩东部，Cu、As、Mo、Sn、Ag、Bi、Ni 总体呈同心圆状分布，异常区东端，Cu、Pb、Zn、Ni、Mo 套合好，两个浓集中心对应地质体都为变质石英砂岩与花岗闪长岩接触带。

C 与其他异常的对应关系

异常区内 1：10000 物探激电中梯测量表现为中低极化率、中高电阻率之异常特征，中高电阻率异常分布与石英闪长岩、二长花岗岩、角闪闪长岩的分布关系密切。

D 推断解释

针对 AP2 异常区内的 Cu 异常，通过路线踏勘、综合剖面、探槽等工作手段进行查证，异常区地表发现 Cu 矿体 5 条，Cu 矿化体 8 条、Au 矿化体 1 条，圈定矿化蚀变带 2 条，编号为Ⅱ号、Ⅲ号矿化蚀变带，针对Ⅱ号矿化蚀变带内的 Cu 矿体、矿化体施工了 6 个钻孔，其中 ZK0301 和 ZK0401 钻孔深部见 Cu 矿化，但品位厚度较低，钻探深部验证情况不理想。初步认为该异常的形成可能与岩体与变质石英砂岩接触带处流体活动与热液蚀变作用有关，属 Cu 矿化体引起的矿质异常，为寻找 Cu 多金属矿的有利地段，该异常西侧未封闭，在异常西侧施工的探槽发现 Cu 矿化体向西有延伸，下一步工作建议对异常西侧的 Cu 矿化体通过探槽继续予以揭露追索。

7.3.3.3 AP8（Au-Pb-Mo-W-Sb）异常

A 地质背景

异常区出露岩性主要为下元古界北山群石英片岩及小面积的变质安山岩、变质流纹岩、石英岩、石英砂岩。石英脉较发育，石英片岩区内多发育萤石矿化，岩石糜棱岩化、褐铁矿化较发育。

B 异常特征

异常由 Au-Pb-Mo-W-Sb 等元素组成。总体来看，异常分布严格受石英片岩控制，总体呈凸向北东的半月形。Ag、Mo、Pb、W、Sn、Sb 达四级浓度分带，Au、As、Ni 达三级浓度分带，异常分组复杂，总体来看，可分为 2 个子异常，二者分界线为横穿 AP8 异常的河槽。异常区西北部石英片岩呈北西向出露，南部与变质流纹岩呈侵入接触，北部与变质安山岩呈侵入接触，Mo、As、Sb、Pb、Au、W 相互套合较好，各元素异常主要分布在变质流纹岩与石英片岩接触带附近，Mo 异常与石英片岩关系密切，其形态与石英片岩出露轮廓基本吻合。异常东南部出露石英片岩与变质安山岩，二者出露轮廓近乎南北向，分布有 Mo、Ag、W、As、Ni、Pb 等异常，各元素异常沿变质流纹岩与石英片岩接触带分布，异常走向多呈北东向带状展布。

C　与其他异常的对应关系

1∶10000 激电中梯测量显示，异常中部为高电阻率、低极化率特征，区域图上，异常位于 1∶50000 化探异常 AP20（Ag-W-Mo）异常内。

D　推断解释

该异常区具备一定的成矿地质条件，Ag、W、Mo 化探异常显著，本次预查对该异常投入的查证工作较少，已开展的路线查证、综合剖面、探槽等工作手段着重对本异常区内的 Ag 异常进行了查证，针对 W、Mo 未进行系统的查证，异常区内未发现 Ag 矿化体。异常区内发现 6 个萤石矿化点及 1 条石英脉型 Cu 矿体，表明异常区内热液活动强烈，是寻找 W、Mo 矿的有利地段，下一步工作应加强异常区内 W、Mo 异常地查证。

7.3.3.4　AP4（Au-Ag-Cu-Pb-Zn-Sn-Bi）异常

A　地质背景

异常区出露岩性主要为下元古界北山群变质流纹岩、石英岩，小面积出露石英片岩、石炭纪花岗闪长岩，普遍糜棱岩化、片理化。异常区西南部见一条石英脉出露。

B　异常特征

异常由 Au-Ag-Cu-Pb-Zn-Sn-Bi 等元素组成。异常分布严格受变质流纹岩、石英岩、石英片岩控制，呈不规则面状分布。Ag、Cu、Pb、Zn、Sn、Bi、As 均达四级浓度分带，Mo、Ni、Au 达三级浓度分带。异常区内各元素分组复杂，总体可分为南北 2 个子异常，南部 W、Sn、Mo、Cu、Ni、Bi 高度吻合，对应地质体为石英岩与变质流纹岩的接触带；北部 Au-Ag-Cu-Pb-Zn-As-Sn-Bi 在空间上高度吻合，对应岩性为变质流纹岩，异常分布及形态如图 7-12 所示。

C　与其他异常的对应关系

异常区南部 1∶10000 物探激电中梯测量表现为中低极化率、低电阻率之异常特征，区域图上，异常位于 1∶50000 化探异常 AP20（Ag-W-Mo）异常内。

D　推断解释

异常区位于变质流纹岩与石英岩接触带部位，局部被晚石炭世花岗闪长岩侵入，蚀变强烈且分布广泛，可见成矿地质条件优越。成矿元素 Au、Pb、Zn、Ag、Sn 等异常显著，强度高、规模大，异常查证 Au、Pb、Zn 异常具重现性，探槽揭露发现 4 条以 Au、Cu、Pb、Zn 为主的矿化体，初步认为该异常的形成可能与不同地质体内外接触带处流体活动与热液蚀变作用有关，属 Au、Pb、Zn 矿化体引起的矿质异常，由于钻探深部验证情况不理想，此异常找矿意义不明。

7.3.3.5　AP7（Au-Ag-Pb-As-Sb-W-Mo）异常

A　地质背景

异常区出露岩性为下元古界北山群变质流纹岩、石英片岩、变质安山岩及小面积石英岩，糜棱岩化、片理化较发育，脉岩为石英脉和辉长岩脉，异常区东北部发育一条断层，走向北东，沿破碎带褐铁矿化较发育。

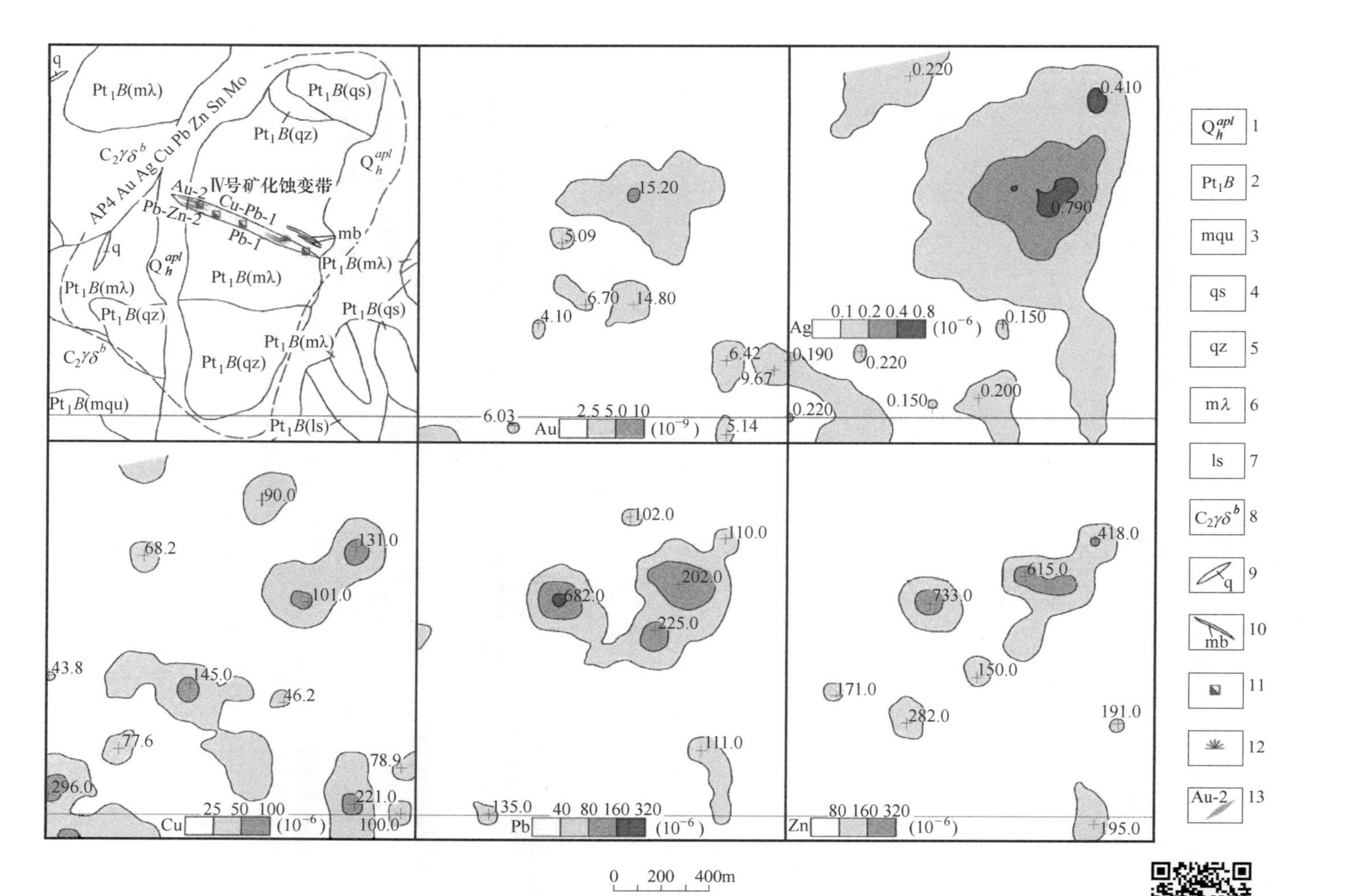

图 7-12 AP4综合异常剖析图

1—第四系；2—下元古界北山群；3—变质石英砂岩；4—石英片岩；5—石英岩；6—变质流纹岩；7—结晶灰岩；8—中粒花岗闪长岩；9—石英脉；10—大理岩脉；11—褐铁矿化；12—孔雀石化；13—矿化体及编号

B　异常特征

异常由 Au-Ag-Pb-As-Sb-W-Mo 等元素组成，高中低温元素均有涉及，总体来看，该综合异常涉及元素组分多，异常数量多，规模大，强度高，分布凌乱，局部地段多元素聚集分布。总体来看，区内异常主要密集分布在四个地段，即 4 个子异常：（1）北部变质流纹岩区断层附近，分布有 Au、Bi、Ag、W、Sn、Ni、Cu 异常，其中 Au、Ag、As、Sn 异常规模大，强度高，空间上与断层蚀变带密切相关，Cu、W、Ni 异常相对次要。（2）中西部为变质流纹岩与石英片岩接触带，分布有 Au、Ag、Sn、Bi、W、Pb、Ni 异常，高中低温元素均有涉及，Au、Ag、Bi、Sn 达四级浓度分带，Pb、Zn、Ni 达三级浓度分带，Sn、Ag、Mo、Pb 套合较好，空间上与变质流纹岩与石英片岩内接触带密切相关，Au 不规则面状分布，其他元素在此区零星分布。（3）异常东部石英片岩区，分布有 Au、Ag、As、Pb、Sb、Mo 异常，主要为一组金多金属硫化物矿床成矿元素组合，Au、Ag、As、Sb 达四级浓度分带，Zn、W 达二级浓度分带，各异常元素呈同心圆状套合，异常长轴总体北西向，对应地质体为石英片岩，褐铁矿化、钾化等蚀变较强。（4）异常区南部变质安山岩与石英片岩接触带附近，分布有 Au、Ag、W、Cu、Mo、Sb、Sn 异常，高中低温元素均有涉及，Au、Cu、Sn 达四级浓度分带，Ag、Mo、W、Sb 达三级浓度分带，Ni、Zn 达二级浓度分带，其中 Ag、W、Mo、Cu、Zn、Sb 套合好，空间上分布于变质安山岩与石英片岩接触上，异常分布及形态如图 7-13 所示。

C　与其他异常的对应关系

1：10000 激电中梯测量显示，异常中和北部为高电阻率、中低极化率特征，异常区南部为低电阻率、高极化率特征。极化率、电阻率异常总体呈近东西向带状展布，极化率最高值为 6.44%，电阻率最高值为 576.07Ω · m。区域图上，异常位于 1：50000 化探异常 AP20（Ag-W-Mo）异常内。

D　推断解释

异常范围内 Au、W 异常显著，对应地层褐铁矿化蚀变较强，断裂构造发育，具较好的成矿地质条件，本次预查主要针对该异常内的 Au 异常进行了查证，通过路线异常查证、综合剖面测量、探槽揭露及钻孔深部验证，地表发现 Au 矿化体 4 条，Au 矿体 1 条，深部发现 Au 矿化体 5 条，Pb、Zn 矿化体 1 条。综合分析认为该综合异常内 Au 矿化与构造及脉岩活动关系密切，是寻找 Au 矿的有利地段，应加强查证；异常范围内 W 异常强度高、规模大，本次预查针对 W 异常仅开展了路线查证，查证效果不理想，鉴于投入工作量有限，今后工作应投入一定综合剖面测量、槽探工作予以查证。

7.3.3.6　AP1（Cu-Pb-Zn-Ag-Ni-W-Mo）异常

A　地质背景

异常区出露岩性为三叠纪中粒二长花岗岩、石炭纪中粒花岗闪长岩及下元古界北山群石英片岩、石英岩以及一条近东西向的石英脉。异常区内岩石褐铁矿化、硅化普遍发育，石英岩褐铁矿化最为发育。

B　异常特征

异常由 Cu-Pb-Zn-Ag-Ni-W-Mo 等元素组成。总体来看，异常的分布受褐铁矿化石英岩控制，呈近东西向带状分布。单元素异常 Cu、Pb、W、Bi 达四级浓度分带，Ag、Mo、

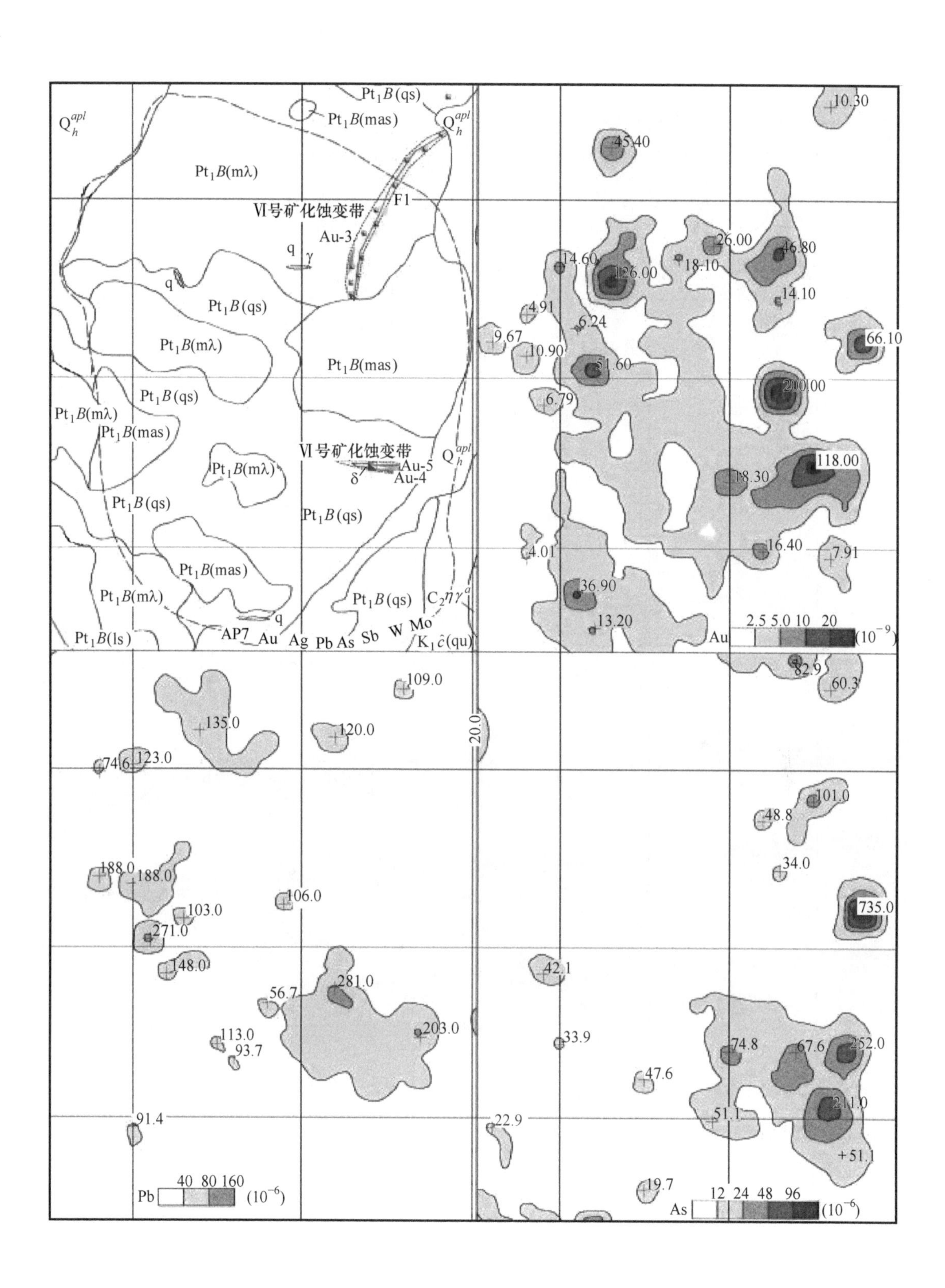

Ⅵ号矿化蚀变带
Au-3
F1
Au-5
Au-4
AP7 Au Ag Pb As Sb W Mo
Au 2.5 5.0 10 20 (10^{-9})
Pb 40 80 160 (10^{-6})
As 12 24 48 96 (10^{-6})

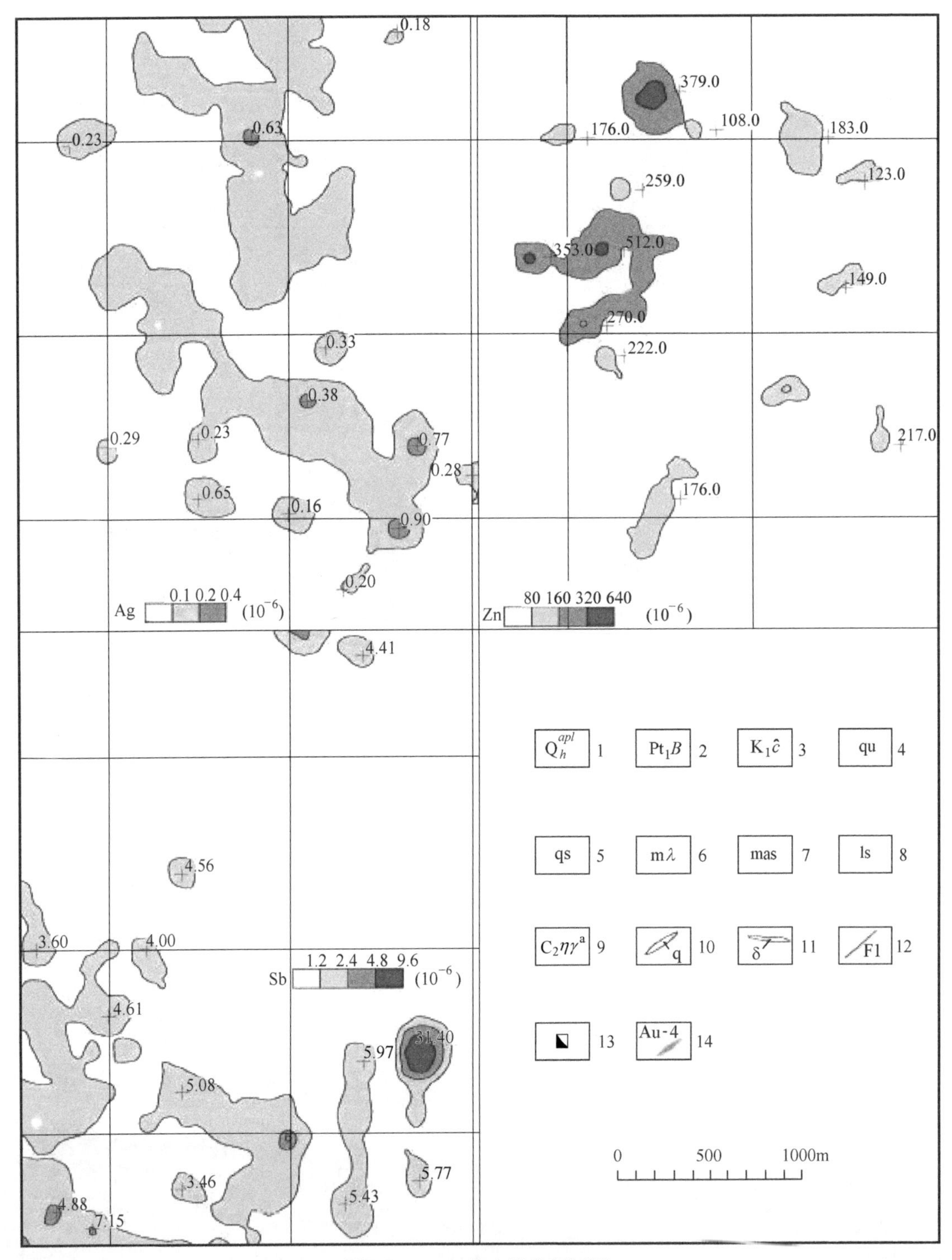

图 7-13　AP7 综合异常剖析图

1—第四系；2—下元古界北山群；3—下白垩统赤金堡组；4—石英砂岩；5—石英片岩；6—变质流纹岩；7—变质安山岩；8—结晶灰岩；9—晚石炭世中粒二长花岗岩；10—石英脉；11—闪长岩脉；12—断层；13—褐铁矿化；14—矿化体及编号

扫一扫查看彩图

Ni、Au 最高达三级浓度分带，Sn 最高为二级浓度分带。Au、Ag、Cu、Pb、Zn、Mo 在异常西部呈同心圆状分布，相关性极强，空间上位于石炭纪花岗闪长岩与褐铁矿化石英岩接触带上。Ag、Cu、Pb、Zn 在异常东部套合较好，总体呈南北向，与石英片岩的分布范围吻合。异常区内 Au、Bi 虽然都已达 3 级以上浓度分带，但与其他元素相关性不强，异常分布及形态如图 7-14 所示。

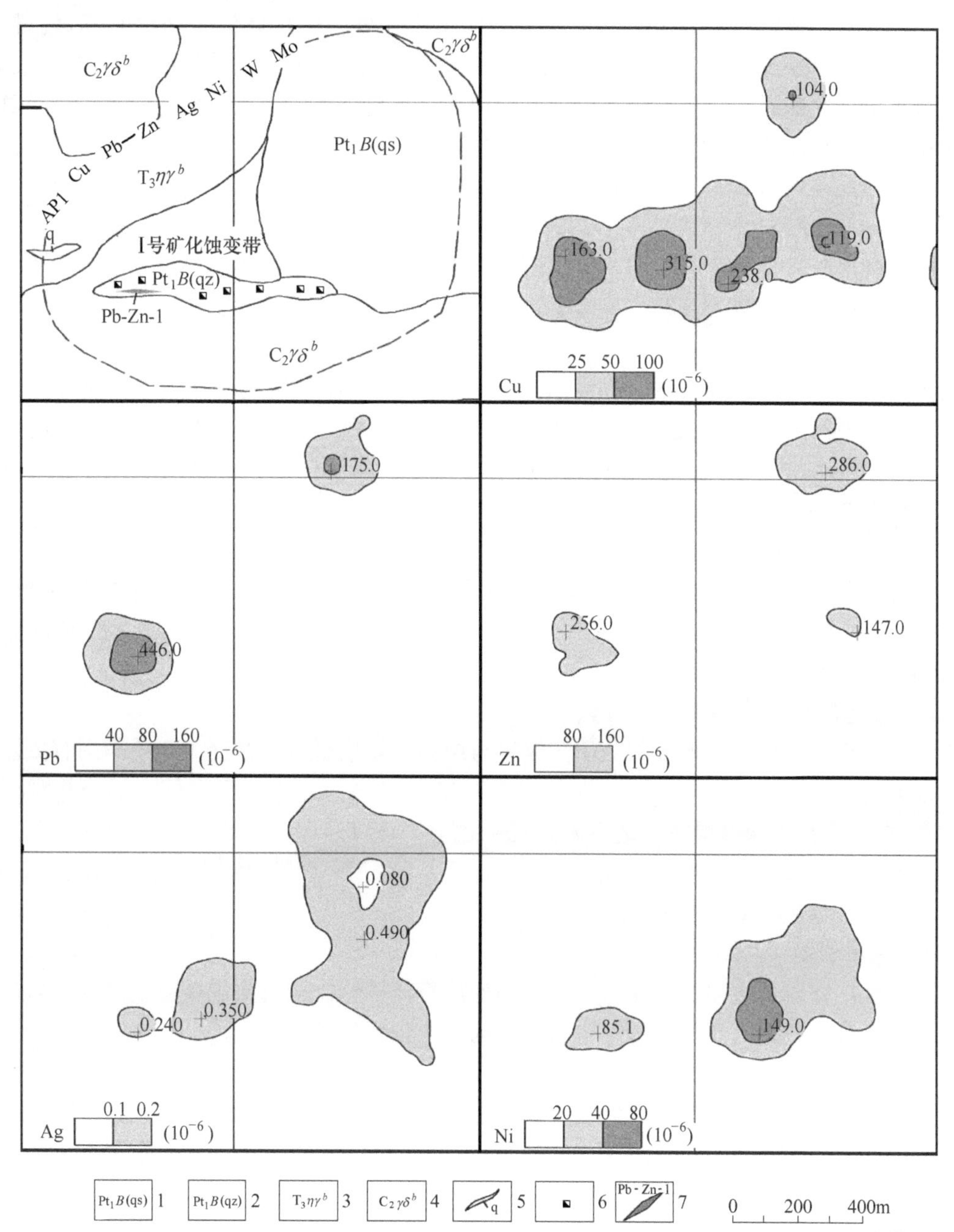

图 7-14 AP1 综合异常剖析图

1—下元古界北山群石英片岩；2—下元古界北山群石英岩；3—晚三叠世中粒二长花岗岩；4—晚石炭世中粒二长花岗岩；5—石英脉；6—褐铁矿化；7—矿化体及编号

扫一扫查看彩图

C　与其他异常的对应关系

异常区内 1：10000 物探激电中梯测量总体上表现为低极化率特征，电阻率在异常区内总体上表现为低阻特征。

D　推断解释

针对化探异常内强的 Cu、Pb、Zn、W 等异常经路线、综合剖面、探槽等工作手段进行查证，探槽内揭露出一条 Pb-Zn 矿化体，但品位较低，矿化体沿走向控制不足，针对 Cu、W 高值点投入测查证工作较少，仅开展了路线查证，地表虽未发 Cu、W 矿化线索，但原点采集的光谱样与扫面土壤样对比具重现性。综合分析认为该化探异常为矿质，具一定找矿意义，今后工作应加强对 Cu、W 异常的查证。

7.3.3.7　AP5（Ag-Cu-Pb-Zn-Sn-Mo）异常

A　地质背景

异常区出露岩性主要为下元古界北山群变质流纹岩、结晶灰岩及小面积石英片岩，结晶灰岩与变质流纹岩侵入接触，呈“Y”字形状出露，接触带局部发育褐铁矿化。

B　异常特征

异常由 Au-Ag-Cu-Pb-Zn-Sn-Mo 等元素组成。异常分布严格受结晶灰岩控制，呈近南北向带状分布。Ag、Cu、Sn、Mo 均达四级浓度分带，Pb、As、Ni、Bi 达三级浓度分带。异常区 Au-Ag-Cu-Pb-Zn-Sn-Mo 空间上高度吻合，沿近南北向的结晶灰岩展布，异常分布及形态如图 7-15 所示。

C　与其他异常的对应关系

异常区北部内 1：10000 物探激电中梯测量表现为高极化率、低电阻率之异常特征，异常中心 ηs 最大值为 2.7%，高精度磁法测量显示为低背景区。区域图上，异常位于 1：50000 化探异常 AP20（Ag-W-Mo）异常内。

D　推断解释

综合分析认为异常的形成与变质流纹岩与结晶灰岩接触带的蚀变、变质作用有关。针对异常区内的 Sn、Cu、Pb、Zn、Mo 等异常开展了路线、综合剖面进行查证，并对部分 Cu、Pb 异常进行了探槽揭露，地表未发现矿化体，该综合异常强度高、套合好，但投入的工作量有限，该异常应加强查证。

7.3.3.8　AP3（Cu-W-Au-Ag-Bi）异常

A　地质背景

异常区出露岩性主要为下元古界北山群变质石英砂岩，与石炭纪中粒花岗闪长岩呈侵入接触，接触带花岗闪长岩一侧绿帘石化、褐铁矿化较发育。

B　异常特征

异常由 Cu-W-Au-Ag-Bi 等元素组成，主要为一套中高温成矿元素组合。异常的分布严格受变质石英砂岩与花岗闪长岩接触带控制，呈北西向带状分布。单元素异常 Cu、Bi、Mo 达四级浓度分带；Au、Ag 达三级浓度分带。异常区内 Cu、W、Ag、Bi 在空间上吻合较好，异常分布及形态如图 7-16 所示。

C　与其他异常的对应关系

1：50000 矿调在异常区范围内开展过 1：10000 激电中梯测量、1：10000 高精度磁法测量，异常区西部分布有激电异常 JD1(1：50000 矿调工作中所圈)，视极化率最高值 3.4%，

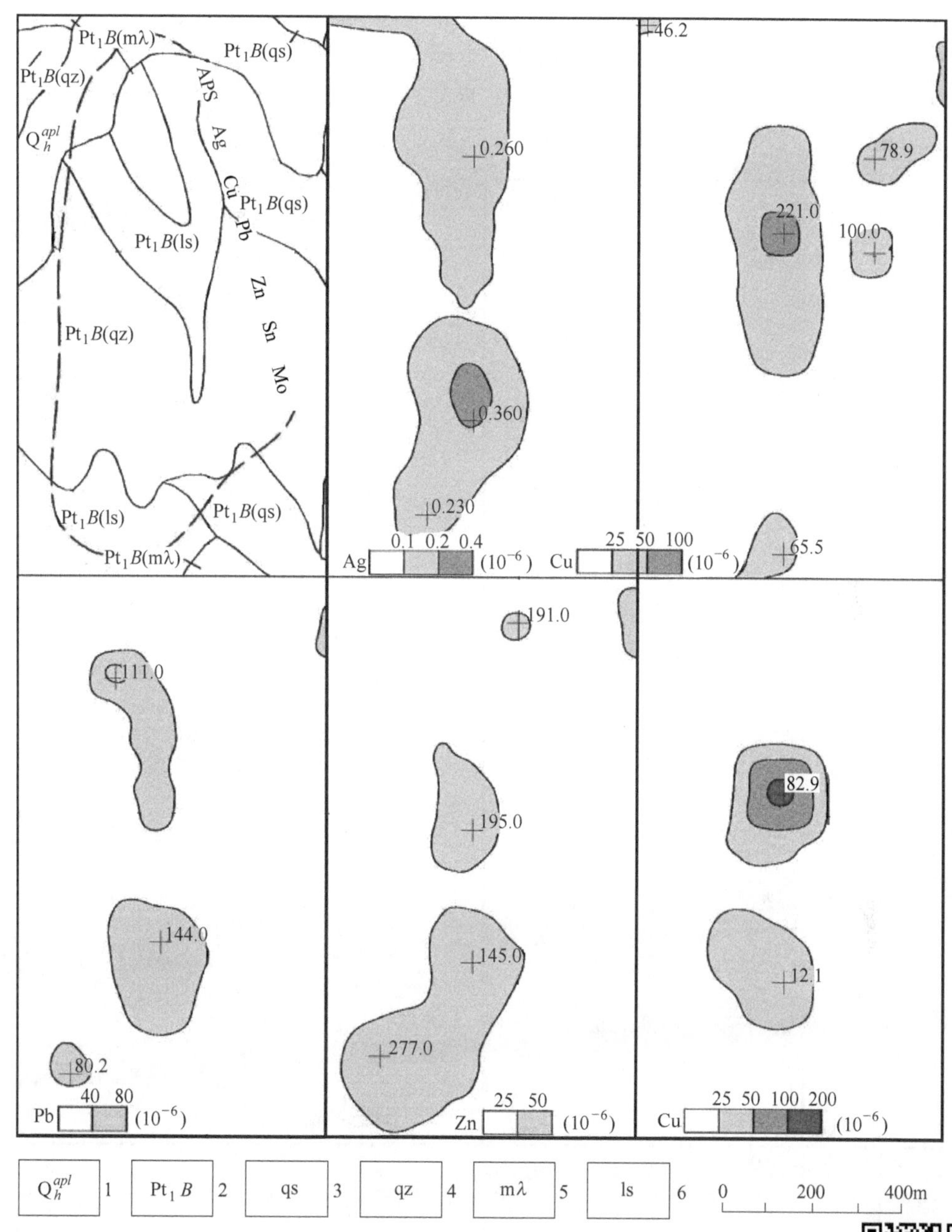

图 7-15　AP5 综合异常剖析图

1—第四系全新统；2—下元古界北山群；3—石英片岩；4—石英岩；5—变质流纹岩；6—结晶灰岩

扫一扫查看彩图

相对于化探异常浓集中心向西偏移约 500m，对应电阻率为中高电阻率，电阻率最高值与异常浓集中心空间位置基本吻合，异常区位于 1∶10000 高精度磁法测量低背景区。区域图上，异常位于 1∶50000 化探异常 AP20（Ag-W-Mo）异常内。

D　推断解释

异常受石炭纪花岗岩与变质石英砂岩接触带控制，综合分析认为异常的形成与接触带的蚀变、变质作用有关，针对异常区内的 Cu 异常经路线查证、综合剖面测量，探槽揭露未发现矿化线索。异常区内的 W 异常强度高规模大，尽管路线异常查证光谱样、综合剖面测量土壤样 W 含量较低，但剖面、扫面 W 异常对应较好，仍有必要对 W 异常开展进一步查证，建议下一步工作对剖面、扫面的 W 异常对应地段展开探槽揭露。

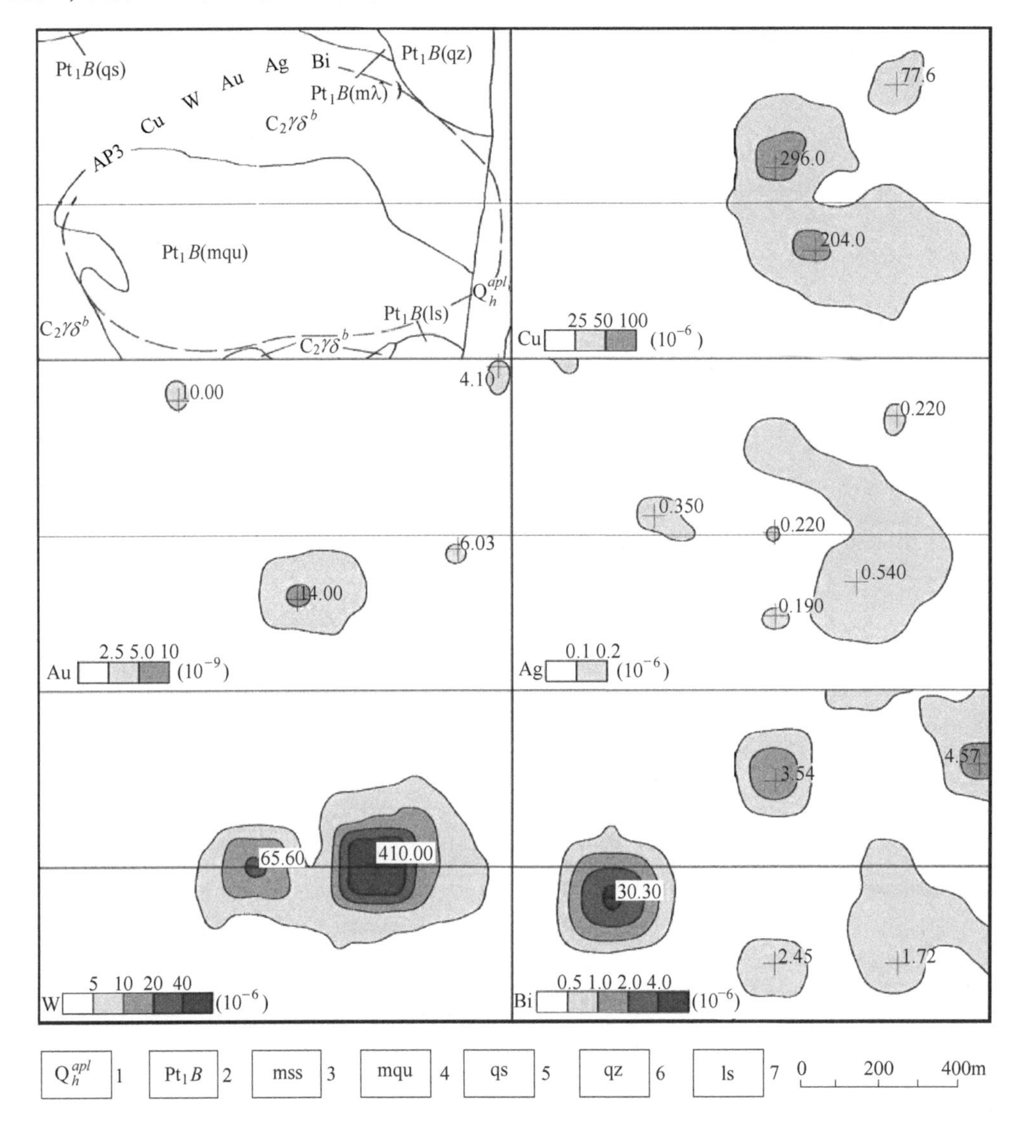

图 7-16　AP3 综合异常剖析图

1—第四系全新统；2—下元古界北山群；3—变质砂岩；4—变质石英砂岩；
5—石英片岩；6—石英岩；7—结晶灰岩

扫一扫查看彩图

7.3.3.9　AP6（Ni-Mo-Sb-Cu-As）异常

A　地质背景

异常区出露岩性主要为下元古界北山群结晶灰岩，南端小面积出露霏细斑岩、石英闪长岩、似斑状二长花岗岩，结晶灰岩内发育一条北西走向断层，断层带附近褐铁矿化、硅化较强。

B 异常特征

异常由 Ni-Mo-Sb-Cu-As 等元素组成，高中低温元素均有涉及，总体来看，异常分布严格受结晶灰岩控制，呈北西向带状分布。As、Sb 达四级浓度分带，Cu、Ni、Mo 达三级浓度分带，各异常元素空间上套合好，与结晶灰岩及其内部发育的断层关系密切，尤其 Sb、Ni 单元素，其异常边界与结晶灰岩轮廓高度吻合。南部 Sn、Bi、Au、Mo 异常与霏细斑岩关系密切，呈同心圆状分布，异常分布及形态如图 7-17 所示。

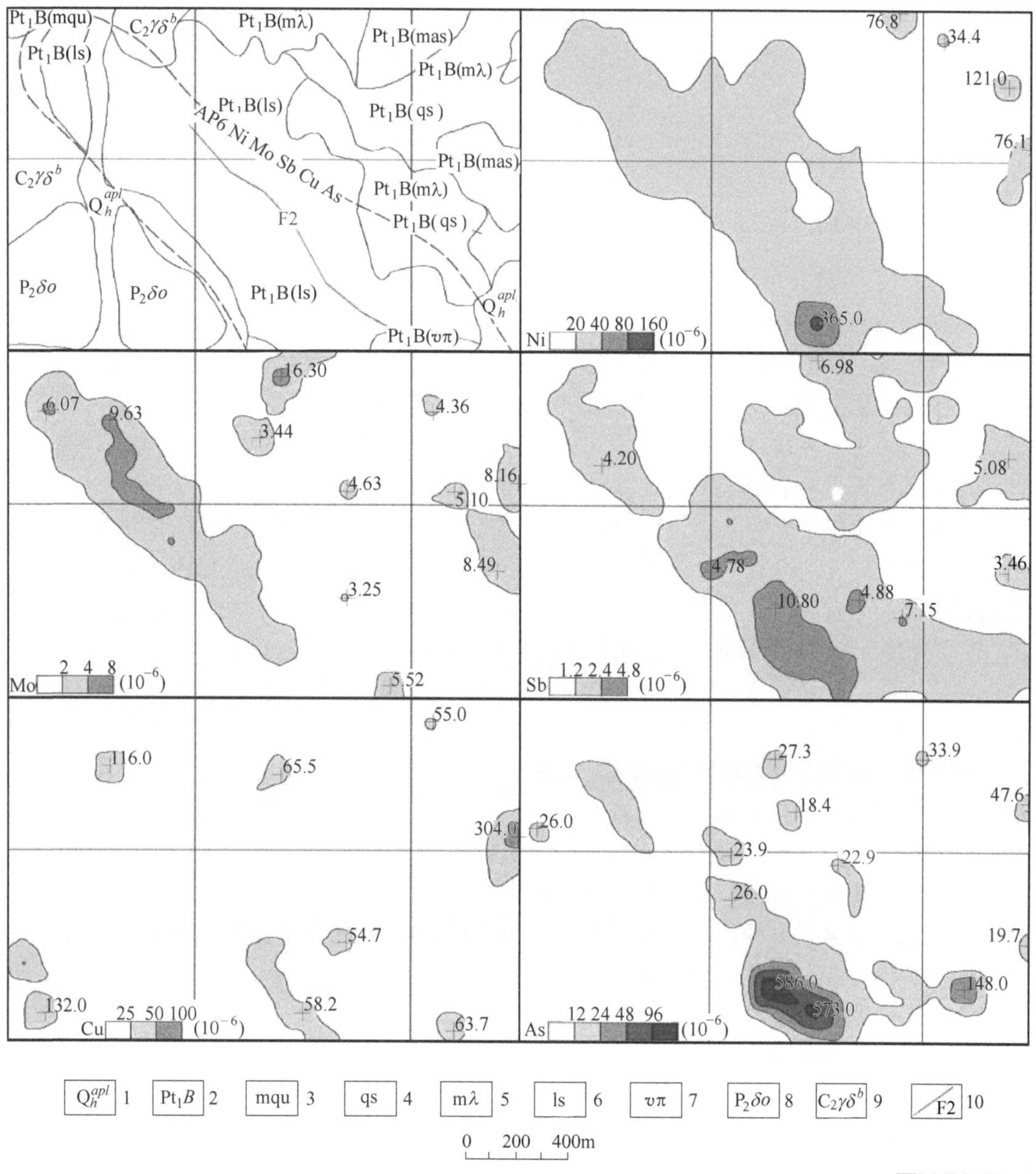

图 7-17 AP6 综合异常剖析图

1—第四系；2—下元古界北山群；3—变质石英砂岩；4—石英片岩；5—变质流纹岩；6—结晶灰岩；7—辉长斑岩；8—霏细斑岩；9—花岗闪长岩；10—断层

扫一扫查看彩图

C 与其他异常的对应关系

异常区对应 1∶10000 激电异常 JD3（1∶50000 矿调），该异常形态呈不规则状，走向为近南北向，异常极化率普遍较高，中心 ηs 最大值为 4.1%，属高阻高极化异常。高精度磁法测量显示为低背景区。区域图上，异常位于 1∶50000 化探异常 AP20（Ag-W-Mo）异常内。

D 推断解释

异常分布严格受结晶灰岩的控制，通过路线查证、综合剖面测量，综合分析认为异常的形成与结晶灰岩的蚀变、变质作用有关，该异常找矿意义不明。

7.4 矿体特征及找矿标志

7.4.1 蚀变带特征

7.4.1.1 Ⅰ号矿化蚀变带

A 矿化蚀变带特征

该矿化蚀变带位于区域西北部，发育于下元古界北山群石英岩内，围岩为中粒花岗闪长岩，东部出露石英片岩，对应化探异常为 AP1 综合异常，Cu、Pb、Zn、Ag、异常显著，1∶10000 激电中梯测量扫面显示，蚀变带对应地段为低极化率特征、低电阻率特征，针对蚀变带布置了 6 个激电测深点，总的来说，该测深断面图呈低阻低极化特征。

该蚀变带走向近东西向，长约为 600m，宽约为 130m，蚀变带内褐铁矿化强烈，地表由 TC1、TC1-2、TC1-3 控制，圈定 1 条铅锌矿化体，编号为 Pb-Zn-1 矿化体，矿化体赋存于褐铁矿化石英岩内，初步认为矿化体属中温岩浆气液充填-交代矿床。针对地表发现的 Pb-Zn 矿化体，在 P1 剖面 6~11 点布置了 6 个激电测深点，总的来说，该测深断面图呈低阻低极化特征。

B 矿床成因

矿化体主要赋存于褐铁矿化强烈的石英岩内，伴随发育硅化、褐铁矿化，矿化元素为 Pb、Zn，初步认为该类矿化属蚀变岩性。

C 找矿标志

（1）石英岩具强褐铁矿化发育最直接的地质标志。

（2）化探异常发育地段，尤其是 Pb、Zn 含量值高，且高含量值集中分布的地段，是寻找此类矿化非常有效的地球化学标志。

Ⅰ号矿化蚀变带地质简图如图 7-18 所示。

7.4.1.2 Ⅱ号矿化蚀变带

A 矿化蚀变带特征

该矿化蚀变带位于区域西南部，发育于下元古界北山群变质石英砂岩内，蚀变带南部被二叠纪石英闪长岩、三叠纪似斑状二长花岗岩侵入，蚀变带南部出露少量石英岩。变质石英砂岩呈厚层块状产出，风化较破碎。对应化探异常为 AP2 综合异常，Cu、Bi 异常最为显著。1∶10000 激电扫面显示，蚀变带对应地段无明显的激电异常，位于高低电阻率过渡带上，总体表现为低极化率特征、低电阻率特征。针对此蚀变带在 P3、P4 剖面上布设了两条激电测深剖面，深部均有激电异常显示。

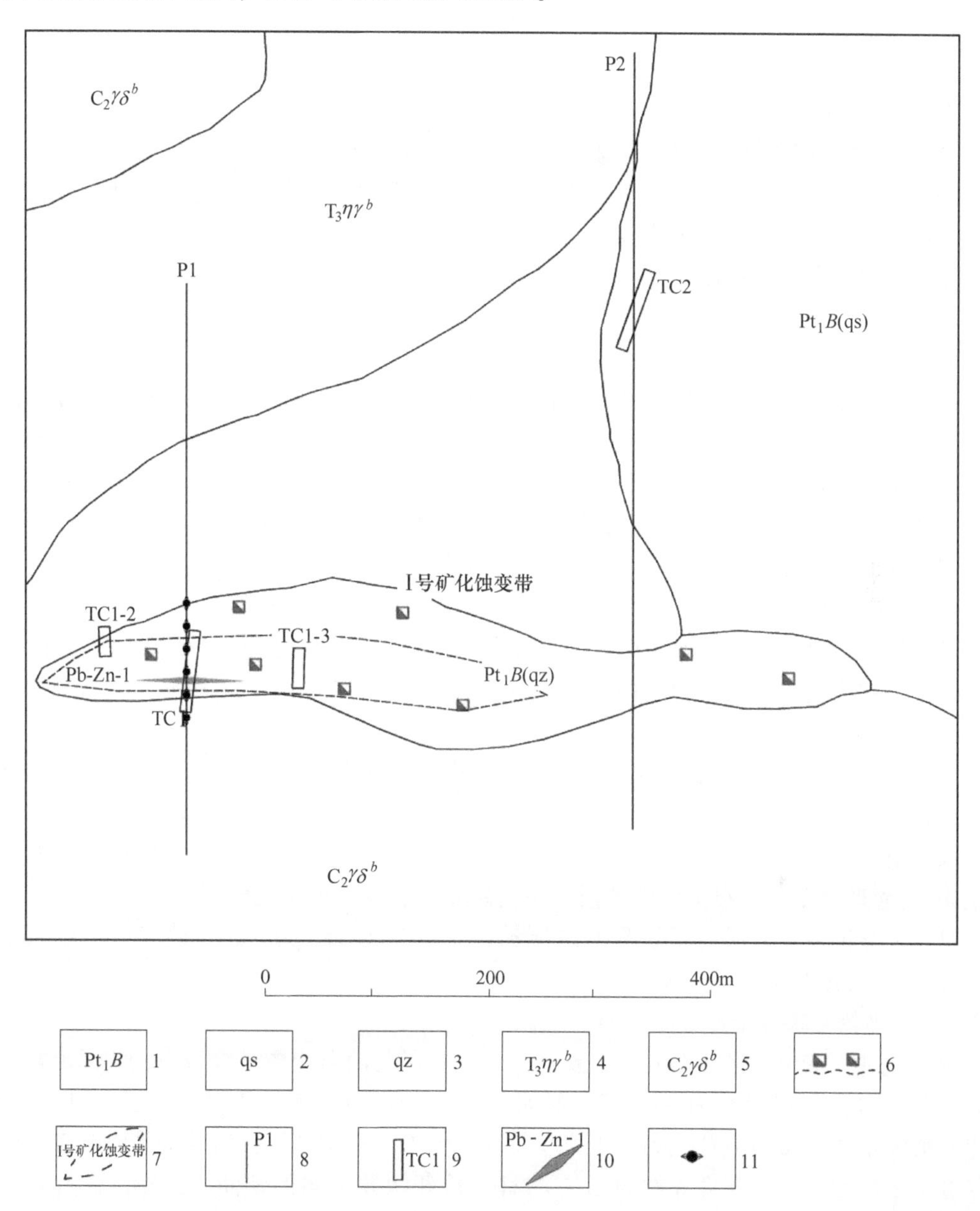

图 7-18　Ⅰ号矿化蚀变带地质简图

1—下元古界北山群；2—石英片岩；3—石英岩；4—晚三叠世中细粒二长花岗岩；5—晚石炭世中粒花岗闪长岩；6—褐铁矿化；7—矿化蚀变带及编号；8—1∶5000 综合剖面；9—探槽及编号；10—矿化体及编号；11—激电测深点

扫一扫查看彩图

该矿化蚀变带走向约 290°，岩石褐铁矿化普遍发育，局部裂隙面见孔雀石。该蚀变带地表由 13 条探槽揭露控制，蚀变带内圈定 Cu 矿化体 5 条，Cu 矿体 5 条，矿（化）体赋存于孔雀石化变质石英砂岩内。针对该蚀变带内的矿体、矿化体共施工了 6 个钻孔，ZK0301 孔内见矿体，ZK0401 孔内见矿体，其他 4 个钻孔内未见矿化。

B　矿床成因

矿化体主要赋存于变质石英砂岩内，伴随发育绢云母化、褐铁矿化、孔雀石化，初步认为该类矿化砂岩型铜矿床。

C　找矿标志

（1）变质石英砂岩是孔雀石化发育最直接的地质标志。

（2）化探异常发育地段，尤其是 Cu 含量值高，且高含量值集中分布的地段，是寻找此类矿化非常有效的地球化学标志。

Ⅱ号矿化蚀变带地质简图如图 7-19 所示。

7.4.1.3　Ⅲ号矿化蚀变带

A　矿化蚀变带特征

该矿化蚀变带位于区域西南部，发育于下元古界北山群变质石英砂岩内，蚀变带北部出露石炭纪花岗闪长岩和少量石炭纪角闪闪长岩侵入，对应化探异常为 AP2 综合异常。

该矿化蚀变带走向约 50°，长约为 110m，宽约为 2m，蚀变带内变质石英砂岩破碎强烈，具较强的褐铁矿化蚀变，呈浸染状附着岩石裂隙面，该蚀变带在地表通过 TC11、TC11-2、TC11-3 控制，圈定 1 条 Au 矿化体和 1 条 Cu 矿化体、编号为 Au-1、Cu-8。

B　矿床成因

矿化体主要赋存于变质石英砂岩内发育的构造破碎带内，伴随发育绿泥石、绿帘石、褐铁矿化，初步认为该类矿化属构造热液型。

C　找矿标志

（1）沿岩石破碎、节理裂隙发育地段发育强褐铁矿化、绿帘石化、绿泥石化最直接的地质标志。

（2）化探异常发育地段，主要是以 Cu、As、Bi 为主的多元素化探异常组合，尤其是 Cu、As 高含量值多且分布集中的地段，是找矿非常有效的地球化学标志。

Ⅲ号矿化蚀变带地质简图如图 7-20 所示。

7.4.1.4　Ⅳ号矿化蚀变带

A　矿化蚀变带特征

该矿化蚀变带位于区域西北部，发育于下元古界北山群变质流纹岩内，北部出露少量大理岩脉，对应化探异常为 AP1 综合异常，Au、Ag、Pb、Zn、As 异常显著，1∶10000 激电扫面显示蚀变带对应地段为低极化率特征、低电阻率特征。针对蚀变带内的矿化体布设了 8 个激电测深点，在埋深约 80m 左右有一长条状异常向下延伸出图外，也有向左右延伸的趋势。

矿化蚀变带走向约 293°，长约为 400m，宽约为 40m，变质流纹岩普遍糜棱岩化、片理化，蚀变带内发育较强的褐铁矿化，经 TC16、TC25、TC26、TC27 探槽揭露控制，地表发现 Pb、Zn、Au 为主的矿化体共 4 条，编号分别为 Au-2、Pb-Zn-2、Cu-Pb-1、Pb-1，矿化体均赋存于褐铁矿化变质流纹岩内，针对蚀变带内的矿化体施工了 2 个钻孔进行验证，编号为 ZK0901、ZK3101，深部均未见矿化。

B　矿床成因

矿化主要赋存在变质流纹岩内的强褐铁矿化地段，矿化元素 Au、Pb、Zn 均有涉及，初步认为该类矿化属火山喷流沉积—叠加后期改造型。

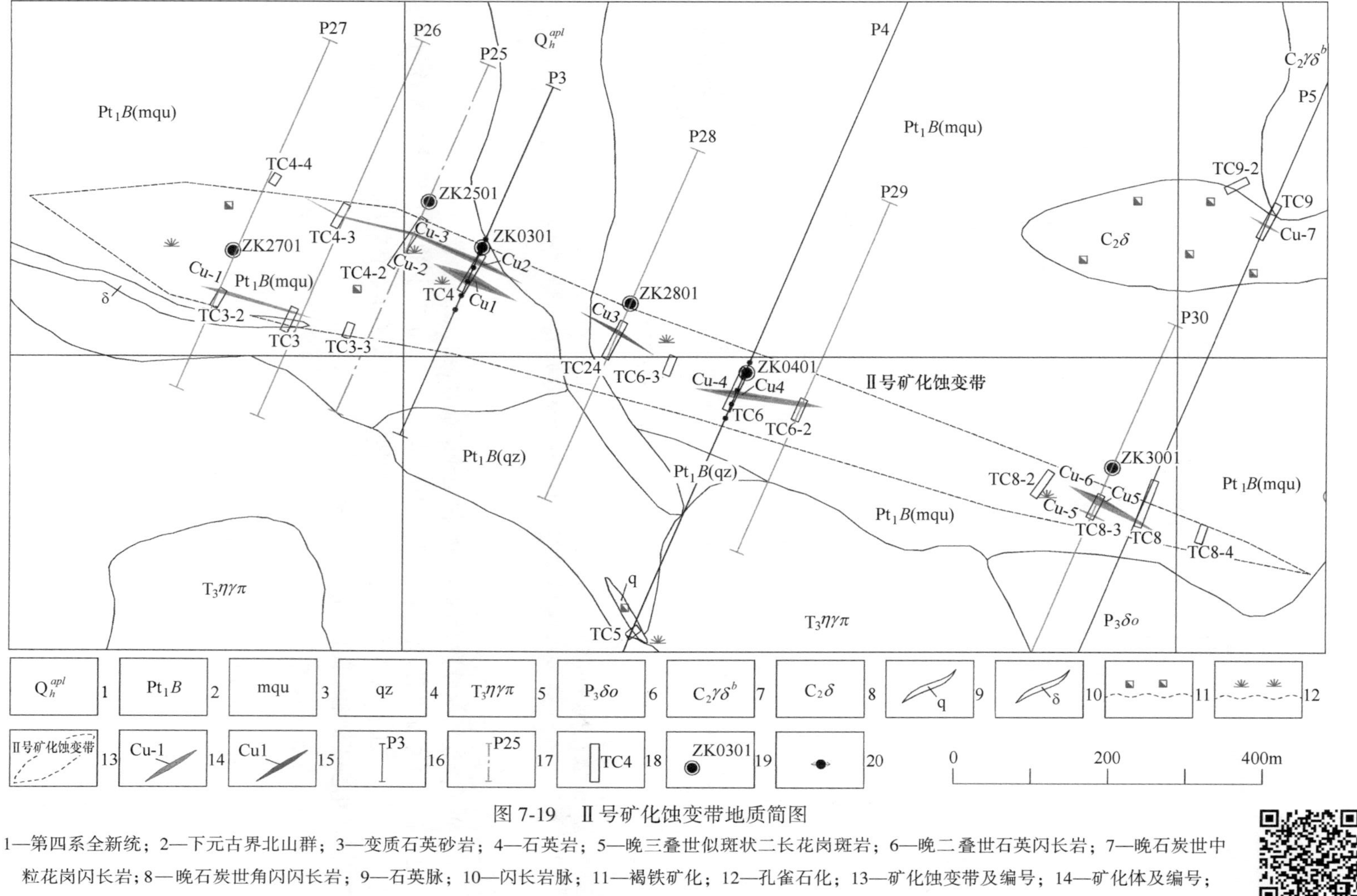

图 7-19 Ⅱ号矿化蚀变带地质简图

1—第四系全新统；2—下元古界北山群；3—变质石英砂岩；4—石英岩；5—晚三叠世似斑状二长花岗斑岩；6—晚二叠世石英闪长岩；7—晚石炭世中粒花岗闪长岩；8—晚石炭世角闪闪长岩；9—石英脉；10—闪长岩脉；11—褐铁矿化；12—孔雀石化；13—矿化蚀变带及编号；14—矿化体及编号；15—矿体及编号；16—综合剖面；17—地质剖面；18—探槽及编号；19—钻孔位置及编号；20—激电测深点

扫一扫查看彩图

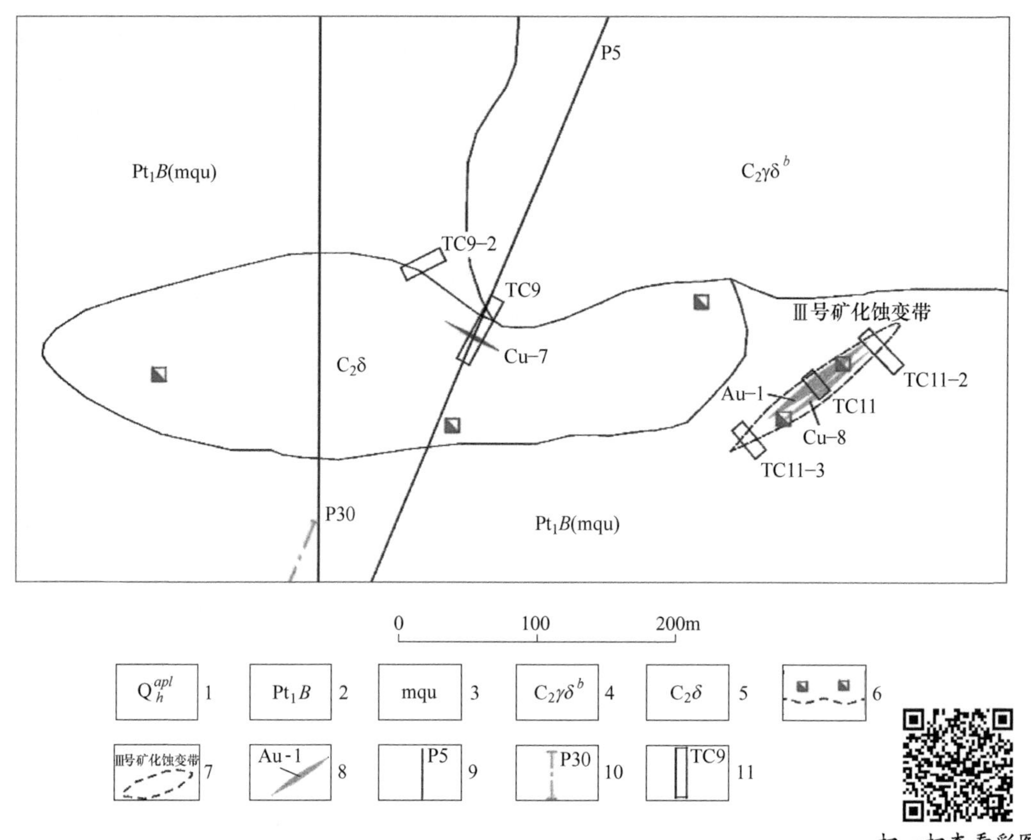

图 7-20　Ⅲ号矿化蚀变带地质简图

1—第四系全新统；2—下元古界北山群；3—变质石英砂岩；4—晚石炭世中细粒花岗闪长岩；5—晚石炭世角闪闪长岩；6—褐铁矿化；7—矿化蚀变带及编号；8—矿化体及编号；9—1∶5000 综合剖面；10—1∶5000 地质剖面；11—探槽及编号

C　找矿标志

（1）变质流纹岩地段发育的褐铁矿化是找矿最直接的地质标志。

（2）化探异常发育地段，主要是以 Au、Ag、Pb、Zn 为主的多元素化探异常组合，尤其是 Au、Pb、Zn 高含量值多且分布集中的地段，是找矿非常有效的地球化学标志。

Ⅳ号矿化蚀变带地质简图如图 7-21 所示。

7.4.1.5　Ⅴ号矿化蚀变带

A　矿化蚀变带特征

该矿化蚀变带位于区域东北部，出露岩性主要为下元古界北山群变质流纹岩，该矿化蚀变严格受 F1 断层的控制。对应化探异常为 AP7 综合异常，蚀变带对应 Au 异常显著。1∶10000激电中梯测量显示矿化蚀变带位于高—低电阻率梯度带上，电阻率范围为 225%～250%，极化率显示低背景特征，总体上具低极化率、中高电阻率之异常特征。

矿化蚀变带走向 86°，长约为 1000m，宽约为 100m，岩石糜棱岩化、褐铁矿化强烈，通过 TC19-1、TC19-2、TC19-3、TC19-4 探槽揭露，地表圈定 1 条 Au 矿化体，编号为 Au-3，矿化体赋存在断层上盘的褐铁矿化变质流纹岩内。

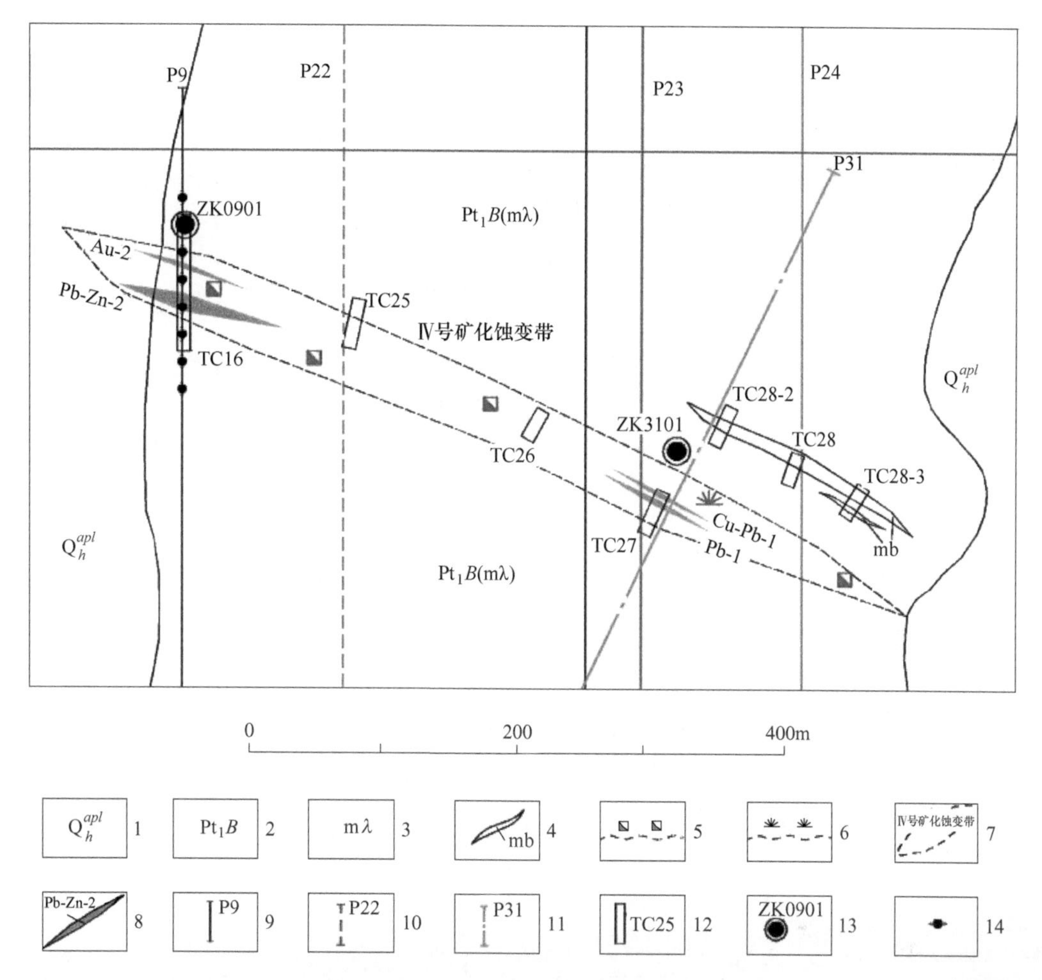

图 7-21 Ⅳ号矿化蚀变带地质简图

1—第四系全新统；2—下元古界北山群；3—变质流纹岩；4—大理岩脉；5—褐铁矿化；6—孔雀石化；7—矿化蚀变带及编号；8—矿化体及编号；9—1：5000 综合剖面；10—1：5000 地化剖面；11—1：5000 地质剖面；12—探槽及编号；13—钻孔及编号；14—激电测深点

扫一扫
查看彩图

B 矿床成因

矿化体主要赋存于变质流纹岩内发育的断层破碎带内，褐铁矿化强烈，矿化元素为 Au，初步认为该类矿化属构造热液型。

C 找矿标志

（1）沿岩石断层破碎带发育强褐铁矿化是最直接的地质标志。

（2）化探异常发育地段，主要是以 Au、Ag、Sn 为主的多元素化探异常组合，尤其是 Au 高含量值多且分布集中的地段，是找矿非常有效的地球化学标志。

Ⅴ号矿化蚀变带地质简图如图 7-22 所示。

7.4.1.6 Ⅵ号矿化蚀变带

A 矿化蚀变带特征

该矿化蚀变带位于区域东南部，出露岩性为闪长岩脉。对应化探异常为 AP7 综合异

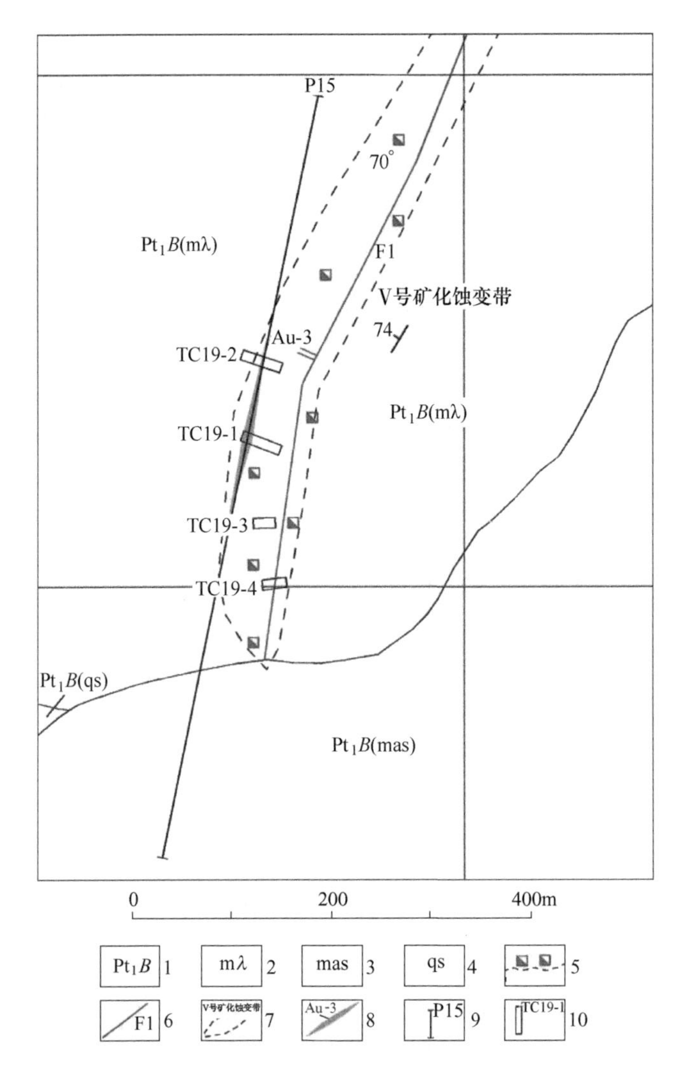

图 7-22　V号矿化蚀变带地质简图

1—下元古界北山群；2—变质流纹岩；3—变质安山岩；4—石英片岩；5—褐铁矿化；6—性质不明断层；7—矿化蚀变带及编号；8—矿化体及编号；9—1∶5000 综合剖面；10—探槽及编号

扫一扫查看彩图

常，Au、Pb、Zn 异常显著，极化率范围为 1.4%～1.6%。针对蚀变带布设的激电测深断面显示，在 14-15 号测点位置有一极化率在 1.6%以上的异常向左延伸出图外，埋深大概 15m，在深度大概 200m 以上的位置有一贯穿整个断面的异常幅度在 1.6%以上椭圆状异常存在，该异常有向下延伸的趋势，另外整图有零星的点状异常，推测该断面可能有侵染状矿化存在。

矿化蚀变带长约为 230m，最宽处约为 28m，走向近东西向。通过 ZK1701 钻孔验证，钻孔内除见到与地表对应的矿化体外，新发现 3 条 Au 矿化体和 1 条 Pb-Zn 矿化体，Au 矿化体在地表赋存于褐铁矿化闪长岩脉内，在深部赋存于闪长岩脉的围岩石英片岩内，黄铁矿富集。

B 矿床成因

矿化体在地表赋存于闪长岩脉内，在深部主要赋存于闪长岩脉的围岩石英片岩内，地表褐铁矿化强烈，深部黄铁矿较富集，矿化元素以 Au 为主，深部见少量 Pb、Zn 矿化，初步认为该类矿化属蚀变岩型。

C 找矿标志

（1）沿闪长岩脉的围岩石英片岩发育强褐铁矿化是最直接的地质标志。

（2）物探测量具有中低电阻率中高极化率的异常组合，是寻找此类矿化的参考标志。

（3）化探异常发育地段，主要是以 Au、Ag、Pb、As、W、Mo 为主的多元素化探异常组合，尤其是 Au 高含量值多且分布集中的地段，是找矿非常有效的地球化学标志。

Ⅵ号矿化蚀变带地质简图如图 7-23 所示。

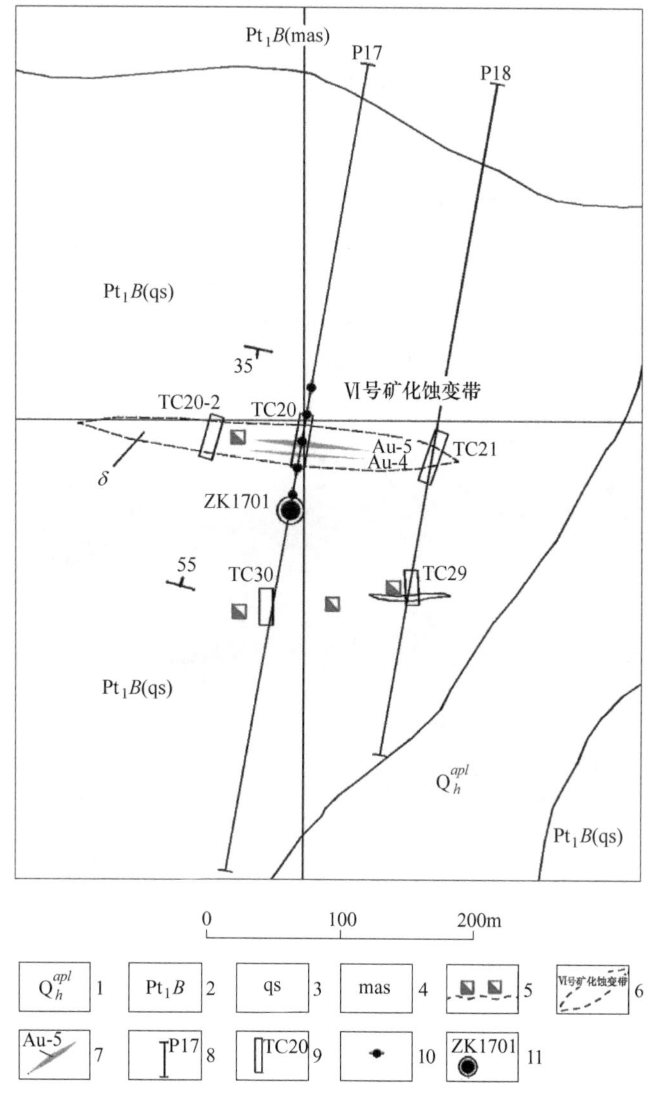

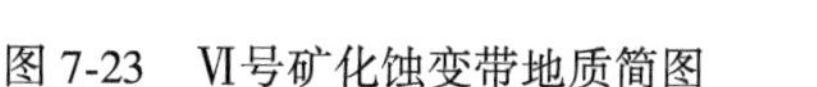

扫一扫查看彩图

图 7-23 Ⅵ号矿化蚀变带地质简图

1—第四系全新统；2—下元古界北山群；3—石英片岩；4—变质安山岩；5—褐铁矿化；6—矿化蚀变带及编号；7—矿化体及编号；8—1∶5000 综合剖面；9—探槽及编号；10—激电测深点；11—钻孔位置及编号

7.4.2　矿化体特征

7.4.2.1　矿化体特征

区域以 w(Au) 为 $0.1\times10^{-6}\sim1\times10^{-6}$ 圈定金矿化体，以 w(Cu) 为 0.10%~0.20%圈定铜矿化体，以 w(Pb) 为 0.1%~0.5%、w(Zn) 为 0.1%~0.8%圈定铅锌矿化体。按以上原则，本次预查圈定金、铜、铅、锌等各类矿化体共计 23 条，现对主要矿化体叙述，其他矿化体特征见区域矿化体汇总表。

Cu-2 矿化体：该矿化体位于Ⅱ号矿化蚀变带内，通过 TC4 探槽揭露发现，矿化体赋存于碎裂化、孔雀石化的变质石英砂岩内。矿化体长约 100m，倾向 27°，倾角为 48°，TC4 内控制矿化体宽约为 18m，由 18 个化学样控制，Cu 品位为 0.07%~0.29%，平均品位为 0.17%，在此矿化体内以 Cu 品位≥0.2%、且厚度≥2m 圈定了一条 Cu 矿体，编号为 Cu1。经 ZK0301 对该矿化体进行验证，在钻孔 46~49m 见该矿化体，真厚约 2.4m，由 3 件样品控制，Cu 品位为 0.03%~0.27%，平均品位 0.12%，矿化赋存于孔雀石化的变质石英砂岩内，与地表相同。

Cu-3 矿化体：该矿化体位于Ⅱ号矿化蚀变带内，地表由 TC4、TC4-2、TC4-3 控制，矿化体赋存于碎裂化、孔雀石化的变质石英砂岩内。矿化体长约为 190m，宽为 1~8.7m，倾向 23°，倾角为 33°。地表 3 个探槽揭露，共 12 个样品控制，Cu 品位为 0.05%~0.34%，平均品位为 0.15%。经 ZK0301 对该矿化体进行验证，在钻孔 11.9~17m 见该矿化体，真厚约 5.2m，由 6 件样品控制，Cu 品位为 0.03%~0.16%，平均品位 0.1%，矿化赋存于孔雀石化的变质石英砂岩内，如图 7-24 所示。

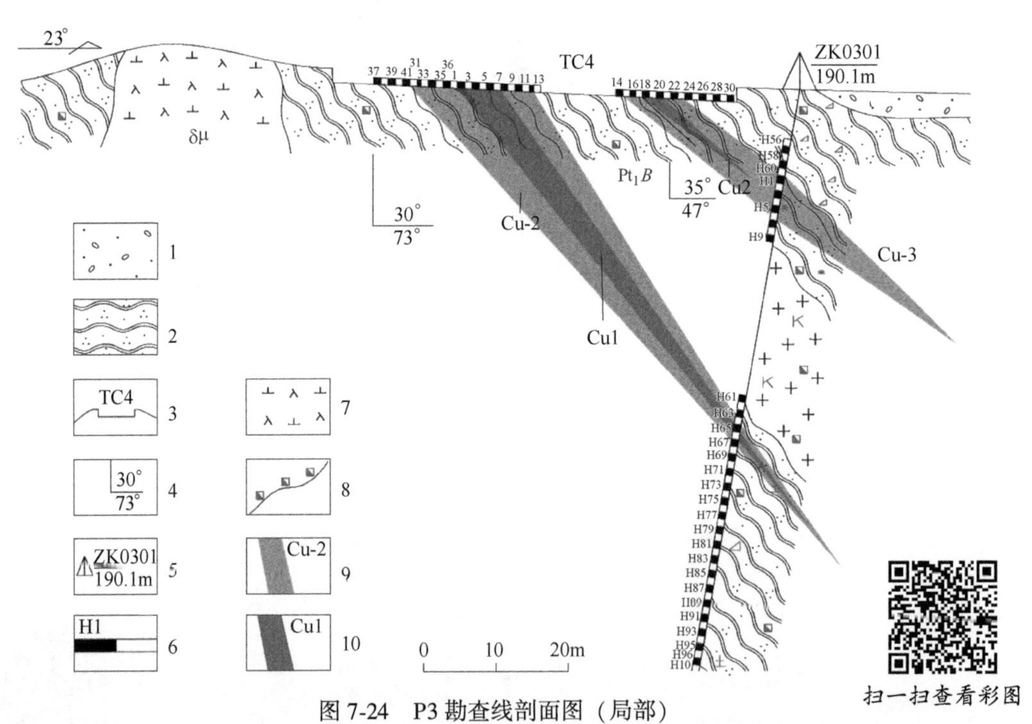

图 7-24　P3 勘查线剖面图（局部）

1—第四系冲、洪积物；2—变质石英砂岩；3—探槽位置及编号；4—产状；5—钻孔编号/终孔深度；6—取样位置及编号；7—闪长玢岩；8—褐铁矿化；9—矿化体及编号；10—矿体及编号

Cu-4 矿化体：该矿化体位于Ⅱ号矿化蚀变带内，通过 TC6 探槽揭露发现，矿化体赋存于碎裂化、孔雀石化的变质石英砂岩内。矿化体长约为 80m，倾向 23°，倾角为 39°，TC6 内控制矿化体宽约为 11m，TC6-2 内宽约为 7m，共由 18 个化学样控制，Cu 品位为 0.01%~0.46%，平均品位为 0.16%，在此矿化体内以 Cu 品位≥0.2%、且厚度≥2m 圈定了一条 Cu 矿体，编号为 Cu4。经 ZK0401 对该矿化体进行验证，在钻孔 46~49m 见该矿化体，真厚约为 2.4m，由 3 件样品控制，Cu 品位为 0.03%~0.27%，平均品位为 0.12%，矿化赋存于孔雀石化的变质石英砂岩内，与地表相同，如图 7-25 所示。

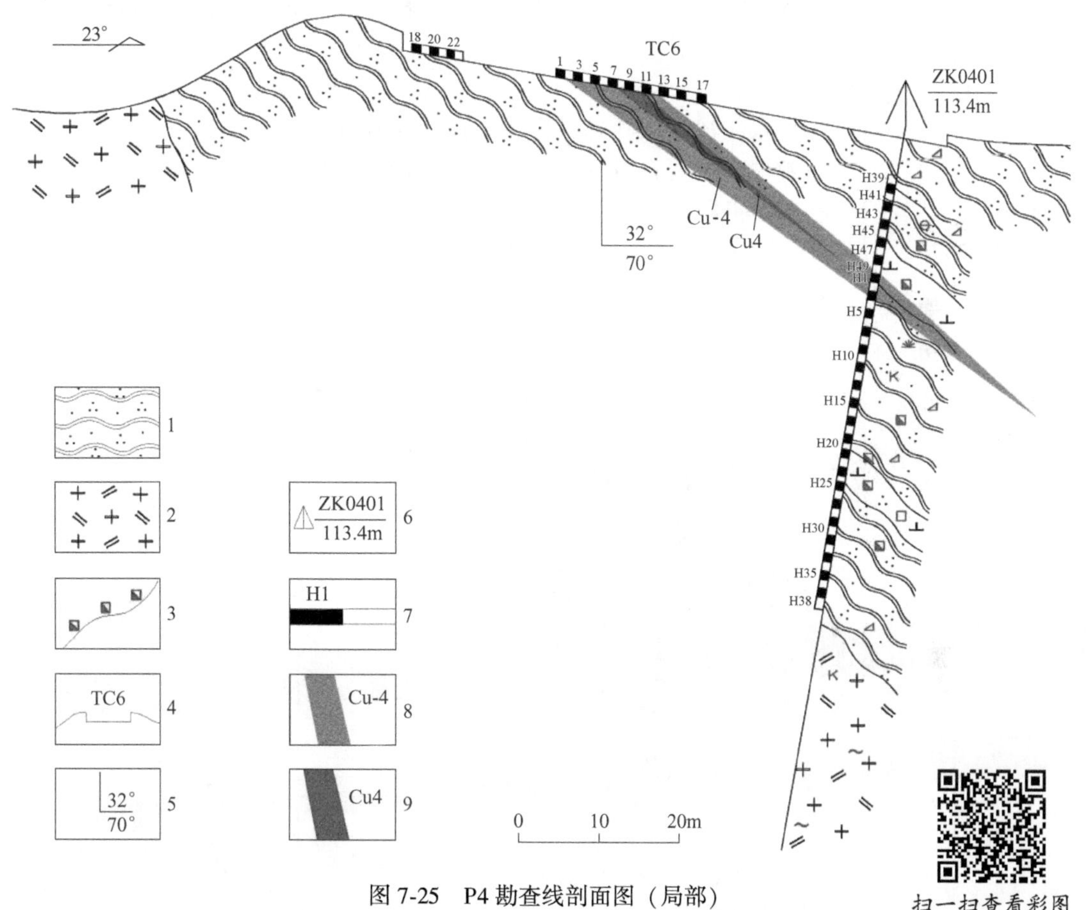

扫一扫查看彩图

图 7-25 P4 勘查线剖面图（局部）

1—变质石英砂岩；2—似斑状二长花岗岩；3—褐铁矿化；4—探槽位置及编号；5—产状；6—钻孔编号/终孔深度；7—取样位置及编号；8—矿化体及编号；9—矿体及编号

Cu-6 矿化体：该矿化体位于Ⅱ号矿化蚀变带内，通过 TC8-3 探槽揭露发现，矿化体赋存于碎裂化、孔雀石化的变质石英砂岩内。矿化体地表控制长约 60m，倾向 23°，倾角为 68°，TC8-3 内宽约为 12m，TC8 内宽约为 5m，由 17 个化学样控制，Cu 品位为 0.01%~0.36%，平均品位为 0.16%，在此矿化体内以 Cu 品位≥0.2%、且厚度≥2m 圈定了一条 Cu 矿体，编号为 Cu5。经 ZK3001 对该矿化体进行验证，孔内未见矿（化）体。

Au-5 矿化体：该矿化体位于Ⅵ号矿化蚀变带内，通过 TC20 揭露发现，地表矿体主要赋存于褐铁矿化闪长岩脉内。矿化体长约为 80m，走向近东西向，倾角为 40°，TC20 内矿化体宽约为 3m，由 3 个化学样控制，Au 品位为 0.04~1.96g/t，平均品位为 0.72g/t。在

ZK1701 钻孔 33.08~34.08m，该矿化体真厚度约为 0.5m，Au 品位为 0.26g/t，与地表不同的是，矿化体赋存于闪长岩脉的围岩石英片岩内。

Au-6 矿化体：该矿化体位于Ⅵ号矿化蚀变带内，为一盲矿体，由 ZK1701 钻孔控制，孔内由 16 个样品控制，真厚度约为 13m，矿化体 Au 品位为 0.04~0.81g/t，矿化体平均品位为 0.21g/t。10 个达矿化品位的样品，有 1 个分布于闪长岩脉内，其他的均分布于闪长岩脉的围岩石英片岩内。

7.4.2.2　Cu-9 矿化体矿床成因

矿化主要赋存在石英片岩内的褐铁矿化石英脉内，矿化元素仅有 Cu，初步认为该类矿化属热液型。

7.4.2.3　Cu-9 矿化体找矿标志

（1）沿石英脉发育强褐铁矿化、孔雀石化是最直接的地质标志。

（2）化探异常发育地段，主要是以 Au、Pb 为主的化探异常组合，与实际发现的矿化体不对应，化探找矿标志不明显。

P17 勘查线剖面图（局部）如图 7-26 所示。

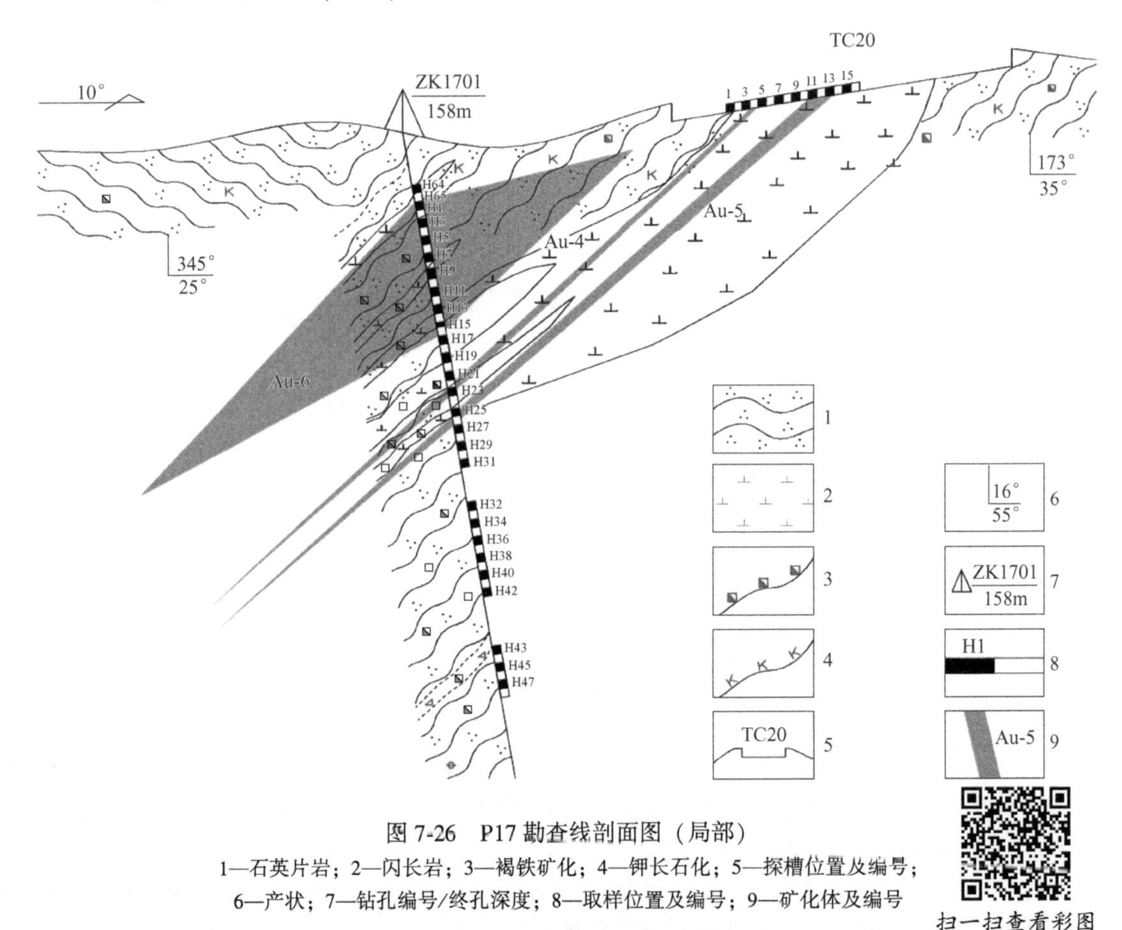

图 7-26　P17 勘查线剖面图（局部）

1—石英片岩；2—闪长岩；3—褐铁矿化；4—钾长石化；5—探槽位置及编号；6—产状；7—钻孔编号/终孔深度；8—取样位置及编号；9—矿化体及编号

7.4.3　矿体特征

区域以 Cu 品位大于 0.2%且厚度大于 2m 圈定铜矿体，本次预查圈定铜矿体共 5 条。

Cu1 矿体位于Ⅱ号矿化蚀变带内，为 Cu-2 矿化体内圈定的矿体，由 TC4 揭露，地表宽约为 6m，长约为 100m，倾向 27°，倾角为 48°，TC4 探槽内矿体由 6 个化学样控制，Cu 品位为 0.22%~0.29%，平均品位为 0.26%，矿体赋存于碎裂化、孔雀石化的变质石英砂岩内。经 ZK0301 钻孔对其验证，在深部 47~48m 见该矿体，孔内真厚度约为 0.7m，由一个样品控制，Cu 品位为 0.27%。矿体赋存于孔雀石化变质石英砂岩内。

Cu4 矿体位于Ⅱ号矿化蚀变带内，为 Cu-4 矿化体内圈定的矿体，由 TC6 揭露，地表宽约为 3m，长约为 80m，倾向 23°，倾角为 39°，TC6 探槽内矿体由 3 个化学样控制，Cu 品位为 0.21%~0.4%，平均品位为 0.29%，矿体赋存于碎裂化、孔雀石化的变质石英砂岩内。经 ZK0401 钻孔对其验证，深部未发现该矿体。区域矿体特征一览表见表 7-3。

表 7-3 区域矿体特征一览表

异常编号	蚀变带编号	对应矿化体	矿体编号	矿体地质特征	蚀变特征	规模产状	品位	工程控制
AP2	Ⅱ号矿化蚀变带	Cu-2	Cu1	赋存于变质石英砂岩中	孔雀石化	探槽内宽约为 6m，长约为 100m，真厚度约为 0.7m，倾向 27°，倾角为 48°	Cu 品位为 0.22%~0.29%，平均品位为 0.26%	TC4 ZK0301
		Cu-3	Cu2	赋存于变质石英砂岩中	孔雀石化	长约为 140m，宽为 1~3m，倾向 23°，倾角为 40°	地表 4 个样品控制，Cu 品位为 0.24%~0.34%，平均品位为 0.29%	TC4 TC4-2
			Cu3	赋存于变质石英砂岩中	孔雀石化	长约为 80m，宽为 2m，倾向 20°，倾角为 67°	由 2 个样品控制，Cu 品位分别为 1.9%~4.9%，平均品位为 3.4%	TC24
		Cu-4	Cu4	赋存于变质石英砂岩中	孔雀石化	长约为 50m，宽约为 3m，倾向 23°，倾角为 39°	3 个化学样控制，Cu 品位为 0.21%~0.4%，平均品位为 0.29%	TC6
		Cu-5	Cu5	赋存于变质石英砂岩中	孔雀石化	长约为 50m，宽约为 3m，倾向 20°，倾角为 62°	3 个化学样控制，Cu 品位为 0.28%~0.36%，平均品位为 0.31%	TC6 ZK0401

7.4.4 矿石质量围岩与夹石

7.4.4.1 铜矿化

（1）主要矿石结构：他形晶粒状结构。

（2）主要矿石构造：星点状浸染构造分布。

（3）金属矿物：黄铜矿、闪锌矿，针铁矿。

黄铜矿：淡硫黄色，他形粒状，弱非均质，粒度小于0.05mm，零星分布，如图7-27所示。

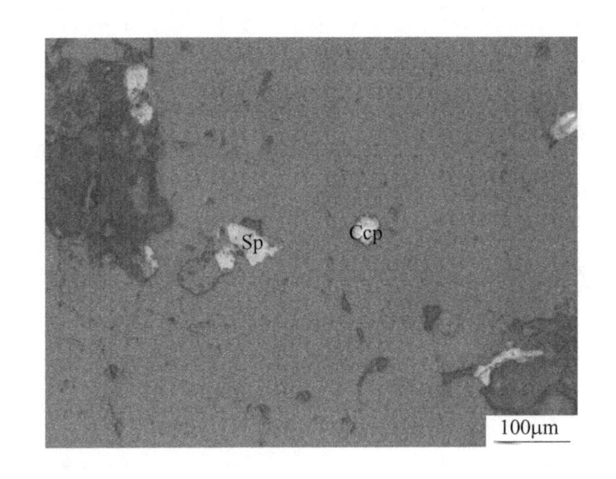

图7-27 光片下黄铜矿（Ccp）、闪锌矿（Sp）特征

扫一扫查看彩图

闪锌矿：灰色，不规则粒状，均质，粒度小于0.05mm，零星分布，如图7-27所示。

针铁矿：灰白色，不规则粒状，均质，粒度小于0.2mm，零星分布，如图7-28所示。

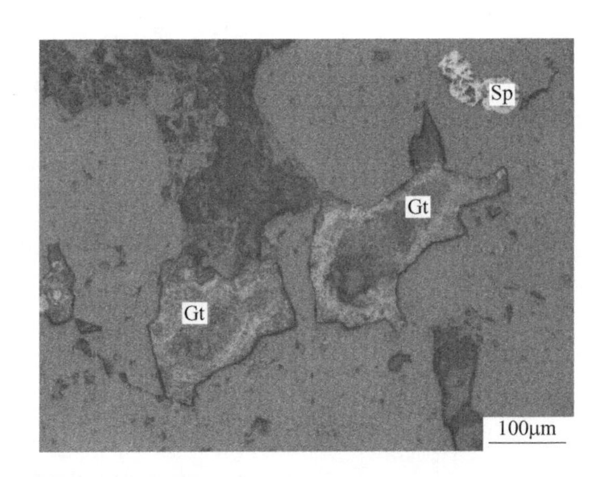

图7-28 光片下针铁矿（Gt）特征

扫一扫查看彩图

（4）金属矿物质量分数：黄铜矿0.1%~0.2%，闪锌矿<1%，针铁矿1%~2%。

（5）围岩：以绢云母化、褐铁矿化变质石英砂岩为主，与矿（化）体界限不清。

7.4.4.2 金（铅锌）矿化

矿化体一般由热液细脉型矿石组成，主要见浸染状构造，偶见块状构造。主要矿石结构为自形粒状（方铅矿）、半自形粒状、他形粒状、交代结构等。矿化体围岩主要为中粒花岗闪长岩、变质流纹岩、石英片岩。脉石矿物主要为硅化、褐铁矿化石英片岩，变质流纹岩等，围岩与矿（化）体界限不清。区域矿化体特征一览表见表7-4。

表 7-4 区域矿化体特征一览表

异常编号	对应蚀变带	矿化体编号	矿化体地质特征	蚀变特征	规模产状	品位	工程控制情况
AP1	Ⅰ号矿化蚀变带	Pb-Zn-1	赋存于石英岩中	褐铁矿化	长约为 60m，宽约为 1m，倾向 8°，倾角为 55°	1 个化学样控制，Pb 品位为 0.13%，Zn 品位为 0.12%	TC1
AP2	Ⅱ号矿化蚀变带	Cu-1	赋存于变质石英砂岩中	孔雀石化	长约为 100m，宽为 3～6m，倾向 8°，倾角为 61°	9 件样品控制，Cu 品位为 0.01%～0.46%，平均品位为 0.16%	TC3 TC3-2
		Cu-2	赋存于变质石英砂岩中	孔雀石化	长约为 100m，地表宽约为 18m，孔内真厚度约为 2.4m，倾向 27°，倾角为 48°	探槽内 18 个样品控制，Cu 品位为 0.07%～0.29%，平均品位为 0.17%，钻孔内 3 个样品控制，Cu 品位为 0.03%～0.27%，平均品位为 0.12%	TC4 ZK0301
		Cu-3	赋存于变质石英砂岩中	孔雀石化	长约为 190m，地表宽为 1～8.7m，孔内真厚度约为 5.2m，倾向 23°，倾角为 33°	地表 3 个探槽揭露，共 12 个样品控制，Cu 品位为 0.05%～0.34%，平均品位为 0.15%，钻孔内 6 个化学样控制，Cu 品位为 0.03%～0.16%，平均品位为 0.1%	TC4 TC4-2 TC4-3 ZK0301
		Cu-4	赋存于变质石英砂岩中	孔雀石化	长约为 90m，宽为 11m，倾向 23°，倾角为 39°	Cu 品位为 0.01%～0.46%，平均品位为 0.16%	TC6 TC6-2 ZK0401
		Cu-5	赋存于变质石英砂岩中	孔雀石化	长约为 50m，宽约为 1m，倾向 20°，倾角为 62°	1 件样品控制，Cu 品位为 0.23%	TC8-3
		Cu-6	赋存于变质石英砂岩中	孔雀石化	长约为 60m，宽约为 2m，倾向 23°，倾角为 68°	17 件样品控制，Cu 品位为 0.01%～0.36%，平均品位为 0.16%	TC8 TC8-3
		Cu-10	赋存于石英闪长岩中	褐铁矿化	隐伏矿化体，真厚度约为 0.87m	1 件样品控制，Cu 品位为 0.11%	ZK0301
	—	Cu-7	赋存于变质石英砂岩中	孔雀石化	长约为 40m，宽约为 1m，倾向 23°，倾角为 55°	1 个样品控制，Cu 品位为 0.18%	TC9
	Ⅲ号矿化蚀变带	Au-1	赋存于变质石英砂岩中	褐铁矿化	长约为 40m，宽约为 1m，倾向 315°，倾角为 72°	3 个样品控制，Au 品位为 0.14～0.36g/t，平均品位为 0.25g/t	TC11
		Cu-8	赋存于变质石英砂岩中	孔雀石化	长约为 40m，宽约为 1m，倾向 315°，倾角为 72°	1 个样品控制，Cu 品位为 0.18%	TC11

续表 7-4

异常编号	对应蚀变带	矿化体编号	矿化体地质特征	蚀变特征	规模产状	品　　位	工程控制情况
AP4	Ⅳ号矿化蚀变带	Pb-Zn-2	赋存于变质流纹岩中	褐铁矿化	长约为 54m，宽约为 3m，倾向 35°，倾角为 70°	13 个化学样控制，Pb 品位为 0.02%～0.24%，平均品位为 0.12%，Zn 品位为 0.02%～0.18%，平均品位为 0.08%。	TC16
		Cu-Pb-1	赋存于变质流纹岩中	褐铁矿化	长约为 40m，宽约为 2m，倾向 20°，倾角为 70°	2 个化学样控制，Pb 品位 0.24%～0.36%，平均品位为 0.3%，Cu 品位为 0.1%～0.12%，平均品位为 0.11%	TC16
		Pb-1	赋存于变质流纹岩中	褐铁矿化	长约为 55m，宽约为 1m，倾向 20°，倾角为 70°	1 个化学样控制，Pb 品位为 0.1%	TC16
		Au-2	赋存于变质流纹岩中	褐铁矿化	长约为 50m，宽约为 1m，倾向 35°，倾角为 70°	1 个样品，Au 品位为 0.12g/t	TC16
AP7	Ⅴ号矿化蚀变带	Au-3	赋存于变质流纹岩	褐铁矿化	长约为 85m，宽约为 1m，倾向 270°，倾角为 68°	3 个化学样控制，Au 品位 0.06～0.16g/t，平均品位为 0.1g/t	TC19-1 TC19-2
	Ⅵ号矿化蚀变带	Au-4	地表赋存于闪长岩脉内，钻孔内赋存于闪长岩脉的围岩石英片岩内	褐铁矿化强烈，孔内黄铁矿富集	长约为 80m，真厚度约为 0.74m，倾向 186°，倾角为 40°	探槽内 1 个化学样控制，Au 品位为 0.17g/t。钻孔内 1 个化学样控制，Au 品位为 0.19g/t，矿化体 Au 平均品位为 0.175g/t	TC20 ZK1701
		Au-5	地表赋存于闪长岩脉内，钻孔内赋存于闪长岩脉的围岩石英片岩内	褐铁矿化强烈，孔内黄铁矿富集	长约为 85m，真厚度约为 0.67m，倾向 186°，倾角为 35°	探槽内 3 个化学样控制，钻孔内 1 个化学样控制，Au 品位为 0.04～1.96g/t，平均品位为 0.6%	TC20 ZK1701
		Au-6	主要赋存于闪长岩脉的围岩石英片岩内	褐铁矿化强烈，黄铁矿富集	隐伏矿化体，真厚度约为 13m，倾向 186°，倾角为 40°	钻孔内 8 个样品控制，Au 品位为 0.17～0.81g/t，平均品位为 0.21g/t	ZK1701
		Au-7	赋存于闪长岩脉的围岩石英片岩	褐铁矿化强烈，黄铁矿富集	隐伏矿化体，真厚度约为 13m，倾向 186°，倾角为 40°	—	—
		Au-8	赋存于闪长岩脉的围岩石英片岩	褐铁矿化强烈，黄铁矿富集	隐伏矿化体，真厚度约为 13m，倾向 186°，倾角为 40°	—	—
		Pb-Zn-3	矿化体赋存于石英片岩内	黄铁矿富集	隐伏矿化体，真厚度约为 0.87m，倾向 186°，倾角为 40°。	钻孔内由 1 个样品控制，Pb 品位为 0.23%，Zn 品位为 0.32%	ZK1701
AP8	—	Cu-9	赋存于石英脉中	孔雀石化、褐铁矿化	长约 84m，宽约为 1m，倾向 120°，倾角为 54°。	1 个样品控制，Cu 品位为 0.24%	TC23

参考文献

[1] Arehart G B, Eldridge C S, Chryssoulis S L. Lion microprobe determination of sulfur isotope variation in sulfides from Post/Betze sediment-hosted disseminated gold deposit, Nevada, USA [J]. Geochimica et Cosmochimica Acta, 1993, 57: 1505-1519.

[2] Beveridge T J, Murray R G. Sites of metal deposition in the cell of Bacillus subtilis [J]. Journal of Bacteriology, 1980, 141: 876-887.

[3] Boyle R W. The Geochemistry of gold and its deposits [M]. Canada : Geological Survey Bulletin, 1979: 280.

[4] Candela P A, Holland H D. A mass transfer model for copper and molybdenum in magmatic hydrothermal systems: The origin of porphyry-type ore deposits [J]. Economical geology, 1986, 81 (1): 1-19.

[5] Cathles L M, Erendi A H J, Barrie T. How long can a hydrothermal system be sustained by a single intrusive event? [J]. Economical Geology, 1997, 92: 766-771.

[6] Cooke D R, Hollings P, Walshe J L. Giant porphyry deposits: Characteristics, distribution, and tectonic controls [J]. Economic Geology, 2005, 100: 801-818.

[7] Einaudi M T, Hedenquist J W, Inan E E. Sulfidation state of fluids in active and extinct hydrothermal systems: Transitions from porphyry to epithermal environment [M]. Washington: Society of Economical Geologists Special Publication, 2003: 285-313.

[8] Freise F W. The transportation of gold by organic underground solutions [J]. Economic Geology, 1931, 26 (4): 421-431.

[9] Garwin S. The geologic setting of intrusion-related hydrothermal systems near the Batu Hijau porphyry copper-gold deposit, Sumbawa [M]. Indonesia: Society of Economical Geology Special Publication, 2002: 333-366.

[10] Gatellier J P, Disnar J R. Kinetics and mechanism of the reduction of Au(Ⅲ) to Au(0) by sedimentary organic materials [J]. Organic Geochemistry, 1990, 16 (1-3): 631-640.

[11] Grosovsky B D. Microbial role in Witwatersrand gold deposition [C] Westbroek P, E W de Jong, Biomineralization and Biological Metal Accumulation. Dordrecht: D. Reidel Publishing, 1983: 495.

[12] Hallbauer D K, Van Warmelo K T. Fossilized plants in thucholite from Precambrian rocks of the Witwatersrand, South Africa [J]. Precambrian Research, 1974, 1 (3): 199-212.

[13] Halter W E, Bain N, Becker K, et al. From andesitic volcanism to the formation of a porphyry Cu-Au mineralizing magma chamber: The Farallo'n Negro volcanic complex, northwestern Argentina [J]. Journal of Volcanology and Geothermal Research, 2004, 136: 1-30.

[14] Hoefs J, Schidlowski M. Carbon isotope composition of carbonaceous matter from the Precambrian of the Witwatersrand system [J]. Science, 1967, 155 (3766): 1096-1097.

[15] Ilchik R P, Brimhall G H , Schull H W. Hydrothermal maturation of indigenous organic matter at the Alligator Ridge gold deposits, Nevada [J]. Economic Geology, 1986, 81: 113-130.

[16] Ishihara S. The granitoid series and mineralization [J]. Economical Geology, 1981, 75: 458-484.

[17] JIANG Yingfei. Progress of research on the characteristics and genesis of gold-Rich porphyry-type copper deposits [J]. Acta Geologica Sinica, 2009, 83 (12): 1997-2017.

[18] Kirkham O R, Sinclair W D, Thorpe R I, et al. Geology of canadian mineral deposit types [R]. Geological Survey of Canada Geology of Canada, 1995, 8: 421-446.

[19] Kuehn C A, Rose A W. Carlin gold deposits, Nevada: Origin in a deep zone of mixing between normally pressured and over pressured fluids [J]. Economic Geology, 1995, 90: 17-36.

[20] LING O N G. Natural organic acids in the transportation, deposition, and concentration of gold [J]. Colorado School of Mines, 1969, 64 (1): 395-425.

[21] Mann S. Biomineralization-Bacteria and the Midas touch [J]. Nature, 1992, 357 (47): 358-360.

[22] Mcinnes I A, Evans N J, Fu F Q, et al. Thermal history analysis of selected Chilean , Indonesian and Iranian porphyry Cu-Au-Mo deposits, in: Porter T M, Mcinnes I A, Evans N J, et al. Super porphyry copper and gold deposits: A global perspective [M]. Adelaide: PGC Publishing, 2005: 27-42.

[23] Mossman D J, Dyer B D. The geochemistry of Witwatersrand-type gold deposits and the possible influence of ancient prokaryotic communities on gold dissolution and precipitation [J]. Precambrian Research, 1985, 30: 321-335.

[24] Reimer T O. Alternative model for the derivation of gold in the Witwatersrand Supergroup [J]. Journal of the Geological Society, 1984, 141: 263-271.

[25] Richard H S. Porphyry copper systems [J]. Economic Geology, 2010, 105: 3-41.

[26] Richards J P, Boyce A J, Pringle M S. Geological evolution of the Escondida area, northern Chile: A model for spatial and temporal localization of porphyry Cu mineralization [J]. Economical Geology, 2001, 96: 271-305.

[27] Sheppard S M F, Nielsen R L, Taylor H P. Hydrogen and oxygen isotope ratios in minerals from porphyry copper deposits [J]. Economical Geology, 1971, 66 (4): 515-542.

[28] Shinohara H, Hedenquist J W. Constraints on magma degassing beneath the Far Southeast porphyry Cu-Au deposit, Philippines [J]. Journal of Petrology, 2007, 38: 1741-1752.

[29] Sillitoe R H, Bonham H F J. Sediment-hosted gold deposits: Distal products of magmatic-hydrothermal systems [J]. Geology, 1990, 18: 157-161.

[30] Sillitoe R H. A plate tectonic model for the origin of porphyry copper deposits [J] Economical Geology, 1972, 67 (2): 184-197.

[31] Sillitoe R H. Ore-related breccias in volcanoplutonic arcs [J]. Economical Geology, 1985, 80, 1467-1514.

[32] Snyman C P. Possible biogenetic structures in Witwatersrand thucholite [J]. South African Journal of Geology, 1965, 68 (1): 225-235.

[33] Springer J S. Carbon in Archean rocks of the Abitibi Belt (Ontario Quebec) and its relation to gold distribution [J]. Canadian Journal of Earth Science, 1985, 22: 1945-1951.

[34] Taylor H P. The application of oxygen and hydrogen isotope studies to problems of hydrothermal alteration and ore deposition [J]. Economical Geology, 1974, 69 (6): 843-883.

[35] Watterson J R. Crystalline gold in soil and the problem of supergene nugget formation: Freezing and exclusion as genetic mechanisms [J]. Precambrian Research, 1985, 30 (4): 321-335.

[36] Zhang J, Zhang B H, Zhao H. 2016. Timing of amalgamation of the Alxa Block and the North China Block: Constraints based on detrital zircon U-Pb ages and sedimentologic and structural evidence [J]. Tectonophysics, 2016 (668/669): 65-81.

[37] 白云来. 新疆哈密黄山-镜儿泉镍铜成矿系统的地质构造背景 [J]. 甘肃地质学报, 2000, 9 (2): 1-7.

[38] 包志伟, 赵振华. 有机质在卡林型金矿成矿过程中的作用 [J]. 地质科技情报, 2000 (2): 45-50.

[39] 宝音乌力吉, 贾玲珑, 高宝明, 等. 内蒙古额济纳旗高石山铜金矿区地质特征及资源潜力分析 [J]. 西部资源, 2011 (3): 82-84.

[40] 边鹏. 流沙山钼 (金) 矿床成因分析及成矿模型运用 [J]. 矿物学报, 2015, 35 (S1): 268-269.

[41] 陈衍景, 倪培, 范宏瑞, 等. 不同类型热液金矿系统的流体包裹体特征 [J]. 岩石学报, 2007, 23 (9): 2085-2108.

[42] 邓申申. 高精度磁测在西澳大利亚州磁铁矿勘探中的应用研究 [D]. 北京：中国地质大学（北京），2016.

[43] 杜琦. 以我国一些斑岩铜矿为例试论斑岩矿床成矿与地层（围岩）的关系 [J]. 矿床地质，1984，3（2）：21-27.

[44] 杜泽忠，于晓飞，李永胜. 内蒙古额济纳旗老硐沟金矿床地质特征 [J]. 矿物学报，2015，35（增）：996-997.

[45] 冯罡，张善明，苏胜民，等. 内蒙古额济纳旗沙坡泉金多金属矿地质特征与构造控矿作用 [J]. 内蒙古科技与经济，2015（24）：42-45，47.

[46] 关广岳. 中国金矿床表生地球化学 [M]. 沈阳：东北大学出版社，1994：142-143.

[47] 韩秀丽，李发兴，许英霞，等. 2010. 内蒙古阿拉善碱泉子金矿床流体包裹体研究 [J]. 矿物学报，33（3）：324-330.

[48] 郝智慧，胡二红，张善明，等. 内蒙古额济纳旗半岛山金锑矿区地质特征及成矿潜力 [J]. 中国地质调查，2022，9（1）：41-53.

[49] 何国琦，李茂松，刘德权. 中国新疆古生代地壳演化及成矿 [M]. 乌鲁木齐：新疆人民出版社，1994：166-187.

[50] 何世平，任秉琛，姚文光，等. 甘肃内蒙古北山地区构造单元划分 [J]. 西北地质，2002，35（4）：30-40.

[51] 何永东，张善明. 对斑岩铜矿的认识 [J]. 西部资源，2012，47（2）：182-184.

[52] 侯朝勇，王寿成，方同辉，等. 内蒙古额济纳旗格日勒图铜多金属矿成矿条件及找矿前景分析 [J]. 矿产勘查，2022，13（4）：442-452.

[53] 侯恩刚，李尚林，姜云鹏，等. 内蒙古阿拉善盟朱拉扎嘎金矿床地质特征 [J]. 地球科学进展，2012，27（增1）：187-190.

[54] 侯增谦. 斑岩 Cu-Mo-Au 矿床：新认识与新进展 [J]. 地学前缘，2004，11（1）：131-144.

[55] 胡二红，张善明，贺中银，等. 内蒙古额济纳旗微波山地区土壤地球化学特征及找矿潜力 [J]. 现代地质，2020，34（6）：1303-1317.

[56] 霍明宇，卢克学，佀先丽，等. 内蒙古北山造山带东段虎头山北地区地质构造特征及铜金找矿方向探讨 [J]. 矿产勘查，2020，11（10）：2117-2125.

[57] 江迎飞. 富金斑岩铜矿床研究进展 [J]. 地质学报，2009，83（12）：1997-2017.

[58] 姜亭，韩伟，史冀忠，等. 重矿物在沉积物源分析中的应用——以内蒙古西部额济纳旗及邻区石炭系—二叠系为例 [J]. 地质通报，2012，31（10）：1692-1702.

[59] 康建飞. 内蒙古额济纳旗七一山地区成矿地质特征及找矿潜力分析 [D]. 中国地质大学（北京），2019. DOI：10. 27493/d. cnki. gzdzy. 2019. 001605.

[60] 郎兴海，唐菊兴，李志军. 西藏谢通门县雄村斑岩型铜金矿集区Ⅰ号矿体的蚀变与矿化特征 [J]. 矿床地质，2011，30（2）：327-338.

[61] 李宝友，石志清，杨志光，等. 综合找矿方法在内蒙古自治区苏尼特右旗各少敖包银铅锌多金属矿区勘查中的应用 [J]. 石化技术，2022，29（5）：173-175.

[62] 李德威. 理论预测与科学找矿——以西藏冈底斯斑岩铜矿为例 [J]. 地质科技情报，2005，24（3）：48-54.

[63] 李建宏. 斑岩铜矿的蚀变分带及成因模型 [J]. 科协论坛（下半月），2011，3：106-107.

[64] 李俊建，翟裕生，桑海清，等. 内蒙古阿拉善欧布拉格铜—金矿床的成矿时代 [J]. 矿物岩石地球化学通报，2010，29（4）：323-327.

[65] 李俊建，翟裕生，杨永强，等. 再论内蒙古阿拉善朱拉扎嘎金矿的成矿时代：来自锆石 SHRIMPU-Pb 年龄的新证据 [J]. 地学前缘，2010，17（2）：178-184.

[66] 李俊建．内蒙古阿拉善地块区域成矿系统［D］. 北京：中国地质大学，2006.
[67] 李万伦．斑岩铜矿浅部富矿岩浆房研究进展［J］. 矿床地质，2011，30（1）：149-155.
[68] 林丽. 拉尔玛金矿床中的生物作用［M］. 成都：成都科技大学出版社，1994：1-3.
[69] 吝路军．银—额盆地中部石炭—二叠纪火山岩地球化学特征与构造演化探讨［D］. 西安：长安大学，2015.
[70] 刘金钟，傅家谟，卢家烂．有机质在沉积改造型金矿成矿中作用的实验研究［J］. 中国科学（B辑 化学 生命科学 地学），1993（9）：993-1000.
[71] 刘俊杰，樊树启，赵九峰，等．内蒙古白梁东铜金矿地质特征及找矿前景［J］. 矿产勘查，2018，9（8）：1564-1570.
[72] 刘英俊，马东升．金的地球化学［M］. 北京：科学出版社，1991：164-165.
[73] 卢家烂，庄汉平．有机质在金银低温成矿作用中的实验研究［J］. 地球化学，1996（2）：172-180.
[74] 卢进才，史冀忠，牛亚卓，等．内蒙古西部北山-银额地区石炭纪-二叠纪层序地层与沉积演化［J］. 岩石学报，2018，34（10）：3101-3115.
[75] 陆元法．金的表生成矿系统和生物成矿作用［J］. 黄金，1992（4）：16-17.
[76] 吕凤玉．内蒙古西红山子地区东西向韧性剪切带的成因及动力学特征［D］. 长春：吉林大学，2009.
[77] 苗壮．内蒙古额济纳旗独龙包钼矿床地质特征及成因研究［D］. 北京：中国地质大学（北京），2019.
[78] 聂凤军，江思宏，白大明，等．内蒙古北山及邻区金属矿床类型及其时空分布［J］. 地质学报，2003（3）：367-378.
[79] 秦克章，方同辉，王书来，等．东天山板块构造分区、演化与成矿背景研究［J］. 新疆地质，2002，20（4）：302-312.
[80] 任启江．据角砾岩体的类型和特征寻找斑岩铜矿［J］. 有色金属矿产与勘查，1994，3（6）：342-343.
[81] 邵和明．内蒙古中、上元古界地层的找金远景［J］. 内蒙古地质，1999（1）：2，4-6.
[82] 宋健，赵省民，陈登超，等．内蒙古西部额济纳旗及邻区二叠纪暗色泥岩微量元素和稀土元素地球化学特征［J］. 地质学报，2012，86（11）：1773-1780.
[83] 王文旭，宋建中，曹晓盛，等．内蒙古蓬勃山金矿床地质特征及矿床成因［J］. 世界地质，2013，32（1）：35-44.
[84] 王兴安．华北板块北缘中段早古生代—泥盆纪构造演化［D］. 长春：吉林大学，2014.
[85] 卫彦升，闫涛，杨五宝，等．内蒙古北山造山带北带晚古生代地层时空格架的建立［J］. 地质通报，2020，39（9）：1367-1388.
[86] 吴开兴，胡瑞中，彭建堂，等．新生代构造抬升与斑岩型铜、金矿床的次生富集作用［J］. 地质科技情报，2005，24（4）：50-54.
[87] 辛杰，密文天，关瑜晴，等．内蒙古额济纳旗辉森乌拉西金矿成矿特征及成矿模式分析［J］. 黄金科学技术，2018. 26（6）：718-728.
[88] 徐庆生，覃锋，刘阳，等．岩帽：地质特征及找矿意义［J］. 地质与勘探，2010，46（1）：20-23.
[89] 许伟．北山南部晚古生代构造格局与演化：来自古地磁与岩浆作用的制约［D］. 西安：长安大学，2019.
[90] 杨冰林．内蒙古黑鹰山铁矿 C10 异常区矿床地质特征［J］. 甘肃科技，2010，26（12）：35-37.
[91] 杨合群，赵国斌，李文明，等．内蒙古盘陀山-鹰嘴红山含钨花岗岩带形成时代及源区示踪［J］. 地质与勘探，2010，46（3）：407-413.
[92] 杨合群．北山成矿构造背景概论［J］. 西北地质，2008，41（1）：22-27.

[93] 杨轩，李以科，姜高珍，等．内蒙古阿拉善盟特拜金矿地质特征与矿床成因初探［J］. 矿床地质，2014，33（增）：977-978.

[94] 杨志明，侯增谦，李振清，等．西藏驱龙斑岩铜钼矿床中UST石英的发现：初始岩浆流体的直接记录［J］. 矿床地质，2008，27（2）：188-199.

[95] 姚春亮，陆建军，郭维民，等．斑岩铜矿若干问题的最新研究进展［J］. 矿床地质，2007，26（2）：221-229.

[96] 伊海生，曾允孚，刘金钟．拉日玛金矿床中有机质与金的初始富集关系［J］. 成都理工学院学报，1994（1）：44-53.

[97] 张善明，贺中银，韩志敏，等．北山内蒙新发现的黑山咀南金多金属矿带地质特征及找矿潜力［J］. 地质与勘探，2018，54（5）：890-901.

[98] 张善明，贺中银，胡二红，等．内蒙古额济纳旗疙瘩井金矿区构造-蚀变-地球化学综合方法找矿研究［J］. 大地构造与成矿学，2018，42（2）：266-278.

[99] 张善明，吕新彪，邓国祥，等．地质界面控矿原理及其运用要点［J］. 地质科技情报，2009，28（6）：51-56.

[100] 张寿庭，赵鹏大．斑岩型矿床——非传统矿产资源研究的重要对象［J］. 地球科学——中国地质大学学报，2011，36（2）：247-254.

[101] 赵文津．大型斑岩铜矿成矿的深部构造岩浆活动背景［J］. 中国地质，2007，34（2）：179-205.

[102] 郑荣国，吴泰然，张文，等．2013. 阿拉善地块北缘雅干花岗岩体地球化学、地质年代学及其对区域构造演化制约［J］. 岩石学报，29（8）：2665-2675.

[103] 郑有业，多吉，王瑞江，等．西藏冈底斯巨型斑岩铜矿带勘查研究最新进展［J］. 中国地质，2007，34（2）：324-334.

[104] 周修高，谢树成，胡国俊，等．沉积及层控金矿床的生物成矿作用［M］. 武汉：中国地质大学出版社，1995：14-16.

[105] 左国朝，李茂松．甘蒙北山地区早古生代岩石圈形成和演化［M］. 兰州：甘肃科学技术出版社，1996.